KB233413

북한의 옛집 ③

그 기억과 재생 | 황해도 편

북한의 옛집 ③

그 기억과 재생 | 황해도 편

강영환 지음

이담
Books

서문 _ 북한의 옛집 시리즈를 마감하며

　북한의 옛집은 어떤 모습이었을까?

　이 주제에 대해 도전을 시작한 것은 16년 전의 일이다. 한국 주거사를 연구하는 학자로서 북한지역은 반드시 풀어야 할, 그러나 풀리지 않는 숙제였다. 한반도의 반을 외면한 채 남한지역의 자료만으로 한국 주택의 역사와 성격을 연구한다는 것은 반토막짜리 생물체를 가지고 그 생물의 기원과 형상, 습성, 생태를 연구하려는 우둔한 시도에 지나지 않기 때문이다.

　그러나 남북분단 이후 남한학자로서 북한의 전통주택을 연구할 길은 원천적으로 막혀 있었다. 전통주택을 연구하기 위해서는 현지조사가 반드시 필요하다. 그 집이 어떤 환경에 서 있는지, 어떤 공간과 형태를 갖는지를 알기 위해서는 현장 실측을 통해 작성된 도면과 사진이 필요하기 때문이다. 이러한 도면과 사진은 일제강점기 일본인들이 조사한 소수의 사례와 북한학자들이 1960년대의 책에서 소개한 몇 건의 사례가 고작이었다. 그나마 사례를 모두 합친다고 해도 수십 건에 지나지 않았다.

　현장을 가보지 않고도 자료를 획득할 방법은 없을까?

　그것은 바로 기억이었다. 남한에는 많은 실향민들이 생존해 있다. 그들이 살았던 옛집을 정확히 기억하여 재현할 수 있다면 그것은 새로운 보물 상자가 되는 셈이다. 비록 기억이 불명확하고 표현이 서툴다고 하여도, 검증절차만 섬세하게 거친다면 충분히 가치 있는 자료를 얻을 수 있으리라 기대했다.

'토포필리아(topophilia)'-물적 환경이나 장소와 결합되어 있는 인간의 감정과 정서.

문화지리학자인 Yi-Fu Tuan이 정의했던 이 용어는 그들의 심경을 표현하기에 너무도 적절한 표현이다. '고향'이라는 물적 환경은 여느 마을과 크게 다르지 않지만 그들의 삶과 더불어 존재하기 때문에 그들에게 특별한 의미가 있다. 좁고, 어둡고, 지저분한 다락방이라도 어린 시절 어른들의 꾸중을 피해 숨어들었던 기억과 관련되어 있다면 그것은 특별한 세계이며, 의미이다. 같은 소나무라도 사랑하는 연인과 함께했던 소나무라면 그 가지 하나라도 오랜 시간 동안 잊히지 않는다.

하물며 나와 내 가족이 살던 고향의 옛집이랴.

생사를 모르는 가족들과 가볼 수 없는 현실적 상황, 어린 시절의 즐거웠던 기억들, 이러한 것들은 그들의 물적 환경과 더불어 온전히 그들의 가슴속에 맺혀있다. 나이가 들수록 그 기억은 보다 생생해지고 꿈속을 헤매다가, 그 꿈과 함께 묻히게 된다.

이 일은 당시 대학원생이었던 문정호 군과 함께 그들의 주소를 확인하는 일로부터 시작되었다. 설문지의 형식을 만들고, 도면작도법을 그리며, 과연 그들이 40년 전의 기억을 제대로 기억하고 있을지, 그것을 적절하게 표현할 수 있을지, 발송하는 순간까지 염려스러워 했다.

첫 회신이 오던 날 봉투를 개봉하는 순간 우리는 환호성을 지르며 얼싸안았다. 그것은 너무도 정교하고 생생한 북한의 옛집이었다. 우리의 염려는 기우에 불과했다. 부엌의 솥단지에서부터, 뒤뜰의 나무 한 그루, 수챗구멍에 이르기까지 상세하게 그려준 그들의 도면은 현장에서 실측 조사된 어떤 도면보다도 정교하고 치밀한 것이었다. 3차에 걸친 검증과 회신 속에서 그 도면들은 보다 정교해졌다. 그들의 고향집은 드디어 아픈 기억으로부터 나와 온전히 재현되고 있었다. 그것은 또한 북한지역 전통주거에 관한 연구의 실증적 자료로 축적되어 갔다.

이 책은 이러한 자료를 바탕으로 북한의 옛집을 새롭게 조망한 것이다. 연구를 시작하기 전 나는 설문지를 통하여 자료제공자들과 약속을 한 것이 있다. 연구가 완료되는 대로 그 도면들을 보내주기로 한 것이다. 학회지의 논문은 지면의 제약이 있어 그 귀중한 자료들을 다 수록할 수 없었다. 이제 이 자료들을 연구결과와 함께 수록함으로써 그들과의 약속을 지키려 한다. 이것은 이 분야를 연구하려는 다른 학자들에 대한 자료의 공개이기도 하다.

이 작업은 2010년 『북한의 옛집-함경도 편』을 저술함으로써 시작되었다. 2011년에는 『북한의 옛집 2-평안도 편』이 발간되었고, 이 책은 마지막 작업으로서 '황해도 편'을 기술한 것이다. 이 책의 주인공은 당연히 자료를 보내준 실향민들이다. 그분들에게 머리 숙여 감사의 뜻을 전하며, 그분들의 아픔에 조금이나마 위로가 되었다면 나의 사명은 거의 달성된 것이다. 연구를 진행하는 도중에 작고하신 분도 있어 이 기회를 빌려 고인의 명복을 기원하며, 그 영전에 이 책을 바친다. 또한 이 책을 기술하기 위해 밤새 도면을 정리하고 자료를 다듬어준 대학원생 최형욱 군과 박혜영 양에게 감사드리고자 한다.

2012년 무거재에서
강영환

차 례

제1장

황해도의 역사와 생태환경

황해도의 역사와 생태환경

I. 황해도의 지역사

황해도 지역은 한반도의 중서부지역으로서 우리 민족 국가의 기원이었던 고조선의 강역이었다. 고조선의 후기 도읍이었던 아사달은 황해도 구월산 일대였던 것으로 추정되기도 한다. 조선시대 학자 허목(허목, 1595~1682)이 지은 책 기언에 보면 황해도에 관해 다음과 같이 설명했다. "서해(西海, 황해도의 옛 이름)는 고조선의 남쪽 경계였다. (중략) 구월산 부근에 있는 아사달에서 환인씨(桓因氏)와 신시(神市)와 단군에 제사를 지냈다. 또한 당장경(唐藏京)이라는 곳이 있는데, 『고려사』에 단군씨의 국도라 하였다."[1]

황해도 일대가 고조선의 중심이었다는 것은 한반도에서 가장 이른 시기부터 국가문명이 시작된 지역이라는 의미를 갖는다. 그러나 역사에 의해 알려진 바와 같이 고조선의 마지막 왕조였던 위만조선은 한(漢)나라에 의해 멸망한다. 한나라는 이 지역에 대방군을 설치했는데, 이는 옛 고조선 강역에 식민통치를 위해 설치했던 한사군 중 하나였다. 대방군은 낙랑군과 더불어 한 군현 식민통치의 중심지 역할을 했던 것으로 알려진다.

---

1) 허목(許穆), 『기언』 제35권 원집 외편 동사.

비록 이민족의 지배를 받았지만 한나라를 통해 고대문명에 접할 수 있는 기회를 가지게 되었다. 식민 지배자로서 한인(漢人)들은 이 지역에 한나라의 문명과 문화를 이식시켰고, 이는 주변지역으로 영향을 확대하게 된다. 당시 중국의 한나라는 세계적인 문명국가로서 높은 수준의 고대문명을 가지고 있었다. 이러한 고대문명에 직접 접할 수 있었던 대방지역은 한반도에서 한문화(漢文化)의 개항지와 같은 역할을 했을 것으로 생각된다.

　　이 땅이 다시 우리 민족에게 돌아온 것은 고구려 때의 일이다. 고조선 유민들이 중심이 되어 압록강 유역에서 흥기한 고구려는 기원 후 313년 낙랑군과 대방군을 축출하고 이 지역의 지배권을 회복하였다. 고구려는 광개토대왕대에 이르러 요동과 만주, 그리고 남쪽으로는 임진강과 한강에 이르기까지 광대한 영토를 확장하였다. 광개토왕의 뒤를 이은 장수왕은 수도를 평양으로 옮겨 새 국도를 경영했다. 평양천도는 평안도 일대가 강대한 고구려의 정치, 경제, 문화의 중심지역으로 성장할 수 있었다는 의미를 갖는다.

〈그림 1〉 황해도 구월산

고구려가 나당 연합군에 의해 멸망하면서, 당나라는 평양에 안동도호부(安東都護府)를 두어 한반도 전체를 총관했지만 그 시기는 매우 짧았다. 신라는 이 지역을 통일신라의 강역으로 흡수하고 한주(漢州)로 귀속시켰다. 하지만 통일신라의 도성은 경주였으니, 이 지역은 변방지역으로 쇠락하였음을 의미한다. 발해가 건국되면서 이 지역은 신라와 발해의 접경지역이 되었다가 후삼국체제에서 후고구려의 강역이 된다.

고려의 건국은 이 지역이 다시 한반도의 중심으로 발전하는 전기를 마련했다. 송악출신이었던 태조 왕건이 오늘날의 개성인 송도를 도읍으로 삼았기 때문이다. 이에 고려시대의 황해도 일대는 오늘날의 수도권지역과 같은 위상으로 발전하게 된다. 행정중심의 도성이 있었기 때문만이 아니라 국제적인 상업의 중심지로 번성할 수 있었기 때문이다. 예성강 하구의 벽란도는 해로와 무역의 중심으로써 외국의 문물을 수입하고 교환하는 창구가 되었다.

이 지역은 10세기경 전국을 10도로 나눌 때 경기지역과 함께 관내도(關內道)에 속하게 되고, 해주에는 안서도호부(安西都護府)가 설치된다. 11세기에 관내도를 양광도와 서해도로 나눌 때 이 지역은 서해도(西海道)라는 명칭을 얻었다. 서해에 면한 지역이라는 뜻에서 명명된 것인데 고려시대 내내 서해도로 불리게 된다. 여러 차례의 분리와 통합과정이 있었지만 경기도지역과 황해도지역은 동일한 행정권역으로 취급되곤 했다.

조선이 건국되고 한양으로 천도하면서 이 지역은 다시 외방지역으로서 역사의 중심무대에서 벗어나게 된다. 그러나 조선의 수도권이었던 경기도와 인접해 있었고, 비옥하고 넓은 농경지가 있으며, 중국으로 통하는 주요 교통로였기에 전략적 요충지로서 인식된다. 서거정은 황주를 설명하면서 "사신의 왕래가 집중되는 고을이며, 토지가 기름지고 백성이 많아 풍요롭기가 여러 고을 중에

으뜸"[2]이라고 하였다. 이율곡도 "황해도는 안으로는 경기에 접하고 밖으로는 변방 요지를 견제하고 있으니 실로 중요한 지역"[3]이라고 주장했다. 즉, 조선시대의 황해도는 수도권을 방어하기 위한 위수지역이며, 북방에서 가장 중요한 농업생산기지이며, 외국 문물의 교통로로서 그 역할을 담당했던 것이다.

황해도라는 이름은 조선 태종대인 1417년에 만들어졌다. 전국을 8도제로 만들면서 황주와 해주의 이름을 따서 황해도라 부른 것이다. 이때 해주에 관찰사를 두어 2목 4도호부 77현을 관할하게 되었다. 조선 후기인 고종 때에는 개성부, 해주부, 평양부로 나뉜 적도 있지만, 13도제로 개편하면서 다시 황해도로 환원되고 23군을 관할했다.

황해도 출신의 자료제공자들이 거주했던 행정구역은 일제강점기에 이루어진 것이다. 일제는 조선시기의 지방행정체제를 유지하면서 식민통치에 유리한 중앙집권적 행정체계를 수립하였다. 일제 초기에 대대적인 행정개편에 따라 여러 군들이 통폐합되면서 황해도는 17개 군이 되었다. 해방 전 행정체계는 1개 시(해주시) 17개 군(벽성, 연백, 금천, 평산, 신계, 장연, 송화, 은율, 안악, 신천, 재령, 황주, 봉산, 서흥, 수안, 곡산, 옹진), 11개 읍, 199개 면으로 구성되어 있었다.

남북분단 이후 1954년 황해도는 남북도로 갈라진다. 하지만 지리적으로는 동서로 분할되었다는 것이 타당하다. 현재 황해북도는 2개의 시(사리원, 송림)와 14개의 군(곡산, 금천, 인산, 봉산, 서흥, 수안, 신계, 신평, 연산, 연탄, 은파, 토산, 평산, 황주)을 관할하고 있다. 황해남도는 도 소재지인 해주시와 19개 군(장령, 과일, 용연, 배천, 벽성, 삼천, 송화, 신원, 신천, 안악, 연안, 옹진, 은율, 은천, 장연, 재령, 청단, 태탄, 봉천)으로 이루어진다. 실향민들이 월남했던 당시

---

2) 서거정(徐居正, 1420∼1488), 『사가문집』 제2권 기.
3) 이이(李珥, 1536∼1584), 『율곡선생전서』 제5권 소.

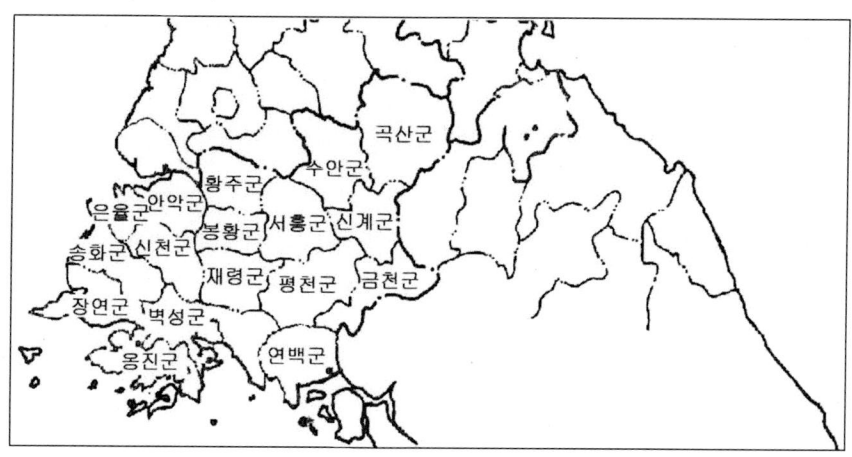

〈그림 2〉 해방 당시 황해도의 행정구역

의 주소와는 전혀 다른 행정구역이 만들어진 것이다.

2. 황해도의 지형과 기후

　황해도는 한반도의 중서부에 위치한 지역이다. 북쪽으로는 대동강을 경계로 평안남도와 접하고, 동쪽으로는 마식령산맥을 넘어 함경도 및 강원도와 경계를 이루며, 서쪽으로는 서해와 접하는 연안지역이다. 동쪽은 높은 산악지대를 이루고 서쪽으로는 점차 낮아져 평야지대를 이루는 동고서저(東高西低)의 지형을 가지고 있다. 그러나 산악지대라고 해서 높은 산이 많은 편도 아니고, 산지 면적이 넓은 편도 아니어서 평안도나 함경도의 산악지대와는 크게 다르다. 전체적으로는 저산성(低山性) 구릉지대라고 할 수 있다.

　황해도의 동북부를 차지하는 황해북도의 경우 산지는 78%, 평야는 22% 정도로 평야보다는 산지가 많다. 그러나 평균해발이 222m이고 해발고도 200m 이하의 지역이 전체의 59.4%에 이르러 전체적으로 낮은 구릉지를 형성한다. 높은 산은 동북쪽, 즉 마식령산맥과 멸악산맥, 언진산맥 부근에 집중 분포하나 해발 1,000m가 넘는 산지면적은 0.5%에 지나지 않는다.

황해도의 서남부를 차지하는 황해남도는 대부분 넓고 평탄한 평야로 이루어진다. 지형의 경사도가 10도 이하인 지역이 도면적의 절반 이상을 차지할 정도로 평탄한 지형이다. 재령평야와 연백평야는 남부지방의 호남평야와 더불어 한반도 3대 곡창으로 알려져 있다. 한반도 북부지방에서는 보기 드물게 반도와 만이 발달하여 복잡한 해안선을 갖는 것도 황해도 지형의 특징이다. 서쪽과 남쪽이 바다로 둘러싸여 있고 1,600㎞에 이르는 해안선을 가지고 있으며, 연해의 수심이 얕고 난류와 한류가 교차하므로 양식과 어업에 알맞았다. 우리나라 최대의 조기어장이며 최고의 어획량을 가지고 있었던 지역이다.

황해도는 남북분단 이후 황해남도와 북도로 행정구역이 나뉘어졌지만 이는 지형적 차이와 큰 관련이 없다. 지리적으로 본다면 멸악산맥을 중심으로 북부와 남부를 구분하는 것이 더 의미가 있을 것이다. 북부지역은 대동강을 경계로 평안도와 접한 지역이라는 점에서 지형적으로 평안도 남부와 큰 차이가 없고, 남부지역은 서해와 면한 평야지역이라는 점에서 경기도 연안지역과 유사한 지형조건을 갖기 때문이다. 멸악산맥 북쪽에서는 동부 산악지대와 서부 평야지대로 구분하는 것이 의미가 있다.

이에 따라 황해도는 세 지역으로 구분할 수 있다. 그 첫째는 곡산, 수안, 서흥, 신계, 봉산군 등 동부 산악지역이다. 둘째는 서부 평야지역으로서 황주, 봉산, 안악, 은율, 신천, 재령, 송화군 등이 포함된다. 마지막으로 멸악산맥 남쪽의 연안지역을 남부 연안지역이라 한다면 여기에는 장연, 벽성, 옹진, 연백, 평천, 금천군 등이 포함될 것이다. 이러한 지형적·지리적 차이는 기후조건의 차이와도 연결되어 있고 생업조건의 차이와도 관계가 있기 때문에 독특한 마을과 주택형식을 만들게 하는 배경이 된다.

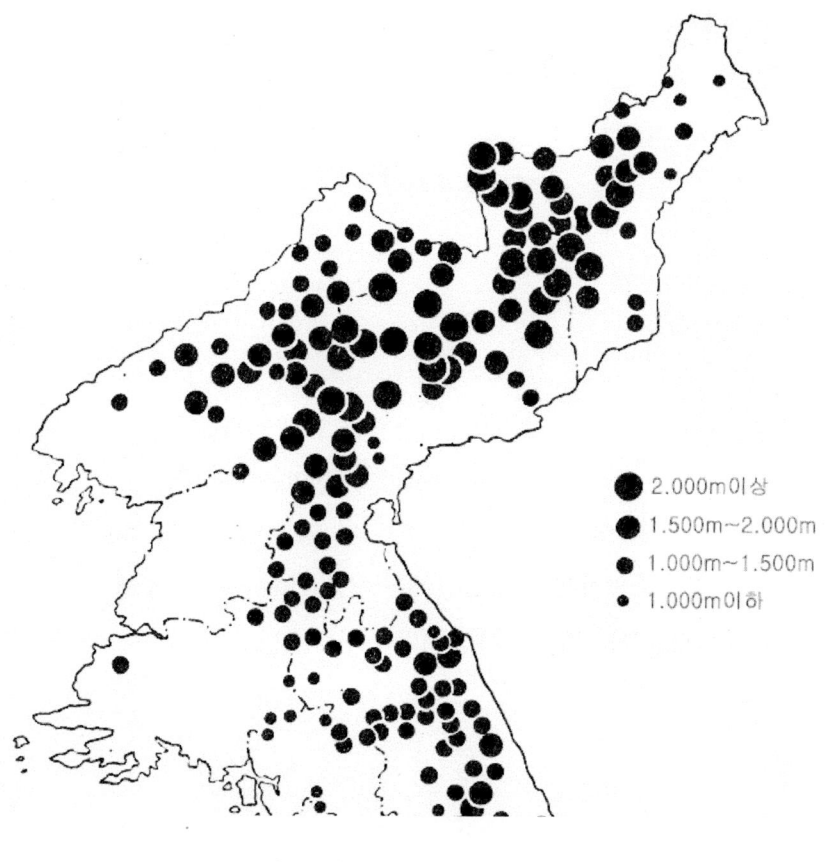

〈그림 3〉 북한 지방의 산악분포[4]

---

4) 지지편찬위원회, 『한국지지』, 국립지리원, 1980, 167쪽.

황해도는 한반도의 북부지역으로서 남부지역에 비해 겨울이 길고 추운 지역이다. 그러나 평안도나 함경도에 비해서는 훨씬 온난한 기후조건을 갖는다. 전반적으로는 대륙성기후의 특징을 가지고 있으나, 황해도는 특히 냉대 기후구에 속한다. 다만 여름에는 기온이 훨씬 높은 냉대 하계고온기후의 성격을 갖는다.

황해도 안에서도 지형적 요인에 따라 지역적 차이가 나타난다. 멸악산맥 북쪽은 북부 서안형으로 분류되고, 멸악산맥 남쪽은 중부 서안형, 동북부 산악지대는 북부 내륙형 등으로 세분된다.[5] 이는 앞서 분류한 지형적 구분과 유사하게 나타난다. 세 지역의 기후형을 살펴보면 다음과 같다.

가. 북부 서안형

낭림산맥 서사면 중 북부 서안에 면한 지역으로서 대체로 평야를 북에서부터 연결하는 평북의 삭주로부터 영변, 황해도의 신막을 잇는 지역이다. 동쪽으로는 내륙형과 경계하며 남쪽은 멸악산맥을 경계로 중부지방과 구분된다. 겨울철 북서 계절풍의 영향을 심하게 받아 연평균 기온 9~11도, 1월 평균기온 영하 8~10도로서 같은 위도의 동해안지방에 비해 춥다. 반대로 여름철에는 동해안지역보다 평균기온이 약간 높다. 강수량은 1,100~1,300mm로 우리나라 3대 다우(多雨)지역의 하나가 된다.

---

5) 김광식 외 14인, 『한국의 기후』, 일지사, 1982, 95~98쪽.

나. 북부 내륙형

북부 서안형의 내륙 쪽 지역으로 낭림산맥 서쪽의 높은 산지나 구릉지역이다. 이 지역에는 북서계절풍이 강하게 불고 평균기온은 8~10도로 해안지역보다 낮고 특히 겨울철 기온이 낮다. 연강수량은 1,000~1,100mm로 비교적 눈비가 많은 지역이다. 일조율은 62~63%가량이 되어 우리나라에서 가장 높기 때문에 산악지역이면서도 감자, 조, 옥수수, 콩 등의 생산량이 많다.

다. 중부 서안형

중부 서안 기후형이 나타나는 지역은 황해에 면한 평야지역으로서 멸악산맥의 남사면에서 차령산맥의 북사면에 이른다. 이 지역은 해발고도 500m 이하의 평야지역으로 곳곳에 구릉이 남아 있으며, 북부서안 기후형과 남부서안 기후형의 중간지역이기도 하다. 연평균기온은 섭씨 10도 내외, 1월 평균기온은 영하 3도 내외, 여름 8월 평균기온은 25도를 넘어 겨울에 춥고, 여름에 더운 지역이다. 겨울철에는 북서계절풍이 거세게 불어 강화만에 파고가 높고, 봄철에는 풍해를 많이 받는다.

이 지역은 특히 북반부에서 태풍의 영향을 가장 많이 받는 지역이다. 태풍은 거센 바람과 많은 비를 동반하는데, 해안지방이 특히 많은 영향을 받는다. 연간 강수량도 1,100~1,200mm로 많고 특히 한강상류에서는 1,300mm가량으로 다우지의 하나가 된다. 많은 비와 강한 바람은 주거형태를 응축적으로 만드는 데 중요한 환경요인을 제공한다.

이러한 기후구의 차이로 보면 황해도 지역만의 독특한 기후적 특성을 갖는 것은 아니라는 사실을 알 수 있다. 멸악산맥 이북지역은 평안도의 기후와 유사하고, 멸악산맥 이남지역은 경기도와 다르지 않기 때문이다. 따라서 멸악산맥 이북지역에서 평안도 주거형식과의 관련성, 그리고 멸악산맥 이남지역에서 경기도 주거형식과의 관련성을 비교한다면 기후조건과 주거형식 간의 관련성을 검토해볼 수 있는 대상으로서 의미를 갖는다.

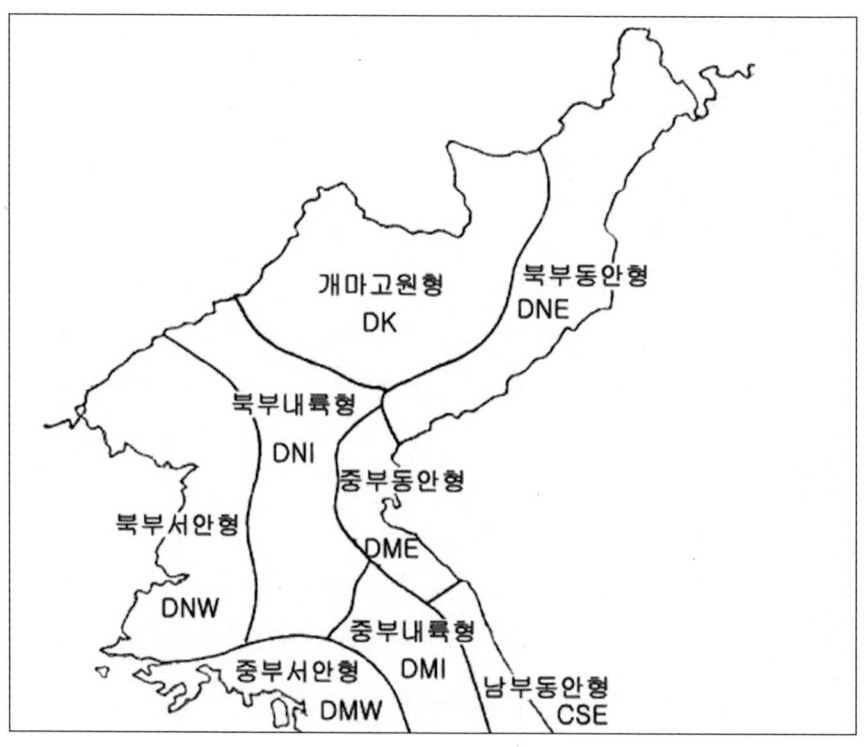

〈그림 4〉 북한지방의 기후구6)

6) 지지편찬위원회, 『한국지지』, 국립지리원, 1980, 238쪽.

3. 황해도의 마을과 생업

앞에서 살펴본 바와 같이 황해도는 한반도의 북부지방에 속하면서도 지형적으로나 기후적으로 매우 독특한 성격을 가지고 있다. 지형적으로는 평야지대가 가장 많은 지역이며, 가장 긴 해안에 접하고 있으며, 겨울 기후가 가장 온난한 지역이기도 하다. 이러한 지형과 기후조건은 풍요로운 생산조건이 되었다. 넓은 평야는 곡창으로서 풍부한 농산물을 생산하였고, 서쪽과 남쪽의 해안은 수산기지로서 풍부한 해산물을 제공해주었다.

지리적으로 황해도는 중국대륙으로 통하는 교통의 요지였다. 육로와 해로 어느 길도 황해도를 통하지 않고는 중국으로 가기 힘들었다. 이는 한중 양국의 빈번한 문화교류가 이루어지는 교역로가 되는 동시에 대륙세력의 침입로가 되는 양면성을 가지고 있다. 그러하기에 조선조정에서는 수도권을 방어하기 위한 전략적 요충지로서 인식하고 있었다. 이러한 지역적 성격은 이중환의 택리지에서 잘 나타난다.

> "대체로 이 도는 국도 서북쪽에 위치하여 지역이 평안, 함경도와 이웃하였으므로 활쏘기와 말타기를 좋아하는 한편, 문학하는 선비는 적다. 산과 바다 사이에 끼어 있어 납, 철, 면화, 벼, 기장, 생선, 소금 등이 많이 산출되어 부유한 자가 많기는 하지만, 사대부 집안은 적다. 그러나 평야지대에 있는 여덟 고을은 땅이 기름지고, 바닷가 열 고을은 경치 좋은 곳이 많으니, 역시 (사대부가) 살지 못할 곳은 아니다. 지세가 서해로 뻗쳐 들어가서 삼면이 바다에 임하였고, 동쪽 한 면만 남북으로 통하는 큰 길에 닿아 있다. 북쪽은 높은 고개가 있고, 남쪽은 강이 겹으로 막았다. 안팎이 산과 강으로 되어 있으며, 안에는 높고 험한 성곽이 많다. 게다가 넓은 들과 기름진 벌판이 있으니 참으로 천부이

며, 전략적으로 쓸 만한 땅이다. 천하에 일이 생기면 반드시 서로 다투게 될 요충이니, 이것이 본도의 단점이다."

농업을 중시했던 근대 이전의 사회에서 농업생산력은 대단히 중요한 삶의 조건이었다. 황해도의 토질은 곡창지대인 삼남지방(충청, 전라, 경상도) 다음으로 비옥했던 것으로 알려진다. 국조보감에 "하삼도(下三道)는 논이 기름진 곳이 많은 대신 척박한 곳은 적고, 경기·황해도는 기름지고 척박한 곳이 각기 절반이고, 강원도·함경도·평안도는 척박한 곳이 더 많다"[7]는 기록을 볼 수 있다. 경기도와 유사한 생산조건을 가지고 있었던 것이다.

그러나 남부지방만큼 농토가 많은 것도 아니고 벼의 생산이 많았던 것도 아니다. 황해도 안에서 동북쪽이나 멸악산맥 일대는 여전히 밭농사가 주류를 이루었고, 논농사는 연백평야나 재령평야 등 서해 연안 평야지대에 집중되어 있었다. 숙종조에 조사된 통계를 보면 경작지 면적은 북부지방 중에서 가장 많으나, 밭 면적이 논에 비해 4배 정도 많은 것을 알 수 있다.

"경기는 밭이 6만 1,862결, 논이 3만 9,394결이고, 충청도는 밭이 16만 528결, 논이 9만 4,680결이고, 전라도는 밭이 19만 4,167결, 논이 18만 2,992결이고, 경상도는 밭이 19만 354결, 논이 14만 6,424결이고, 황해도는 밭이 10만 2,475결, 논이 2만 6,359결이고, 평안도는 밭이 7만 1,958결, 논이 1만 8,846결이고, 함경도는 밭이 5만 6,212결, 논이 5,031결이고, 강원도는 논밭이 4만 4,051결이었다. 도합 논밭 139만 5,333결이었다."[8]

이처럼 풍요로운 생활조건을 가졌던 탓에 많은 인구가 몰려 살았다. 18세기

---

7) 『국조보감』 제38권, 효종조 2, 4년(1653).
8) 이유원(1814~1888), 『임하필기』 제21권 문헌지장편(文獻指掌編) 숙종조의 결총.

에 조사된 호구수[9]를 보면 황해도는 호가 13만 4,686, 구가 54만 9,476으로 함
경남북도를 합친 정도의 인구가 거주하고 있었다. 그러나 이러한 인구는 개성

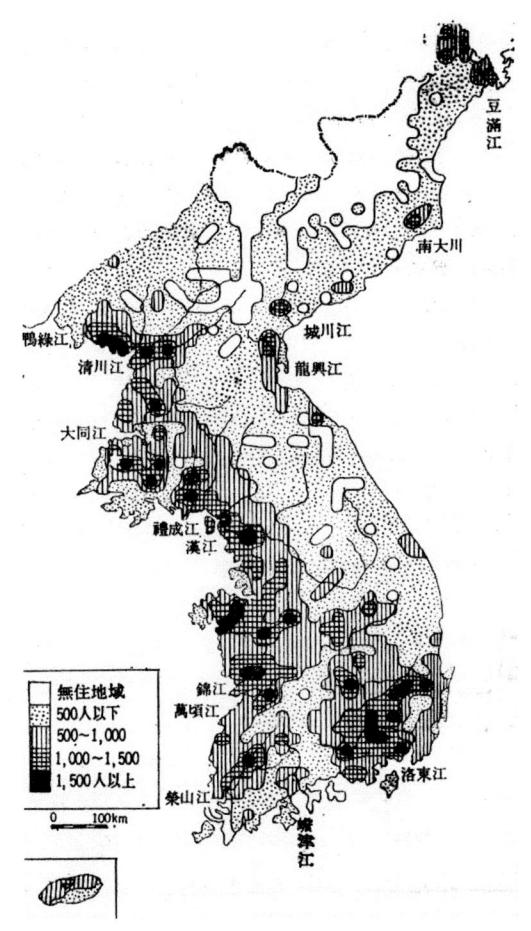

〈그림 5〉 조선 초기의 인구등밀도선도[10]

---

9) 이유원(1814~1888), 『임하필기』 제20권, 문헌지장편(文獻指掌編), 호구(戸口).

10) 오홍석, 『취락지리학』, 교학사, 1980, 132쪽.

이나, 해주, 황주 등 대도시와 벼농사가 이루어지는 서해연안 평야지대에 집중되었다. 동부내륙은 산악지대로서 농지가 적을 뿐만 아니라 화전 농업이 주류를 이루어 인구밀도가 낮기 때문이다. 조선 초기의 인구밀도를 보면 대도시와 재령강, 예성강 하구에 펼쳐진 평야지대에 집중된 것을 볼 수 있다.

그러나 조선시대 이후 황해도는 이민족과 경계를 이루는 서북변방으로 취급되어 중앙정계로부터 소외되었다. 조선 후기 실학자인 성호 이익은 "서북 삼도(西北三道, 황해도 · 평안도 · 함경도)의 출신은 써 주지 않은 지가 벌써 4백여 년이 되었다"[11]고 개탄하였다. 변방이기는 하지만 중국과 통하는 주교통로이기도 했다. 늘 사신이 오가는 길목이기에 중국문화에 쉽게 접할 수 있었고, 교역을 통해 상업적 부를 축적하는 상인들도 많았다.

황해도 안에서도 지역에 따라 생업조건이 크게 달랐다. 황해도의 동부지역은 높은 산이 집중되어 있는 산악지대로서 좋은 정주환경이 아니었다. 평탄한 농토가 적고 토질이 척박하여 대규모 농사를 짓기에는 적합하지 않았다. 이중환은 이 지역에 대해 다음과 같이 기술했다. "수안, 곡산, 신계, 토산 등의 고을들은 모두 첩첩 산속에 있어 지세가 험하고 백성이 어리석으며, 골짜기가 깊숙하여 도둑들이 많이 나타났다 사라진다."

도피와 은신으로 이 지역에 거주한 사람들은 주로 화전에 의존하여 생계를 유지했다. 일제강점기 화전민의 지역분포를 그린 지도에서 보면 산맥의 고산지형과 일치한다. 즉, 함경도와 강원도 접경지역의 마식령산맥 그리고 여기에서 동서로 뻗은 멸악산맥 지역에 화전민이 집중되어 있음을 볼 수 있다. 화전이라는 생산양식은 마을의 형성에도 큰 영향을 미치게 된다. 논농사를 짓는 평

---

11) 이덕무(1741~1793), 『청장관전서』 제60권 앙엽기 7.

야지대와는 달리 가옥밀도가 낮은 이른바 산촌형(散村型) 마을이 만들어지는
것이다.

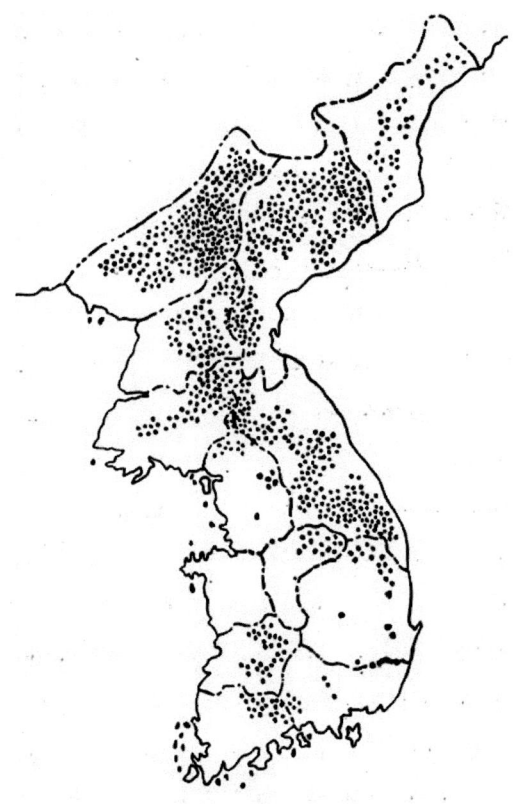

〈그림 6〉 1920년대 화전민의 분포도[12]

---

12) 같은 책, 153쪽.

이와는 대조적으로 재령강 연안은 평야지대이며 기름진 농토가 펼쳐져 곡창을 이루었다. 이 지역에서는 주로 벼농사가 이루어졌는데 궁궐에 진상할 정도로 품질이 좋은 쌀이 생산되었다. 조선시대 이전부터 강 양안에 둑을 쌓아 논을 만들었던 것으로 보인다. 이 지역은 쌀뿐만 아니라 오곡과 면화가 풍부하게 생산되었고, 주요한 광물의 생산지이기도 했다. 대규모 집촌형 농촌마을이 형성된 것은 당연한 일이다. 이중환은 이 지역에 대해 다음과 같이 기술했다.

"절령과 구월산과 동서로 마주하여 하나의 커다란 수구를 만들었으며, 남오리강(재령강인 듯)이 들 한복판을 가로질러 남에서 북으로 패강(대동강)에 흘러든다. 강 동쪽은 황주, 봉산, 서흥, 평산이고, 강 서쪽은 안악, 문화, 신천, 재령이다. 이 여덟 고을은 풍속이 대략 같으며, 모두 면악산과 수양산 북쪽에 있다. 땅이 아주 기름져서 오곡과 면화 가

〈그림 7〉 재령평야

꾸기에 알맞으며, 납과 쇠를 산출하는 산이 바둑돌처럼 널려져 있다. 강 동쪽과 서쪽 언덕은 모두 물을 끼고서 긴 둑을 쌓았는데, 둑 안쪽은 모두 벼를 심은 논이다. 바라다보아도 끝이 없어 마치 중국의 소주와 호주지방 같다. 이 들판에서 산출되는 쌀은 낟알이 길고, 성질이 차져서, 다른 지방의 쌀과는 다르다. 내주에서 임금님께 바치는 쌀은 이 지방 쌀뿐이다."

조선시대에 장연부에 속했던 서해 연안지역은 해산물이 풍부한 지역이었다. 해삼, 복어와 오징어 등의 특산물이 있었고, 근대에는 한국 최대의 조기어장이 형성되기도 했다. 대부분의 땅이 메말라 농업생산량은 크지 않으나 풍천과 은율과 같은 일부 지역은 지극히 비옥했던 것으로 알려진다. 비옥한 토지를 기반으로 곡물 생산이 풍부했을 뿐만 아니라 면화와 같은 특용작물 생산으로 서민들의 살림살이도 풍요로운 편에 속했다. 이에 내륙지역에서는 농촌마을이 형성되지만 해안지역에서는 농업과 어업을 겸하는 취락이 발달하게 된다. 이 지역의 농업생산에 대한 이중환의 설명은 다음과 같다.

"여덟 고을이 바다를 끼고 있어 백성들에게 이익이 된다고 하지만 땅이 많이 메마른데, 오직 풍천과 은율만은 땅이 아주 기름지다. 산에다 논 한 마지기를 만들어 볍씨 한 말만 심으면 혹 수백 말을 거두기도 하며, 적어도 백 말 아래로 내려가지 않는다. 밭 소출 또한 이와 같으니, 이는 삼남에서도 드문 일이다. 그러나 장연 이북은 남으로 장산곶이 막았고, 오직 북으로 평안도와 통할 뿐이다. 그러므로 면화가 아주 흔해서 농사꾼과 지체 낮은 집안들도 모두 부유하다고 으스대며 스스로 사족이라 칭한다."

농업과 어업으로 풍요로운 경제적 기반이 있었을 뿐만 아니라 천연자원도 풍부했던 것으로 알려진다. 특히 목재, 백토, 돌석, 금속류 등 고급 건축자재가 많이 산출되었다. 풍부한 천연자원은 이익이 되기도 하고 피해를 주기도 했다. 국가에 바치는 공납의 피해도 적지 않았지만 이 지역의 건축적 수준을 높이는 데도 기여했을 것으로 보인다. 조선 중기의 문신이었던 이덕형의 글에서는 이 지역의 천연자원에 대해 다음과 같이 설명했다.

> "대개 황해도는 땅은 비좁지만 물산은 몹시 많아서, 재목은 장산곶 (長山串)에서 나고, 백토(白土)는 해주(海州)에서 나고, 청토(靑土)는 은 율(殷栗)에서 나고, 번주홍(燔朱紅)은 평산(平山)에서 나고, 돌석(埃石) 은 수양산(首陽山)에서 나고, 장연(長淵)의 숯과 재령(載寧)의 쇠 등 아 무리 써도 다하지 않아서 집짓는 백 가지 자료를 한결같이 모두 판비 해낼 수 있었다."13)

황해도는 고려조 이래 수도권에 접하는 국제적 교통로를 품고 있었다. 특히 해주목에 속했던 멸악산맥 이남지역은 대도시가 번성하고 중국과 도성을 잇는 국제교통로에 접한 지역이었다. 고려시대 이후 개성・연안・배천・송화(松禾) 에 이르는 산예도(狻猊道), 강음(江陰)・평산・서흥・곡산에 이르는 금교도(金 郊道), 봉산・황주・평안도로 이어지는 절령도(岊嶺道) 등의 세 가지 역로(驛 路)가 있었다. 서울에서 의주를 잇는 의주가도(義州街道)는 금천・평산・서흥・ 봉산・황주를 지나고, 개성에서 배천・연안・해주・장연・풍천에 이르는 도 로는 예로부터 중요한 육상 교통로였으며, 봉수망(烽燧網)도 대략 이 도로와 병행하여 설치되었다.

해상교통로로도 중국에 가장 단시간에 이를 수 있는 항구를 가지고 있었다. 진 청(陳請)이라는 사람이 고려에 사신을 왔었는데 산동반도 등주(登州)의 동모(東牟) 에서 출발하여 순풍을 타고 바다에 떠서 이틀 밤을 자는 동안에 벌써 황해도 옹

---

13) 이덕형(1566~1642), 『죽창한화(竹窓閑話)』.

진(甕津)의 어귀에 도착했다고 한다.[14] 예성강 재령강 하구의 포구들은 도성과 삼남으로 통하는 수운교통의 중심이기도 했다. 비록 토질이 척박하여 농산물은 풍부하지 않으나 상업이 번성하여 이름난 상단의 근거지가 되었던 것도 교통의 요지라는 입지조건 때문이었다. 이 지역에 대한 이중환의 설명은 다음과 같다.

"면악산 한 줄기가 동쪽으로 거슬러 올라가 연안과 배천이 되는데, 해주의 동쪽이고, 후서강(예성강의 다른 이름)의 서쪽이며 보련강 하류의 북쪽이다. 큰 산과 넓은 강, 큰 들과 긴 냇물이 여기에 모인데다, 또 조수까지도 통해서 넓게 툭 트이고 명랑한 것이 중국 강회의 풍경과 같다. (황해도에서는 이곳이) 가장 살 만한 곳이어서, 역시 한양에서 내

〈그림 8〉 일제강점기 재령시가

14) 이유원(1814~1888), 『임하필기』 제13권 문헌지장편, 중국과 통하는 해로(海路).

려와 사는 사족들이 있다. 다만 땅이 메마르고 가물기 쉬워서 면화 가
꾸기에는 적당치 않다. 그래서 주민들은 배를 타고 강이나 바다로 나가
장사하기를 좋아한다. 동쪽으로 (함경, 강원) 두 도와 통하고 남쪽으로
호남, 호서와 통하므로 산물을 사고팔아 항상 이익을 얻는다."

이처럼 황해도는 국내뿐 아니라 국제적으로도 교통의 요지였다. 또한 물물
이 교환되는 상업의 요지이기도 했다. 수도권에 접하는 인접지역이라는 점, 수
도로 통하는 국제적 교통의 요지라는 점, 항구를 통해 상업이 발달했다는 점은
문화와 문명의 교류가 활발했다는 것을 의미한다. 상업과 교통은 문화를 전파
하고 교류하는 가장 기본적인 매체이기 때문이다. 수도권의 문화를 빠르고 쉽
게 접할 수 있었고, 중국의 문화와 문명 또한 이 지역을 통하지 않고는 수도로
들어 갈 수 없었다. 더불어 다양한 지방문화와 접촉할 수 있었다는 점도 이 지역
의 문화적 다양성과 선택의 폭을 넓혀주는 데 영향을 주었을 것이다(그림 1-8).[15]

교통의 요지이기에 상업이 발달하는 한편 군사적으로도 중요한 요충지가 되
었다. 북방에서 발흥한 여러 이민족들이 이곳을 통하여 수도로 침공하였고, 해
로 또한 중국이나 일본의 침략이나 해적들의 노략질에 빈번하게 이용되곤 했
다. 조선 전기에 이율곡 선생은 이 지역의 전략적 중요성을 강조하고 자체 방
위력을 길러야 한다고 상소를 올렸다.

조선정부에서도 수도방위를 위해서는 최후로 저지해야 하는 외곽방어선으
로 인식할 만큼 위험한 경계지역이었다. 국방에 소요되는 과도한 세금과 부역
을 부담해야 했으며, 잦은 외침에 따른 피해와 방어적 기질 등이 여러 문헌에
서 나타난다. 이러한 역사적 경험들은 기후적 요인과 더불어 이 지역의 주택들
이 방어적이고 폐쇄적인 구조를 갖게 된 중요한 요인이 되었을 것이다.

---

15) 일본국서간행회, 『사진으로 보는 근대한국 하』, 1986, 14쪽.

"삼가 생각건대, 황해도는 안으로는 경기에 접하고 밖으로는 변방 요지를 견제하고 있으니 실로 중요한 지역입니다. 그리고 서쪽으로는 바다가 접해 있어 왜놈의 출현을 또한 예측할 수 없으니, 평시에 군사와 민간을 잘 길러 남은 힘이 있게 한 뒤에라야 밖을 막고 안을 지켜서 급할 때에 쓸 수 있을 것입니다. 그런데 지금은 사방의 국경에 군란이 없는데도 한 도의 백성만 홀로 괴로움을 받아 허둥지둥하는 것이 마치 문전에 도적이 들어온 것과 같습니다. 그리하여 도망하는 자가 계속 생겨서 친족과 가까운 이웃에까지 해가 미쳐서 동네가 폐허가 되었습니다."[16]

"우리나라의 중요한 지역으로 말하면, 바로 황해도라는 한 방면이 있다 하겠다. 멀리 패수(浿水)가 흘러드는 요충에 임하여 있으니, 서쪽 변방을 방어하는 중요한 형세를 이루었고 경기 지역의 경계에 가까이 접하여 있으니, 내복(內服, 기내(畿內) 지역)의 요지를 잡고 있는 형상이다. 그 공물(貢物)은 구리, 철, 소금, 물고기 따위로 부역이 번거롭고 과중한 폐단이 있고 그곳 백성들은 궁마(弓馬)와 화폐를 숭상하여 풍속이 거칠고 사납다는 평판이 있다. 더구나 지금 여기저기서 소동이 일어나니, 이들을 안정시킬 능력 있는 인재가 필요한 때이다."[17]

---

16) 이이(1536~1584), 『율곡선생전서』 제5권 소.

17) 이남규(1855~1907), 『수당집』 제2권 황해도 관찰사 김규홍에게 내린 교서.

제2장

황해도 자료의 성격

황해도 자료의 성격

1. 자료의 수집과정

이 책에 실린 황해도의 자료들은 모두 황해도 출신의 실향민들이 보내준 것들이다. 실향민들에게 설문지를 보내어 그들이 살았던 마을과 주택에 관한 자료를 얻은 것이다. 이 조사는 1996년부터 1997년까지 2년간 이북5도민협회의 도움을 받아 이루어졌다. 구체적인 연구배경과 방법은 함경도 편과 평안도 편에서 자세히 소개되었기에 여기서는 간략하게 설명하고자 한다. 설문지에는 다음과 같은 내용이 포함되었다.

1) 인적사항: 성명, 성별, 생년월일, 전화번호, 월남연도
2) 북한에서의 생활: 당시 주소, 가족구성, 생업, 경제규모
3) 건설경험: 집짓기 참여 여부, 역할
4) 북한에서의 마을: 마을위치, 지형, 규모
5) 주택의 건물구성: 건물명, 규모, 형태, 평면, 지붕형태, 지붕재료
6) 각 공간의 명칭과 용도
7) 주택의 모습: 건립연도, 대문, 담장, 툇마루
8) 주택의 배치평면도 작성

가장 중요한 것은 황해도의 옛집을 그린 도면이었다. 그들 스스로가 옛집에 대한 기억을 더듬어 그릴 수 있도록 여백을 제공했다. 그러나 전문가가 아닌 설문대상자들에게 전문적인 건축도면을 기대하기는 어려웠다. 대부분 도면을 작성해본 경험이 없을 것이라는 전제하에 그리는 방법을 설명해야 했다. 두 개의 배치평면도를 보기로 제시하고 도면기호를 범례로 제공했다.

그러나 놀랍게도 실향민들 대부분은 대단히 정교한 도면을 작성해주었다. 그들이 살았던 동네에서 주택에 이르기까지, 심지어 마당에 있었던 나무 한 그루, 방 한구석에 놓여 있던 장롱의 위치까지 섬세한 정보가 담겨 있었다. 그들의 기억은 너무도 생생하여 마치 몇 달 전에 떠나온 집의 모습을 그리는 듯싶었다. 어두운 기억의 상자에 고이 묻혀 있던 북한의 옛집들이 흑백 사진의 인화과정처럼 서서히 짙은 음영을 그리며 뚜렷한 윤곽으로 나타나기 시작했다.

그들이 작성해서 보내준 도면은 집의 배치평면도였다. 즉, 여러 건물의 위치와 각 건물의 공간구성을 함께 그린 도면이다. 주택을 둘러싸는 담장(울타리)에서부터 여러 건물의 위치와 명칭, 외부공간의 명칭, 심지어 장독이나 우물, 수목의 종류, 방위 등이 담겨 있었다. 건축가들이 사용하는 배치도에 담길 정보는 거의 모두 들어 있었다. 각 건물은 평면도로 표현되었다. 건물 안에 있는 여러 공간들의 위치와 명칭, 문과 창호, 바닥처리 등의 정보를 표현했다. 심지어 각 공간의 규모를 수치로 기입해준 사례도 있었다. 이 또한 건축적 도면으로 재구성하기에 부족함이 없는 것이었다.

1996년 처음 조사를 시작했을 때는 마을 전체의 배치도를 그려 달라고 부탁한 적도 있었다. 어떤 분은 상세한 마을 배치도를 작도했으나 그리지 못한 분들이 더 많았다. 어떤 분은 입면도나 창호상세도를 그려준 사례도 있었다. 또한 그 지역의 주거유형과 성격에 대해 상세히 설명해준 경우도 있었다.

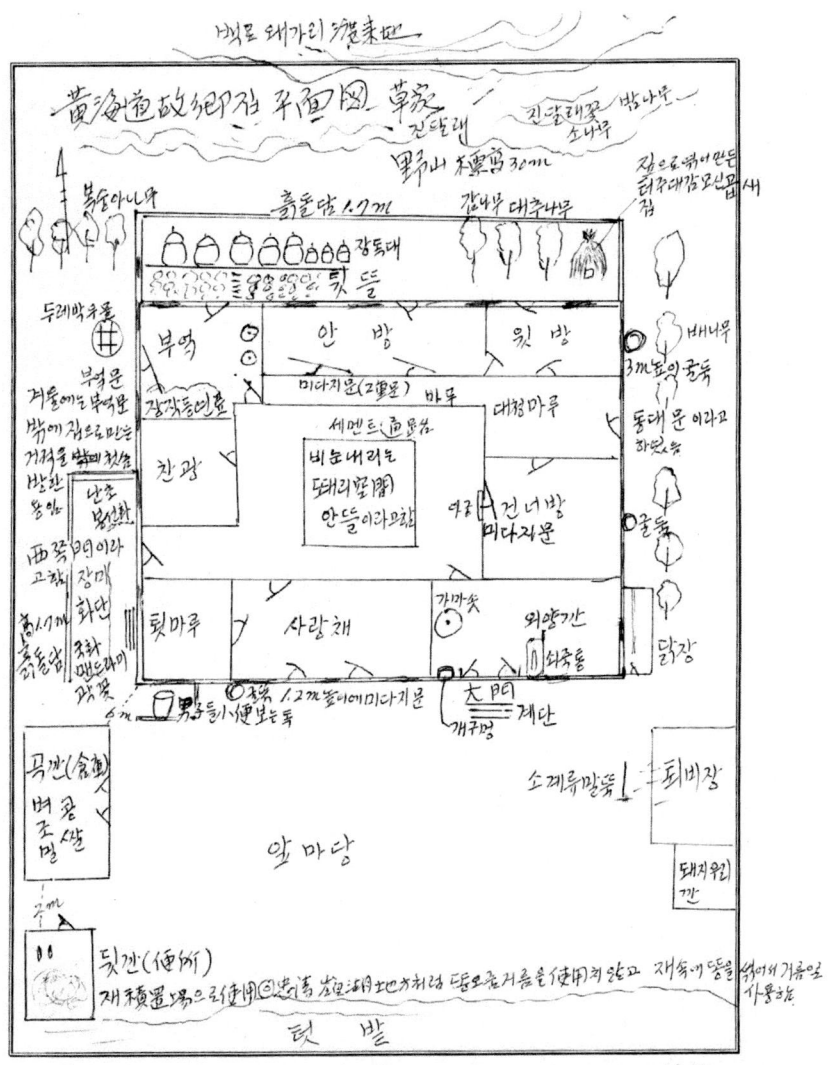

<그림 1> 1차 추가도면(연백 이진태)

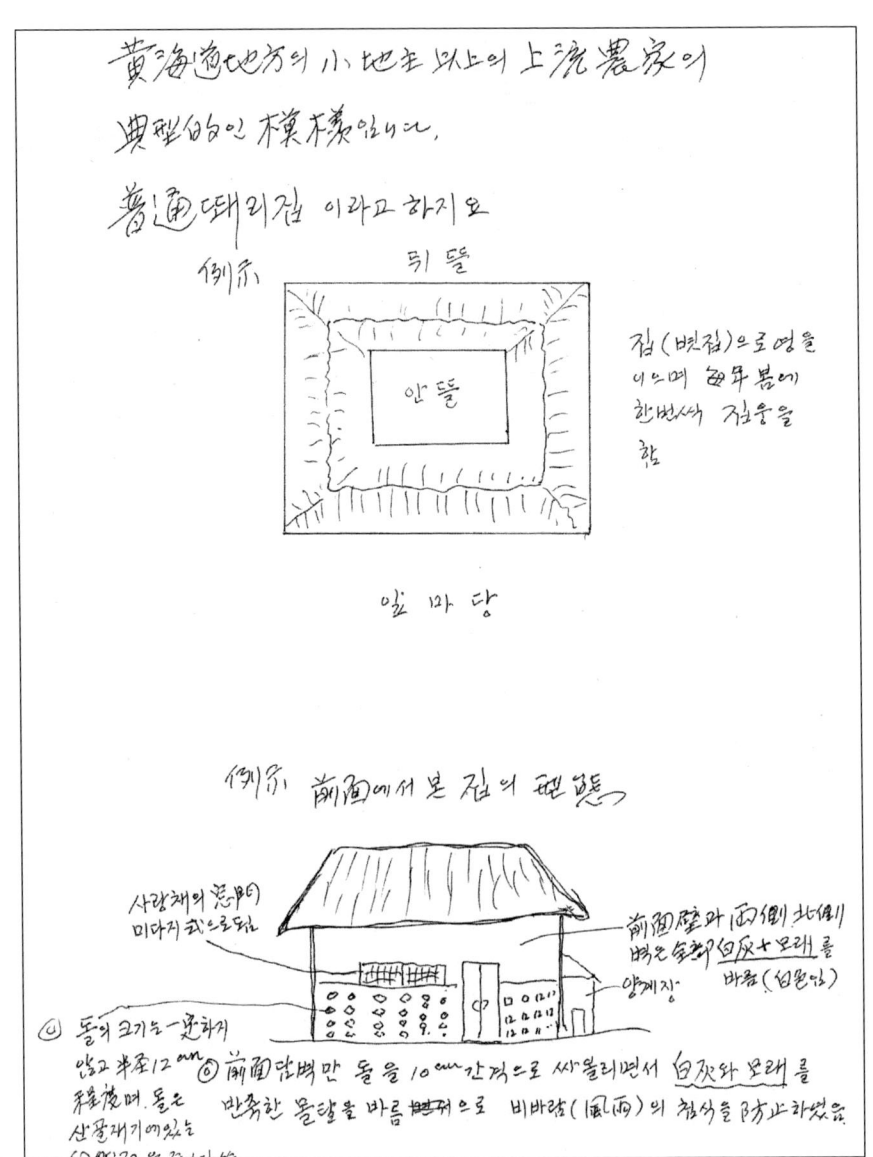

黃海道地方의 小地主 以上의 上流農家의 典型的인 模樣입니다.

普通 대리집 이라고 하지요

例示   뒤 뜰

안 뜰

앞 마 당

짚(볏짚)으로 영을 이으며 每年 봄에 한번식 지붕을 함

例示 前面에서 본 집의 現態

사랑채의 恩門)
미다지 式으로 됨

前面壁와 兩側 北側) 壁은 흙土에 白灰+모래를 바름 (日本식)
양계장

ⓒ 돌의 크기는 一定 하지 않고 半圣 12cm 程度이며, 돌은 산꼴재기에 있는 60%72% 주위에서

ⓓ 前面담壁만 돌을 10cm 간격으로 쌓올리면서 白灰와 모래를 반죽한 몰탕을 바름 벽처으로 비바람(風雨)의 침식을 防止 하였음

〈그림 2〉 1차도면의 사례(연백 이진태)

2. 자료의 검증과 보정

실향민들이 그려준 주택도면들은 비록 비전문가의 표현이기는 하지만, 기대 이상의 정보를 담고 있었다. 다만 표현방법에 있어서는 상당한 수준차이를 보여주었다. 개중에는 단선 스케치로 윤곽만을 그린 도면도 있고, 누군가에게 부탁한 듯 컴퓨터 캐드(CAD) 프로그램을 이용하여 작도한 정교한 도면도 있었다. 그러나 비록 정성스러운 도면이라도 부분적으로는 누락된 내용도 있고, 불명료한 부분도 있었다. 표현방식이 서툴러 다시 작성해야 할 필요도 있었다. 이에 보완과 수정의 과정이 필요했다.

캐드(CAD)를 이용하여 재작도한 뒤, 누락된 부분과 불명료한 부분에 대한 질문을 곁들여 2차 설문을 발송하였다. 이 과정에서 몇 분은 더 이상 회신하지 않는 경우도 있었지만 대부분의 대상자들이 꼼꼼하게 수정된 도면과 답변을 보내왔다. 바닥의 종류(마루 또는 흙바닥)를 새로이 그려주거나 기둥, 창호의 위치를 변경하거나, 마구간의 여물통 위치를 수정하는 등 놀라울 정도의 기억력을 보여주었다. 심지어 창호도까지 별도로 정밀하게 그려준 분도 있었다.

이를 바탕으로 수정된 도면을 만들었다. 이 도면이 정확한 것인지를 검증하기 위하여 최종 설문지를 발송하였다. 부분적인 수정도 있었지만 대부분의 응답자들이 자신이 기억하고 있는 옛집과 다름이 없다는 확인을 해주었다. 이렇게 수정과 보완, 확인의 과정을 거쳐 북한 전 지역에 걸친 옛집의 배치평면도가 쌓여갔다.

최종적으로 얻은 도면은 비록 기억에 의한 도면이지만 상당히 많은 건축적 정보를 담고 있었다. 담장 안 건물의 종류와 배치, 각 건물별 평면구성, 각 공간의 명칭과 용도, 창호의 종류와 위치, 지붕형태, 바닥의 종류 등이 담겨 있었다. 물론 기둥의 정확한 위치나 공간의 정확한 규모, 벽체재료, 창호의 종류 등 상세한 건축부재나 건축요소는 기대하기 어려웠다. 개중에는 과거에 목수로 활동하던 분도 있었고, 이분들은 기둥의 간격이나 툇마루의 치수 등을 명확히 표현해주었기 때문에 이를 토대로 그 지역의 다른 주택에도 적용하였다.

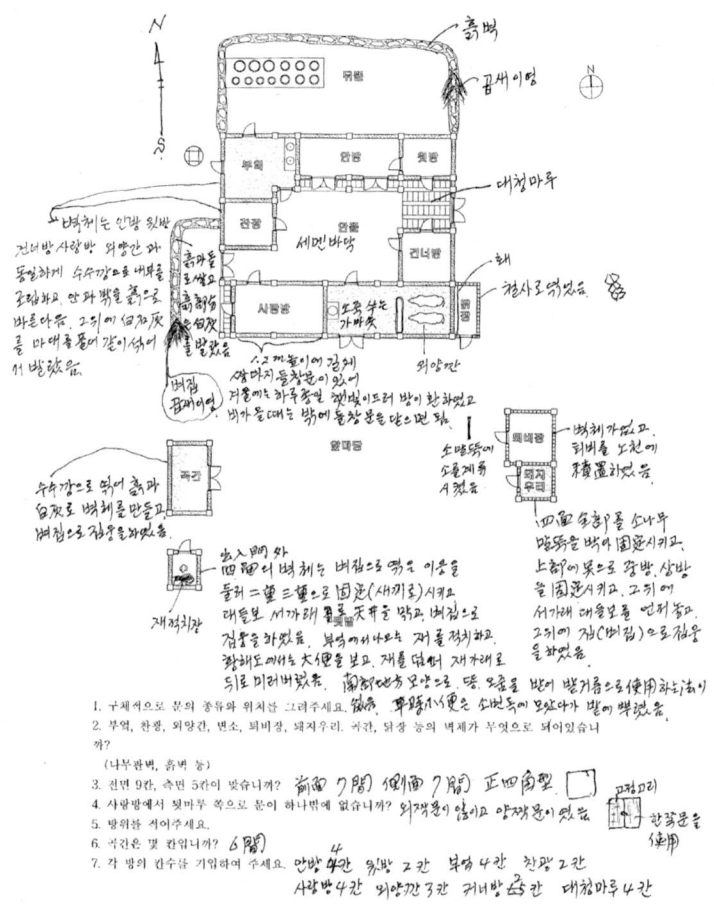

〈그림 3〉 2차 수정도면(연백 이진태)

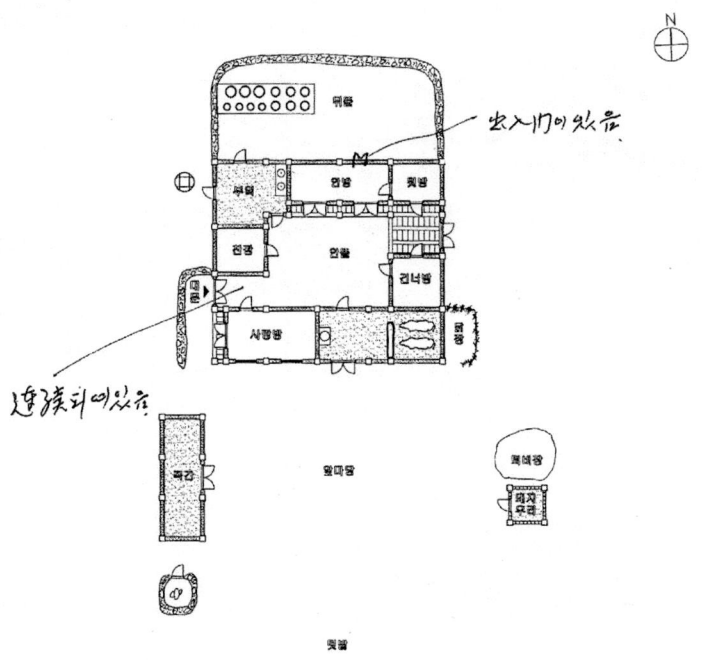

N

出入口이 있음

連續되여있음

1. 북에 두고온 집의 모습과 틀린 점이 있으면 바르게 고쳐주세요. 正常
2. 각 실의 모양과 형태가 틀리게 되어 있으면 수정하여주세요. 〃
3. 찬장과 사랑방의 지붕이 연결되어 있었습니까?- 連結 되여 있음
4. 안방에서 뒤뜰로 나갈 수 있는 문은 없습니까? 있음
5. 부속채가 바르게 위치되어 있습니까? 틀린다면 수정하여 주세요. 바르게 되여있음
6. 예로 보내드린 도면과 같이 지붕처마선을 도면에 그려주세요. 민속촌의 西北地方집과 같음.
7. 기둥과 기둥사이의 간격이 기억이 나신다면 도면에 기입하여 주세요. 기둥과기둥사이도 9尺가
틀림없음.

〈그림 4〉 3차 수정도면

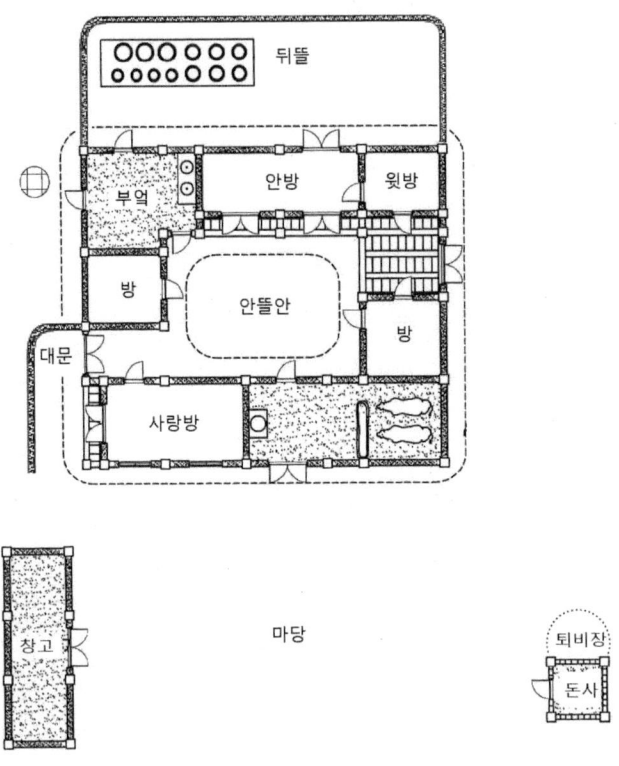

<그림 5> 최종 보정도면(연백 이진태)

황해도 실향민을 대상으로 100건 이상의 설문지를 발송했으나 회신한 자료 제공자는 50인에 불과했다. 이 중에서도 3단계에 걸친 수정과 보완, 검증과정을 성실하게 거친 사례는 총 38건에 지나지 않는다. 해방 이전 황해도 주택의 사례 38건을 새로이 얻은 것이다. 이런 정도의 자료를 얻은 것만 해도 대단한 성과라고 할 수 있다. 지금까지 학계에 알려진 모든 사례를 합친 것보다 훨씬 많은 사례를 얻었기 때문이다.

이 자료는 현장에서 실측 조사된 도면만큼 정교하거나 사실적일 수가 없다.

그러나 도면에서 보여주는 정보의 양은 종래의 연구서에서 발표된 도면들에 비해 결코 모자라지 않는다. 종래의 연구서에 그려진 도면들도 고작 건물배치도나 평면구성에 지나지 않기 때문이다. 더구나 이 연구에서 얻어진 도면들은 각 주택별로 소재지가 분명하고, 건립연대, 사용자(또는 건축주)의 경제적 형태, 가족구성, 공간이용방법 등을 알 수 있기 때문에 기존의 것과는 비교가 되지 않을 정도로 가치가 높은 것이었다. 자료를 제공한 황해도 출신 실향민들의 인적사항은 <표 1>과 같다.

〈표 1〉 황해도 자료제공자의 인적사항

성명	출생연도	원주소	비고
이은호	1929	황해도 연백군 호남면 개현리 노루래 마을	농업, 중류계층
김희찬	1931	황해도 연백군 유곡면 식현리	농업, 중류계층
김용성	1923	황해도 신천군 노월면 정례리	농업과 상업, 중류계층
여운철	1914	황해도 송화군 진풍면 학계리	농업, 중류계층
조청남	1923	황해도 사리원시 신양리	농업, 상류계층
정재원	1918	황해도 은율군 남부면 봉암리	농업, 중류계층
이윤호	1922	황해도 서흥군 용평면 범안리	농업, 중류계층
김광일	1932	황해도 봉산군 토성면 마산리	농업, 중류계층
유창현	1915	황해도 재령군 재령읍 류화리	회사원, 하류계층
권영기	1924	황해도 신천군 신천읍	농업, 회사원, 하류계층
이병환	1922	황해도 신천군 다미면 가우리	농업, 중류계층
오세춘	1925	황해도 벽성군 내성면 팔학리	농업, 중류계층
조세선	1929	황해도 벽성군 내성면 팔학리	농업, 중류계층
민규식	1931	황해도 벽성군 내성면 오봉리	농업, 중류계층
최광춘	1935	황해도 벽성군 내성면 팔학리	농업, 중류계층
오세혁	1934	황해도 벽성군 내성면 팔학리	농업, 상류계층
이선재	1934	황해도 벽성군 동강면 오금리	농업, 상류계층
안원직	1934	황해도 벽성군 해남면 봉대리	농업, 하류계층
최남수	1930	황해도 벽성군 영천면 갈산리	농업, 하류계층
이원환	1923	황해도 옹진군 서면 읍저리	농업, 공무원, 하류계층

변영문	1926	황해도 옹진군 동남면 송강리	농업, 하류계층
곽봉석	1927	황해도 옹진군 옹진읍 구계리	농업, 중류계층
이연하	1929	황해도 옹진군 부민면 내동리	농업, 중류계층
정재관	1937	황해도 옹진군 봉구면 장수리	농업, 상류계층
최경모	1924	황해도 옹진군 동남면 어화도리	농업과 수산업, 중류계층
이춘호	1934	황해도 옹진군 교정면 월암리	농업, 중류계층
조종목	1926	황해도 옹진군 용인면 송학리	농업, 중류계층
박태형	1928	황해도 옹진군 용천면 포산외리	농업, 중류계층
강신교	1926	황해도 옹진군 가천면 장현리	농업, 중류계층
안보영	1937	황해도 연백군 화성면 송천리	농업, 중류계층
신영희	1932	황해도 연백군 해룡면 금산리	농업, 중류계층
차석권	1920	황해도 연백군 용도면 발산리	농업, 하류계층
차순용	1928	황해도 연백군 운산면 우포리	농업, 중류계층
조희열	1932	황해도 연백군 은천면 고읍리	농업, 중류계층
이진태	1925	황해도 연백군 괘궁면 생금리	농업, 교사, 중류계층
최진헌	1923	황해도 장연군 장연읍 남리	상업, 중류계층
유락호	1935	황해도 은율군 장련면 동부리	농업, 중류계층
장철웅	1927	황해도 은율군 일도면 누리	농업, 중류계층

3. 자료제공자의 출신지역과 마을환경

　자료제공자의 출신지역은 10개 군 1개 시에 이른다. 불행하게도 그들의 출신지역은 황해도 전체에 고루 분포된 것이 아니었다. 자료제공자의 출신지역은 바로 주거자료의 지역적 분포를 의미하기 때문에 입수된 자료가 지역적으로 편중되었음을 뜻하는 것이다. 입수된 자료를 군별로 집계해보면 옹진군이 가장 많아 10건에 이르고, 연백군(8건)과 벽성군(8건)을 합하면 26건으로 전체 사례의 2/3 이상을 차지한다. 대부분의 사례가 황해도 남부의 해안지역에 편중된 것이다.

반면에 송화, 서흥, 봉산, 재령, 장연군 등은 각기 1건의 자료만을 얻을 수 있었다. 이는 황해도 북부지역에 해당하는 자료이다. 그러나 황해도 동부지역에 소재하는 수안, 곡산, 신계, 황주, 금천, 평천군 등에서는 단 1건의 자료도 입수하지 못했다. 지형에 따라 내륙 산악지대와 연안 평야지대의 차이를 알아볼 수 있는 자료는 확보하지 못한 것이다. 이는 차후의 숙제로 남겨두는 수밖에 없었다.

지역적 편중에도 불구하고 멸악산맥 남쪽과 북쪽의 차이를 알아볼 수 있는 자료는 어느 정도 확보할 수 있었다. 멸악산맥 북쪽지역이라고 할 수 있는 은율, 신천, 송화, 서흥, 봉산, 재령군에서 10건, 그리고 멸악산맥 남쪽지역인 연백, 벽성, 옹진, 장연, 사리원시 등에서 28건의 자료를 얻을 수 있었던 것이다. 비록 멸악산맥 남쪽이 2배 이상 많지만 비교할 만한 사례 수는 확보한 셈이다.

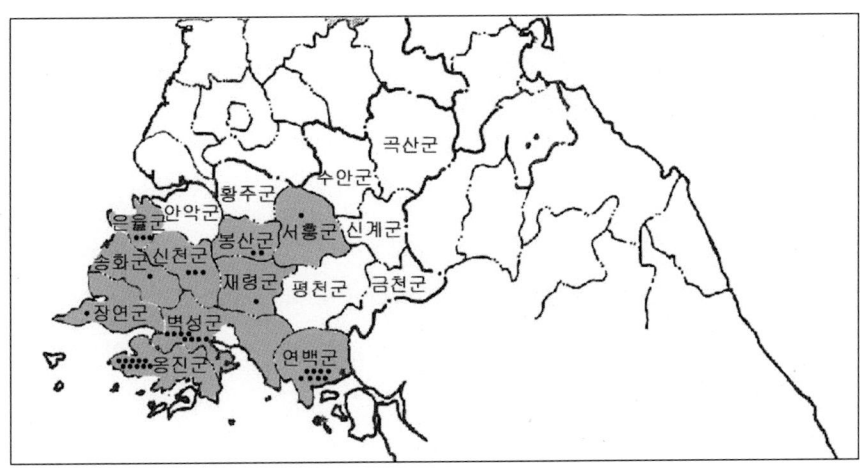

〈그림 6〉 황해도 자료제공자의 출신지역 분포

출신지역을 좀 더 세분화해서 보면 농어촌지역이 32건으로서 압도적으로 많고, 도시지역은 7건 정도에 불과하다. 농촌주택이 도시주택보다 변화가 적다는 점을 감안한다면 전통적인 주거형식을 살펴볼 수 있는 풍부한 사례를 얻었다고 할 수 있다. 한편 소수이기는 하지만 일제강점기 도시주택의 면모를 볼 수 있는 사례도 확보할 수 있었다. 사리원을 포함한 대도시의 사례가 3건, 읍면 소재지 정도 규모의 중소도시 사례가 4건, 전체 7건의 도시사례를 얻은 것이다.

농어촌 지역의 사례에서 완전한 어촌의 사례는 1건에 불과했다. 나머지는 모두 농촌마을에 소재한 사례이다. 그러나 농촌마을 중에서 해안가에 소재한 마을이 6건이나 된다. 대부분의 어촌마을이 그러하듯이 어업만을 전업으로 하는 마을은 드물다는 것을 전제한다면 이를 어촌주거로 보아도 무방할 것이다.

이 지역 농촌마을은 대부분 평야지대에 입지하는 것으로 나타난다. 황해도 지역이 멸악산맥지대를 제외하고는 대부분 평야로 이루어지고 자료제공자의 출신지역도 재령평야와 연백평야 지역에 집중되어 있으니 당연한 일이다. 마을의 입지를 평야지대라고 기입한 사례가 15건인 반면 산지라고 기입한 사례는 9건 정도이다.

그러나 자료제공자들이 평야지대나 산악지대라고 표기한 것은 자의적인 구분이기 때문에 명확하지 않다. 같은 지역에서도 어떤 사람은 산지로, 어떤 사람은 평야로 표기했다. 또한 황해도의 지형도 평야와 산지가 명확하게 구분되는 지형이 아니다. 이러한 지형에 대해 벽성군의 최광춘 씨는 아주 중요한 설명을 보내주었다. 즉, 자신의 마을은 구릉이 많은 평야지대에 있었으며 마을의 가호 수는 많지 않고 대부분 10호 내외의 마을로 산발적으로 형성되었다고 설명했다. 이를 '능지평야'라고 표현했다.

일반적으로 평야지대의 농촌취락은 많은 주호가 집중적으로 모여 사는 집촌형(集村型) 취락을 형성하게 마련이다. 반면 화전농업을 위주로 하는 산악지대의 농촌마을은 주호가 집중되지 않고 넓은 지역에 드문드문 위치하기 때문에 산촌형(散村型) 취락을 형성하게 된다. 그러나 황해도의 경우 평야지대임에도 불구하고 얕은 구릉이 많기 때문에 주호가 집중되지 않았던 것으로 보인다. 즉, 평야지대에 호수밀도가 낮은 산촌형(散村型) 취락이 형성되었음을 설명한 것이다.

〈표 2〉 황해도 사례의 지역별 분포

지역	군별 사례 수				합계
멸악산맥 이북지역	은율 3 송화 1	신천 3 서흥 1	봉산 1	재령 1	10
멸악산맥 이남지역	연백 8 장연 1	벽성 8 사리원시 1	옹진 10		28

〈표 3〉 황해도 사례의 입지별 분포

입지		계
농촌	산지	9
	평야지	15
	해안	6
어촌		1
도회지	대도시	3
	중소도시	4

4. 자료제공자의 사회적 성격

자료제공자의 연령분포를 살펴보면 1935년 이후 출생자에서부터 1915년 이전 출생자에 이르기까지 폭이 넓다. 가장 높은 빈도수를 차지하는 것은 1915년부터 1935년 사이에 출생한 분들이었다. 출생연도 1934~1925년이 22명으로 전체의 58% 정도를 차지하며, 1924~1915년 사이가 11명으로 29%를 차지한다. 이들은 대부분 한국전쟁 시기에 월남한 분들이기에 1950년을 기준으로 당시의 나이를 산출하면 월남 당시 15세에서 30세에 이르는 사람들이었다.

월남 당시의 나이는 그들의 인지적 성숙도를 반영한다. 환경심리학자인 Piaget의 인지발달론에 의하면 15세 이상이 되면 환경적 인지가 완전히 성숙하는 것으로 본다. 즉, 환경에 대한 인식과 기억이 명확해진다는 것이다. 따라서 월남 당시 나이가 15세 이상이라면 옛집에 대한 이들의 기억은 비교적 정확한 것이라 볼 수 있다. 또한 당시에 청년기이거나 결혼한 상태로서 마을이나 가족사에 대한 기억도 신뢰할 만한 것이라고 할 수 있다.

자료제공자 중에는 주택을 짓는 일에 참여해본 경험을 가진 사람도 몇 명 있었다. 옹진군의 이연아 씨는 대목일을 해본 경험이 있었고, 같은 옹진군의 최경모 씨는 감독일을 해보았다고 기재했다. 이춘호 씨나 박태형 씨와 같이 토역일을 해본 사람도 있고, 정재관 씨나 조종목 씨처럼 잡일을 했던 사람도 있었다. 주택건설에 참여했던 경험을 가진 사람들은 대부분 도면을 정확하게 표현했고, 건축방법을 상세하게 기술했다는 점에서 큰 도움이 되었다.

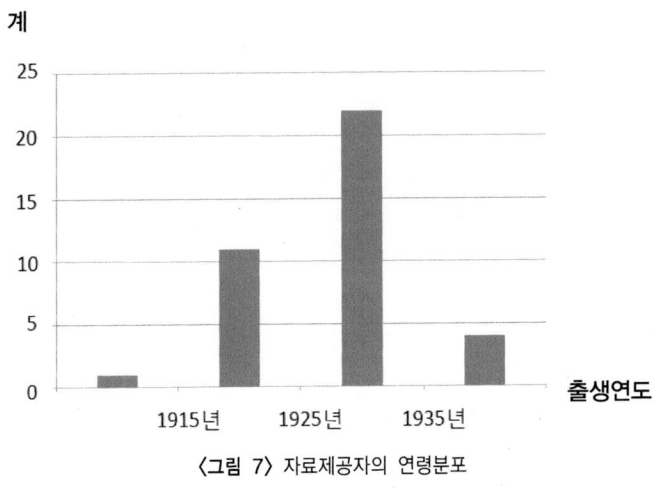

<그림 7> 자료제공자의 연령분포

　　설문지에 기재된 가족사항을 살펴보면 우선 가족 수에 있어서 대가족의 형태가 보편적이었음을 알 수 있다. 4인 이하의 가족구성은 7건에 불과하고, 대부분 4인 이상의 가족으로 구성되었다. 가족 수 5~7인 가족이 15건, 8~10인 가족이 14건, 11인 이상이 2건으로 나타난다. 8인 이상으로 구성된 가구가 전체의 42%에 이를 정도로 대가족을 형성하고 있었다. 이러한 가족구성은 근대화 이전의 전통적인 가족형태가 지속되고 있었음을 보여주는 것이다.

　　가족유형은 대부분 직계가족으로서 3대가 동거하는 형태를 취한다. 간혹 혼인한 차남이 분가하기 이전의 상태로서 조카들과 함께 거주하는 가족유형도 볼 수 있으나 그리 흔하지는 않았다. 별도로 기술한 내용 중에서는 머슴이나 소작인 등 혈연이 아닌 구성원이 거주하는 경우가 여럿 있었으나 가족 수에는 포함하지 않았다. 이러한 가족의 규모나 형태는 함경도나 평안도의 사례와 비슷하게 나타나기 때문에 황해도만의 독특한 성격이라고 보기는 어렵다.

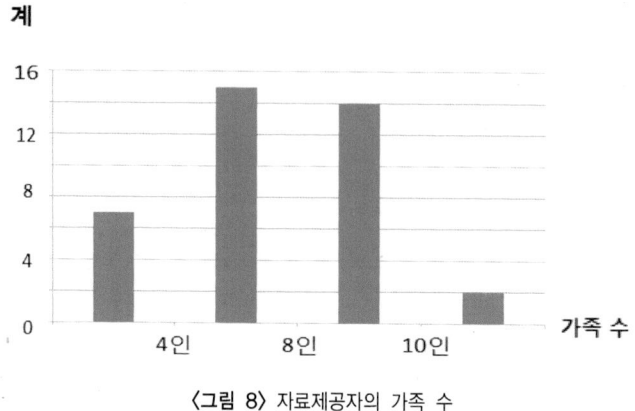

〈그림 8〉 자료제공자의 가족 수

　자료제공자의 출신지역이 대부분 농촌이듯이, 당시 이들 가족의 생업도 농업이 압도적 다수를 차지한다. 전업농의 사례 수는 33가구로서 전체의 86%에 해당한다. 어업을 전업으로 하는 가구는 1가구도 나타나지 않았으며, 농업과 수산업을 겸업하는 사례가 1가구 있을 뿐이다. 도시지역이나 도시 근교농촌, 혹은 읍면 소재지 등에서도 상업을 전업으로 하는 가구는 드물었다. 상업을 전업으로 하는 1가구, 농업과 상업을 겸하는 1가구 정도가 조사되었을 뿐이다. 도시지역에서 공무원이나 교사 등 서비스업에 종사하는 사례도 2건이 있었다. 평안도나 함경도 지방의 경우 공업도시에서 공업에 종사하는 가구나 광산업에 종사하는 가구가 있었으나 황해도에서는 이 같은 사례를 얻을 수 없었다.
　당시의 경제계층을 묻는 항목에는 하류계층이었다고 응답한 사람이 7인, 중류계층이 27인, 상류계층이 4인으로 나타난다. 중류층을 지역의 보편적인 주거계층으로 본다면 전체의 71%를 차지하는 27건의 사례로서 충분하다. 상류계층이 상대적으로 적기는 하지만 계층적 차이를 살펴보기에 부족한 편은 아니다.
　농촌지역의 경우 경작규모는 계층인식과 밀접한 관계가 있다. 계층별로 경작규모를 살펴보면 하류계층인 경우 3천 평 이하, 중류계층은 3천~3만 평, 상류계층의 경우 3만 평 이상의 규모로 나타난다. 특히 상류계층은 경작면적의 편차가 심하여 최소 15,000평에서부터 최대 300,000평에 이르기까지 사례별 차이가 크다.

경작지 중 논과 밭의 면적을 비교해보면 밭이 약간 많다. 그러나 그 차이는 너무 작아서 논과 밭의 비율이 비슷하다고 보는 편이 좋을 것이다. 밭이 월등히 많은 평안도 지역과 큰 차이가 있는 셈이다. 조선시대에는 밭 면적이 논에 비해 4배 정도 많았으나 근대시기에 이르러 논의 경작면적이 획기적으로 증가했다는 것을 알 수 있다. 논과 밭 이외에 과수원을 경영하는 가구도 소수 있었다.

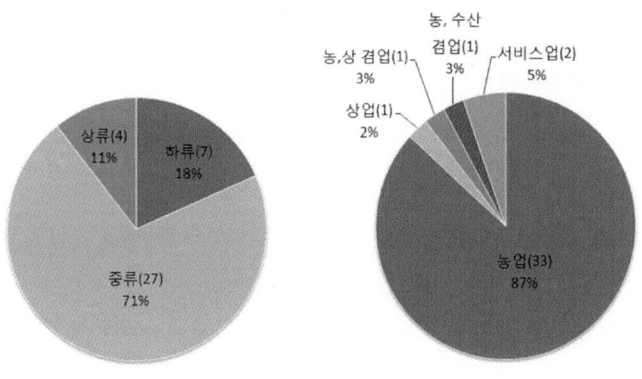

〈그림 9〉 자료제공자의 계층인식   〈그림 10〉 자료제공자의 생업

〈표 4〉 계층별 평균 경작규모

(단위: 천 평)

계층	논	밭	기타	경작면적 계
하류	1.1	1.2	0	2.3
중류	5.5	6.3	3	11.8
상류	85.3	86	0	171.3

자료제공자들이 그려준 주택은 언제 지어진 것일까? 설문지에 답한 주택의 건립연대를 보면 대부분 자신의 주택이 언제 지어졌는지에 대해 분명히 기억하고 있었다. 건립연대를 잘 모르겠다고 답한 사례는 8건으로서 전체에 21%를 차지한다. 이 중에는 너무 오래되어서 기억나지 않는 경우도 있고, 이사 온 집이라서 그 주택의 연혁을 알 수 없는 경우도 있었다. 그러나 대부분의 실향민들은 최소한 10년 단위의 기억을 가지고 있었으며 심지어 정확한 건립연도를 기재한 경우도 있었다.

주택의 건립연대를 일제강점기 이전과 일제강점기, 그리고 해방 이후로 나누어보면 일제강점기에 지어진 집이 23호로 전체의 60% 정도를 차지한다. 그러나 일제강점기 이전에 건립된 집도 7호로 20%가 넘어 조선 후기나 말기의 사례를 얻을 수 있었다. 가장 오래된 것은 연백군의 신영희 씨 댁으로 1850년에 지었다고 한다. 비록 중류주택이기는 하지만 남한지역이라면 문화재급에 해당하는 사례이다. 1910년대 이전의 사례들은 조선 말기까지 지속된 전통형식을 보여준다는 점에서 대단히 중요한 자료라고 할 수 있다.

비록 일제강점기에 건립된 집이라고 하더라도 1920년대 이전 농촌지역의 집들은 전통형식을 유지하는 사례가 많기 때문에 1930년대 이후의 사례와는 비교가 될 수 있다. 일제강점기 중반까지 농촌에서는 주거문화의 급격한 변화가 이루어지지 않았기 때문이다. 한편 일제강점기 후반에 건립된 주택들도 학문적으로는 큰 의미가 있다. 식민지화에 따르는 주택의 변화나 근대화의 영향을 살펴볼 수 있기 때문이다. 해방 이후에 건립된 사례는 단 1건도 나타나지 않았다.

사례 수

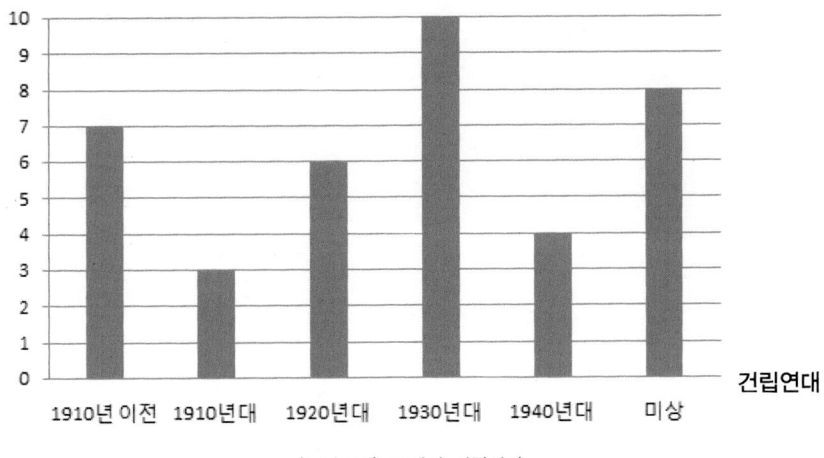

〈그림 11〉 주택의 건립시기

제3장

황해도 옛집의 유형과 성격

황해도 옛집의 유형과 성격

Ⅰ. 황해도 옛집에 대한 지금까지의 연구들

한국의 전통 주거를 지역별로 분류하여 그 성격을 연구하기 시작했던 사람들은 일제강점기 일본인들이었다. 일본인 학자들은 왜 한국의 주거를 연구하려 했을까? 그들 중에는 순수한 학문적 호기심에서 접근한 학자들도 있었으나 그 수는 극히 적었다. 대부분은 조선총독부의 식민지 통치를 위한 시정자료를 얻기 위한 것이었다. 따라서 한국의 옛집에 관한 자료는 풍부하게 수집했으나 학문적으로 깊이 있는 결과를 내지는 못했다. 연구자의 전공도 민속학이나 지리학이었기 때문에 주택의 건축적 성격을 종합적으로 설명하지는 못했다.

그들이 조사한 대상은 주로 철도연변을 따라 채집한 것으로 그 내용도 거의 견문기와 같은 피상적 이해 수준이라고 평가되었다.[18] 그들이 옛집을 조사하고 그린 주택의 도면은 집 전체가 아니었다. 그들은 주로 살림채의 평면도만 그리는 데 그쳤다. 이 도면으로는 집의 전체적인 모습을 파악할 수 없었다.

이러한 자료로서는 살림채 평면의 지역적 차이를 볼 수 있는 정도였다. 일본인 학자들은 그 자료를 바탕으로 지역적 특성을 설명하려 했다. 그러다 보니

---

18) 조성기, 「한국남부지방의 민가에 관한 연구」, 영남대박사논문, 1985, 3쪽.

어떤 지역은 주택의 전체가 되고 어떤 지역은 주택의 일부가 되어 전체를 부분과 비교하는 잘못을 범하게 되었다. 또한 계층적 차이나 시대적 변화를 구별해내지도 못했다. 그럼에도 불구하고 그들의 연구성과는 이후 지리학이나 민속학에서 학문적 토대를 이루며 끊임없이 재인용되어 왔다.

해방 이후 남한에서는 지리학, 민속학, 건축학을 중심으로 많은 연구자들의 다양한 연구가 진행되었다. 지리학, 민속학에서는 연구대상을 민가로 설정하고 지역적 차이를 조망하는 데 관심을 두었다. 건축학에서는 보다 넓은 대상과 관점을 가지고 시대적 변화나 계층적 차이를 해석하는 데 중점을 두었다. 그러나 그 연구지역은 대부분 남한지역에 한정된 것이었다. 북한지역에 관한한 일제강점기 연구성과를 인용하거나 북한학자들의 연구를 인용하는 수준에 머물 수밖에 없었다.

북한학자들은 해방 이후 풍부한 현장조사를 바탕으로 북한의 옛집에 대한 새로운 사실들을 밝혀내었다. 그러나 남한학계에 알려진 북한주거의 연구자는 고작 2명에 불과하다. 그들은 북한의 전통주택의 지역적 성격과 차이에 대해 상세하고 새로운 시야를 제공했다. 그러나 이러한 시각을 뒷받침할 만한 사례를 충분히 제공하지는 않았다. 그들의 자료만으로는 그들의 연구성과를 비판하거나 검증할 방법이 없었다. 1960년대까지 북한주거를 연구한 연구자와 성과를 정리하면 <표 1>과 같다.

〈표 1〉 1960년대까지 북한주거에 관한 연구들

小田内通敏, 1923, 朝鮮部落調査豫察報告, 제1책, 朝鮮總督府
小田通敏朝, 1924, 朝鮮部落調査報告, 제1책, 朝鮮總督府
今和次郎, 1924, 朝鮮部落特別調査報告, 제1책(民家), 朝鮮總督府
岩規善之, 1924, 朝鮮民家의 家構에 대하여, 『朝鮮과 建築』 3집 2호
野村孝文, 1938, 朝鮮住宅의 一考察, 『朝鮮과 建築』 17집 5호
리종목, 1960, 우리나라 농촌주택의 류형과 그 형태, 19세 중업~20세기 초엽, 『문화유산』 5호
리종목, 1960, 우리나라 농촌주택의 발전에 관한 민속학적 고찰, 『문화유산』 6호
황철산, 1965, 우리나라 과거주택의 류형과 그 형성 발전, 『고고민속』 3호

그렇다면 연구자들은 북한지역에서 황해도 옛집의 성격을 어떻게 이해했을까? 결론부터 말하자면 황해도 옛집의 성격은 대단히 복합적이라는 것이다. 그것은 황해도 집만의 고유한 성격이 아니라 여러 인접지역의 성격이 복합적으로 존재한다는 것을 의미한다. 어쩌면 황해도지역만의 고유한 성격을 아직 밝혀내지 못했는지도 모른다. 연구자들이 발견한 황해도 옛집의 성격을 간단히 요약해보면 다음과 같다.

1) 황해도의 남부와 북부지역은 집의 성격이 서로 다르다

집의 성격에 따라 한반도 전 지역을 가장 먼저 구분했던 사람은 岩槻善之 (1924)이다. 그는 황해도를 두 지역으로 구분했다. 멸악산맥을 기준으로 남쪽과 북쪽이 서로 다른 주거형식을 갖는다는 점을 발견한 것이다. 그는 황해도의 북부지역을 '서선형(西鮮型)'이라 했고 남부지역은 '중선형(中鮮型)'으로 분류했다. 멸악산맥 북부지역은 평안도와 같은 권역에 속하고, 남부지역은 경기도와 같은 권역에 포함시킨 것이다.

그는 서선형에 대해서 다음과 같이 설명했다. "방은 일렬로 되어 있어서 전체가 일자형(一字型)으로 되어 있다. 대청은 어떠한 대저택에서도 설치하지 않는다." 즉, 살림채의 평면형태가 일자형이라는 점이 중부지방의 ㄱ자형과 다르다는 사실을 발견한 것이다. 남부지방, 즉 남선형(南鮮型)도 一자형이지만 대청이 있다는 점에서 차이를 두었다.

멸악산맥 남부지역의 중선형에 대해서는 다음과 같이 설명했다. "경성형과 대략 비슷하나 대청은 설치하지 않는 경우도 있다." 경성형은 "반드시 ㄴ자형으로 굽고, 일자형으로 짓는 것을 피한다. 반드시 대청이 있다"고 기술했다. 즉,

황해도 남부지역의 옛집은 서울지방과 유사하지만 대청이 필수적이지 않다는 점에서 차이가 있다고 설명한 것이다.

2) 황해도 남부지역의 집은 도시적 성격을 갖는다

野村孝文(1938)은 경성형(京城型)과 중선형(中鮮型)을 합하여 도회형(都會型)으로 보고, 남선형과 서선형을 통합하여 일반형으로 보았다. 그는 북선형(함경도 지역)에 대해 방이 전자형(田字型), 용자형(用字型)으로 배치된 점을 특징으로 들었고, 일반형에 대해서는 방이 일자형으로 배치된 평면으로서 북선, 제주도를 제외한 한반도 전 지역에 분포되어 있는 한국민가의 기본형이라고 생각하였다. 도회형의 특징은 방과 방 사이에 마루를 갖고 있는 것이라고 하였다.

그의 분류법에 의하면 황해도의 남부지방은 도회형에 속하게 된다. 도회형은 방과 방 사이에 마루를 갖고 있는 형식으로서 궁전건축의 영향에 의한 것이라고 생각했다. 그러나 방 사이에 마루를 둔 형식은 제주도나 경상북도 뜰집에서도 나타나기 때문에 이를 도시적 성격이나 궁전건축의 특성이라고 보기는 어렵다. 다만 황해도 남부를 수도권의 영향권역으로 파악했다는 점은 주목할 만한 발견이다.

일본학자들의 분류법은 일본주택의 분류방식을 따른 것이기에 한국주택에 적용하기에는 문제가 있었다. 일본학자들은 주거 전체를 본 것이 아니었다. 그 일부인 살림채 건물만을 보고 그 성격을 이해하려 했다. 이러한 분류방식은 일본의 민가를 분류하는 방식에서 비롯된다. 일본의 민가는 대부분 1동의 건물에 모든 주거공간을 수용하는 집중형식이기에 창고나 축사 등 부속건물들의 존재는 그리 중요하지 않았다. 일본민가에도 분동형(分棟型)이라는 형식이 있지만 이는 한 건물에 지붕만 분리한 형식일 뿐이다. 따라서 일본민가의 지역적 분류는 대부분 살림채 건물의 평면형식을 기준으로 이루어졌다.[19]

 이 같은 분류방식은 그들이 이웃나라의 주택을 이해하는 데에도 그대로 적용되었다. 지표에는 부속건물이 포함되어 있기는 하지만 독립적으로 설명될 뿐 주 건물과 어떤 관계를 가지고 있는지 파악한 사례는 보기 드물다. 일제강점기 한국민가를 조사 연구한 일본인 학자들 또한 살림채와 부속채 전체를 포함하여 그 배치방식을 분류한 학자는 없었다.

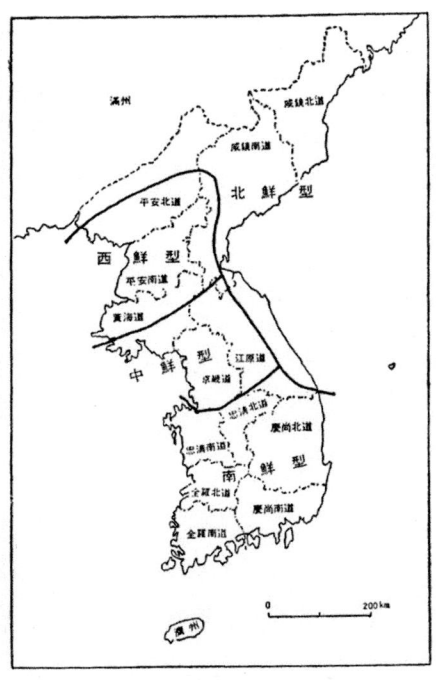

〈그림 1〉 岩規善之의 분류(1924)

---

19) Kazuo Nishi & Kazuo Hozumi, What is Japanese Architecture?, Kodansha International Ltd., 1985, pp.84~85.

3) 황해도 옛집의 살림채는 꺾음집이다

그러나 이와 같은 분류방식은 해방 이후까지 이어졌다. 이영택[20]은 전국을 중부형, 남부형, 관서형, 관북형으로 나누었고 황해도 지방은 중부형에 속하는 것으로 분류했다. 그는 중부형 민가에 대해서 "기본형은 ㄴ자형이며, 가옥의 규모가 커짐에 따라 ㄷ자형 또는 ㅁ자형으로 된다. 대청이 있는 것이 중부형의 특징"이라고 설명했다. 이러한 주거형식이 살림채만을 본 것인지, 아니면 살림채와 부속채를 합친 전체건물의 배치형상을 표현한 것인지는 설명하지 않았다.

황해도에서 다양한 꺾음집이 나타난다는 사실은 해방 이후 북한학자들에 의해 검증되었다. 북한학자들은 현지 사례를 조사하여 ㄱ자형, ㄷ자형, ㅁ자형 등 다양한 꺾음집을 발견했다.

그러나 황철산 같은 학자는 꺾음집을 도시적 성격으로 보았다. 그는 一字형[외채집]과 二字형[쌍채집]은 농촌에 많고 ㄱ자형, ㄷ자형, ㅁ자형은 평양을 중심으로 한 서북지방과 개성, 서울을 중심한 중부 및 그 이남지방에 분포된다고 설명했다. ㄱ자형, ㄷ자형, ㅁ자형은 대지를 절약한다는 점, 방물을 이용하기 편리한 점, 외관상 형태가 아름다운 점 등으로 보아 원래 도시에서 발생하여 농촌에도 파급된 것이라는 설에 동조한다.[21] 즉, 살림채가 꺾음형으로 되어 있는 유형은 농촌지역의 일자형과 발생배경이 다를 것이라고 본 것이다.

리종목은 꺾음집이 멸악산맥 이남지역의 특징이라고 보았고 보다 발전적인 형식으로 해석했다. 그는 여러 가지 꺾음집이 멸악산맥 이남 특히 중남부에 압도적으로 많이 분포되어 있는데 개성지구를 중심으로 동서로도 분포된다고 했

---

20) 이영택, 「평면구조상에서 본 한국의 가옥분포」, 『지리 1-1』, 한국지리교육회, 1965.
21) 황철산, 「우리나라 과거 주택의 류형과 그 형성 발전」, 『고고민속』 3호, 과학원출판사, 1965, 3~4쪽.

다. 꺾음집은 외채집이나 쌍채집에 비하여 수준이 높은 집이며, 발전사적으로
도 쌍채집보다 발전한 형식이라 하였다.

4) 황해도 남부지역에는 겹집도 분포한다

전통민가를 연구하는 학자들은 살림채 안에서 공간을 배열하는 방식에도 주
목하기 시작했다. 살림채가 같은 一자형이라도 그 안에 공간이 한 줄로 배열되
는 지역이 있고, 두 줄 이상 겹으로 배열되는 지역이 있다는 사실에 주목한 것
이다. 이에 따라 공간이 한 줄로 배열되는 집을 '홑집' 혹은 '외통집'이라 하고,
두 줄 이상으로 배열되는 집을 '겹집' 혹은 '양통집'이라 구분하였다.

이러한 두 유형이 지리적으로 어떻게 분포하는가를 연구하는 데 몰두했다.
지리학자인 장보웅[22]은 홑집을 '단열형(單列型)'이라 하였고, 겹집을 '복열형
(複列型)'으로 명명하였다. 그는 함경도와 강원도 및 경상북도 북부지역, 그리
고 제주도를 복열계열로 보고, 나머지 지역을 단열계열로 구분하였다. 이에 따
라 황해도 북부지방은 '단열계열의 이자형(二字型)'으로 분류하고 황해도 남부
지방은 '단열계열의 ㄴ자형'이라 하여 차이를 두었다.

멸악산맥을 기준으로 남과 북의 차이가 있다는 점은 일본인 학자들의 주장
을 그대로 수용한 것이다. 다만 평안도 지방의 주택을 일자형으로 보지 않고
二자형으로 보았다는 점, 평면의 공간이 외통형으로 구성된다는 점을 발견한
진전된 분류법이었다. 그러나 평안도의 이자형은 살림채와 부속채를 포함한
배치형식이지만, 황해도 및 중부지방의 ㄴ자형은 살림채의 건물평면형식이라

---

22) 장보웅, 『한국의 민가연구』, 진보제, 1986.

는 점에서 여전히 문제가 있었다.

　민속학자인 김광언[23])도 한국의 전통민가를 겹집과 홑집의 두 계통으로 나누는 데 합류했다. 그러나 그는 황해도 멸악산맥 중심부에 겹집이 집중적으로 분포하는 데 주목했다. 이에 멸악산맥과 그 이남지역 일대를 겹집권역에 편입시켰다. 평안도나 경기도와 다른 황해도의 뚜렷한 특징을 발견한 것이다. 대단히 주목할 만한 발견이었지만 현지조사에 의한 실증적 사례가 없이 주로 북한학자들의 자료나 견해를 인용했다는 점에서 한계가 있다.

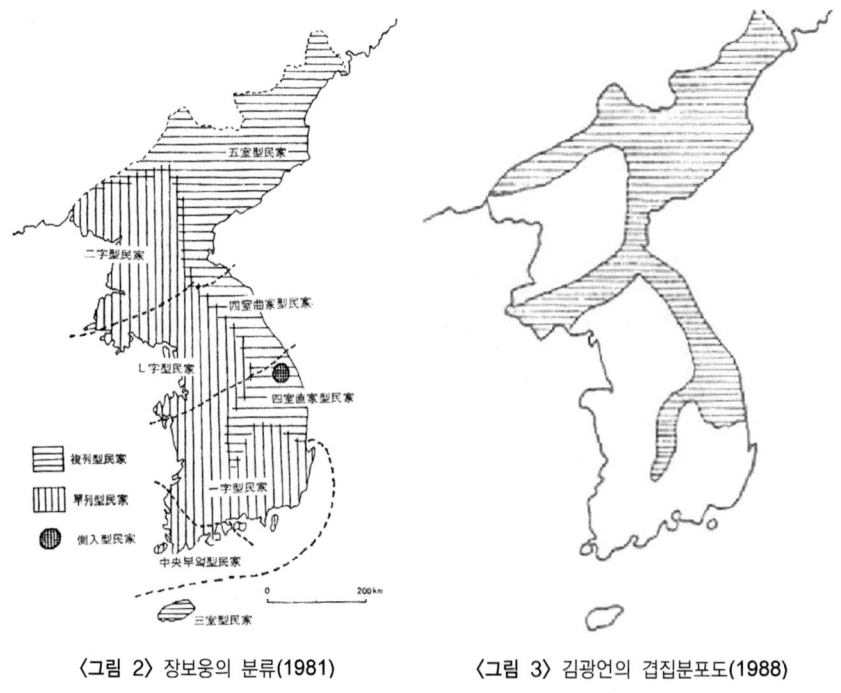

〈그림 2〉 장보웅의 분류(1981)　　〈그림 3〉 김광언의 겹집분포도(1988)

---

23) 김광언, 『한국의 주거민속지』, 민음사, 1988.

2. 황해도 옛집의 여러 형식

앞에서 여러 학자들이 연구한 결과를 살펴본 바와 같이 황해도지역은 인접한 평안도, 함경도, 경기도 등 여러 지역 주거형식이 모두 나타난다는 점에서 특징이 있다. 즉, 황해도지역은 가장 다양한 주거형식을 갖는 지역이라 할 수 있다. 이러한 다양성은 지리, 지형적 복합성에서 기인한다. 지리적으로는 수도와 북부지방을 연결하는 교통의 결절점에 위치하면서, 생태환경으로는 북부와 남부의 중간적인 환경이며, 도회와 농촌, 산악과 해안 등 이중적, 복합적인 성격을 가지고 있기 때문이다.

실향민들이 보내온 자료에서도 지극히 다양한 주거유형이 나타난다. 표에서 보는 바와 같이 건물 1채로 집을 이루는 외채집으로부터 2채 이상으로 이루어지는 쌍채집, 세채집 등도 나타난다. 건물의 형태도 一자형으로부터 ㄱ자형, ㄷ자형, ㅁ자형 등 다양한 꺾음집이 나타난다. 또한 一자형 건물 두 채가 병렬로 배치되어 二자집이 되기도 하고, 직각으로 배치되어 ㄱ자집이 되기도 한다. 一자형 살림채와 ㄱ자형 부속채가 결합하여 ㄷ자형이 되거나 ㄱ자형 살림채와 부속채가 결합하여 ㅁ자형이 되는 경우도 있다. 그런가 하면 건물 안에서 방이 한 줄로 배열되는 형식도 있고, 2줄 혹은 3줄까지 겹으로 배열되는 형식도 있다. 즉, 건물의 동수, 배치형태, 평면형태, 공간배열방식에 따라 다양한 주거형식이 형성된 것이다.

황해도 옛집을 형식별로 구분해본다면 우선 외통집 계열과 양통집 계열로 나누어진다. 이것은 살림채(주 건물, 안채)의 공간이 한 줄로 배열되는지 혹은 두 줄 이상으로 배열되는지에 따라 구분하는 것이다. 외통집이란 공간이 한 줄로 배열되는 형식으로서 '홑집' 혹은 '단열형'이라고도 부른다. 서해안 지역에서는 외통집이 보편적이기 때문에 특별히 양통집이라고 부르지 않는 이상 모두 외통집이라고 할 수 있다. 실향민들의 자료에서도 전체의 76%가 외통집으로 나타난다.

양통집은 공간이 두 줄 이상 겹으로 배열되는 형식을 말하며, '겹집' 혹은 '복열형'이라고 부르기도 한다. 서해안에서는 황해도와 경기도 일원에서만 나타나기 때문에 특수한 형식이라고 볼 수 있다. 공간이 두 줄로 배열되면 '두줄백이' 혹은 '두겹집'이라고 부르기도 하며, 세 줄로 배열되면 '석줄백이' 혹은 '세겹집'이라고 부르기도 한다. 황해도에서는 대부분 두줄백이 양통집이지만 석줄백이 양통집의 사례도 나타났다. 실향민들의 자료에서 양통집은 9건(전체의 24%)을 차지한다.

외통집 계열에서는 건물의 평면형상(용마루의 모습)이 一자형으로부터 ㄱ자형, ㄷ자형, ㅁ자형 등 다양한 꺾음집이 나타난다. 이 중에서도 가장 많은 빈도수를 차지하는 형식은 단연 ㅁ자집이다. 전체의 약 45% 정도를 차지한다. 그러나 외통계열의 집에서는 여러 동의 건물로 이루어지는 형식이 많이 나타난다. 이에 따라 일자형 살림채와 ㄱ자형 부속채가 ㄷ자형으로 배치되는 경우도 있어 이를 '튼 ㄷ자집'이라고 부른다. 한편 일자형 살림채와 ㄷ자형 부속채가 결합하거나, ㄱ자형 살림채와 ㄴ자형 부속채가 결합하여 '튼 ㅁ자집'을 이루는 경우도 나타나지만 그리 많은 빈도수는 아니다.

양통집 계열의 형식에서는 외채형이 거의 대부분이다. 건물의 평면형상도 一자형이 주류를 이룬다. 양통형이면서 ㄱ자 꺾음집을 이루거나 二자집으로 배치되는 형식도 각 1건씩 나타난다. 그러나 이러한 사례들은 일제강점기 이후에 나타난 근대적 변형으로서 전통적인 형식과는 관계가 없다. 따라서 양통집 계열은 거의 외채 일자형이라고 보아도 무방하다.

<표 2> 실향민 자료의 주택성격

성명	주소	계층	건립연대	배치형식
이은호	연백군	중류계층	미상	ㅁ자집
김희찬	연백군	중류계층	미상	ㄷ자집
안보영	연백군	중류계층	1930년대	튼 ㅁ자집
신영희	연백군	중류계층	1850년대	ㅁ자형 따리집
차석권	연백군	하류계층	1930년대	튼 ㄷ자집
차순용	연백군	중류계층	미상	ㅁ자형 따리집
조희열	연백군	중류계층	1890년대	ㅁ자형 따리집
이진태	연백군	중류계층	1932년	ㅁ자형 따리집
이원환	옹진군	하류계층	1920년대	ㅁ자형 따리집
변영문	옹진군	하류계층	1930년대	一자형 양통집
곽봉석	옹진군	중류계층	1940년대	一자형 양통집
이연하	옹진군	중류계층	미상	ㅁ자형 따리집
정재관	옹진군	상류계층	1935년	ㅁ자집
최경모	옹진군	중류계층	1935년	二자형 양통집
이춘호	옹진군	중류계층	1905년	ㅁ자집
조종목	옹진군	중류계층	미상	一자형 양통집(3줄)
박태형	옹진군	중류계층	1930년대	一자형 양통집
강신교	옹진군	중류계층	1880년대	ㅁ자형 따리집
정재원	은율군	중류계층	1910년대	튼 ㅁ자집
유락호	은율군	중류계층	미상	ㄷ자집
장철옹	은율군	중류계층	1890년대	ㅁ자형 따리집
오세춘	벽성군	중류계층	1920년대	ㅁ자집
조세선	벽성군	중류계층	1920년대	ㄱ자형 양통집
민규식	벽성군	중류계층	1930년대	一자형 양통집
최광춘	벽성군	중류계층	1920년대	ㅁ자집
오세혁	벽성군	상류계층	1940년대	ㅁ자집
이선재	벽성군	상류계층	미상	ㅁ자집
안원직	벽성군	하류계층	1890년대	一자형 양통집
최남수	벽성군	하류계층	1920년대	ㄷ자형 따리집
김용성	신천군	중류계층	1940년대	ㄷ자집
권영기	신천군	하류계층	1920년	一자형 양통집
이병환	신천군	중류계층	미상	튼 ㄷ자집
여운철	송화군	중류계층	1910년대	ㄱ자집

조청남	사리원시	상류계층	1930년대	튼 ㅁ자집
이윤호	서흥군	중류계층	1940년대	튼 ㅁ자집
김광일	봉산군	중류계층	1934년	ㄷ자집
유창헌	재령군	하류계층	100년 전	ㄷ자집
최진헌	장연군	중류계층	1890년대	ㅁ자집

이와 같이 형식상으로는 다양한 사례들이 나타나지만 주류를 이루는 형식은 3가지로 요약될 수 있다. 그 첫째는 일자형 양통집이며, 둘째는 외통집으로서 ㄷ자집이며, 셋째는 가장 많은 빈도수를 차지하는 ㅁ자집이다. 마지막으로 '튼 ㄷ자형'이나 '튼 ㅁ자형'을 들 수 있는데 형식상으로 보나 빈도수로 보아 같은 형식으로 묶을 수 있다.

ㅁ자집 중에는 특히 똬리집이라는 형식이 나타나는데, 공간구성이나 배치형식은 ㅁ자집과 다를 바가 없다. 똬리집은 ㅁ자집에서 초가지붕일 때 주로 나타나는데, 이는 안마당에서 올려다본 지붕모습이 똬리(물건을 일 때 머리 위에 얹어서 괴는 고리모양의 물건)와 닮았다고 해서 붙여진 이름이다. 초가지붕에서는 꺾어지는 부분에 지붕골을 만들지 않기 때문에 지붕처마가 원형의 모습을 갖게 되며, 그 모습이 똬리와 유사하다고 본 것이다.

〈표 3〉 황해도 주거형식의 분류

	一자	ㄱ자	ㄷ자	ㅁ자	튼 ㅁ자
양통집					
외통집					

배치형식	평면형식	사례 수
一자형	겹집형	7
ㄱ자형	홑집형	1
ㄱ자형	겹집형	1
二자형	겹집형	1
ㄷ자형	홑집형	5
튼 ㄷ자집	홑집형	3
ㅁ자형	홑집형	16
튼 ㅁ자형	홑집형	4

1) ㄱ자집

황해도 실향민들의 자료에서는 평안도지역에서 흔히 볼 수 있는 一자 외통집이나 二자집이 전혀 나타나지 않는다. 외채형 一자 외통집은 1동의 살림채 건물 안에 2~3개의 공간이 한 줄로 배열된 형식을 말하는데, 한반도 어디에서나 볼 수 있는 최하류 계층의 주거형식이다. 어떤 학자는 이를 '막살이' 혹은 '오막살이'형으로 부르기도 한다. 평안도의 하류계층에서는 이러한 건물 2채가 병렬로 배치되어 살림채와 대문채로 이루어지는 소위 '二자집'이 발전했었다. 물론 각 건물은 공간이 한 줄로 배열된 외통집이다.

황해도 실향민들이 보내준 자료 중에서 가장 단순한 형식은 ㄱ자 외통집이다. 살림채 1동으로 구성되지만 ㄱ자형으로 구부러진 모습으로서 ㄱ자 꺾음집이다. 이렇게 ㄱ자형 건물 1동의 살림채로 이루어지는 집은 도시에서는 중류주택이지만, 농촌에서는 하류계층인 소농주택에 해당한다. 자영농 이상의 중농계층은 이러한 살림채 외에 반드시 생산공간으로 이루어진 부속채를 갖게 마련이기 때문이다.

ㄱ자집은 황해도에서 흔히 나타나는 형식이지만 실향민들의 자료에서는 송화군 여운철 씨 댁이 유일한 사례에 해당한다. 그러나 이 집도 이 지역 ㄱ자집의 전형적인 형식이라고 보기는 어렵다. 부엌을 모퉁이로 꺾는 방식은 이 지역의 전형적 방식이다. 그러나 부엌 안에 창고를 둔다든지 두 개의 부엌을 같은 방향에 두는 사례가 드물기 때문이다. 안방 쪽 변의 길이가 짧은 것도 잘 나타나지 않는 모습이다. 아마도 대지조건에 따라 근대적 실용성을 추구하는 변화가 아닌가 생각된다.

전통형식의 ㄱ자집은 신천군 이병환 씨 댁에서 볼 수 있다. 이 집은 사실 튼 ㄷ자집에 해당한다. ㄱ자형 살림채와 일자형 사랑채가 결합되었기 때문이다. 이 집은 평안도 二자집의 변형이라고 볼 수 있다. 대문채의 공간구성은 평안도 二자집의 대문채와 완전히 일치한다. 다만 살림채에서 작은방 앞으로 옆방이 돌출한 모습을 갖는다. 황해도지역의 ㄱ자 꺾음집은 일반적으로 부엌을 모퉁이로 꺾어지는데 비해 이 집은 작은방을 모서리로 꺾어졌다는 점에서 약간의 차이가 있다.

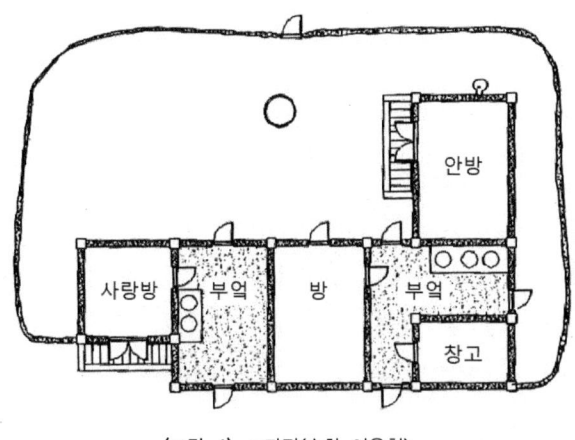

〈그림 4〉 ㄱ자집(송화 여운철)

2) 양통집

　양통집은 건물 안의 공간이 두 줄 이상 겹으로 배열된 집을 의미한다. 공간이 한 줄로 배열된 외통집(홑집)과 구별되는 형식이다. 공간이 겹으로 배열되기 때문에 같은 건물 길이라면 외통집에 비해 두 배 이상의 공간을 수용할 수 있다. 전면이 3칸이라 하면 전체 규모는 6칸 이상이 되는 셈이다.

　그렇다고 양통집이 외통집에 비해 주택규모가 크다고 볼 수는 없다. 양통집의 주택은 대부분 부속채가 없이 살림채(안채) 한 건물로 이루어지기 때문이다. 즉, 주택 안에 모든 공간들을 살림채 안에 수용하게 된다. 이에 비해 외통집은 주거공간이 살림채와 부속채로 분산되어 있어 살림채는 그리 클 필요가 없다. 이러한 성격 때문에 양통집은 '집중형 주거'로 분류되기도 한다. 모든 주거공간이 살림채 안에 집중되어 있다는 의미를 갖는다.

　양통집에서도 별도의 부속건물을 짓는 사례를 볼 수는 있다. 그러나 이러한 건물들은 대부분 가설적인 생산시설일 뿐 주택건물로 취급되지 않는다. 부속채는 주거형식상으로 의미가 없는 임의적 시설일 뿐이다. 따라서 살림채와 위치관계도 명확하게 설정되지 않고, 주거형식은 살림채만으로 결정된다. 건축주가 손수 짓는 건물이기에 재료나 구조도 허름하고, 물론 침실을 두는 경우도 없다.

　양통집은 한 건물에 많은 공간을 수용할 수 있는 배열방식일 뿐만 아니라 외통집에 비해 외벽면적도 적다. 6칸을 일렬로 늘어놓을 때와 비교하면 1/3가량이 적어진다. 외벽면적이 적어지면 열 손실이 그만큼 적어지는 셈이니 보온, 방한에 유리한 배열방법이 된다. 그 대신 통풍이나 환기, 채광에는 외통집보다 불리한 단점도 있다.

　양통집은 지극히 폐쇄적이고 방어적인 성격을 갖는다. 모든 공간은 통상적으로 살림채 출입문을 통해서만 출입이 가능하다. 따라서 살림채의 출입문만 달아걸면 주택 내부로의 출입을 완전히 통제할 수 있다. 살림채의 출입문을 대문이라고 부르는 예도 많다. 외통집에서는 모든 공간들이 직접 외부와 접하고 툇마루를 통해 독립적으로 연결된다는 점과 비교될 수 있다.

황해도 양통집은 보통 전면 3칸, 측면 2칸 규모로 이루어진다. 앞 열 3칸에는 외양간(곳간, 방앗간), 봉당, 사랑방이 자리하고, 뒤 열 3칸에는 부엌, 안방, 윗방이 배치되곤 한다. 뒤 열의 공간구성은 외통집과 다를 바 없으나 앞 열은 양통집의 특징이 여실히 드러난다. 살림채 안에 외양간이나 봉당을 둔다는 것은 외통집에서는 결코 볼 수 없는 일이기 때문이다.

앞 열이 봉당을 중심으로 양 옆에 외양간과 사랑방으로 구성된 것은 대단히 다기능적 효용성을 갖는 구성이다. 우선 외양간을 실내에 둔 것은 도난을 방지하기에 유효할 뿐만 아니라 가축의 보온에도 유리하다. 봉당을 건너 사랑방을 둔 것은 안방의 프라이버시를 지키기 위한 격리일 뿐만 아니라 사랑방 부뚜막에 쇠죽가마를 설치하여 사랑방에 난방을 하면서 동시에 쇠죽을 끓일 수 있는 수단이다. 사랑방 아궁이의 열기로 봉당뿐 아니라 외양간까지 난방효과를 얻

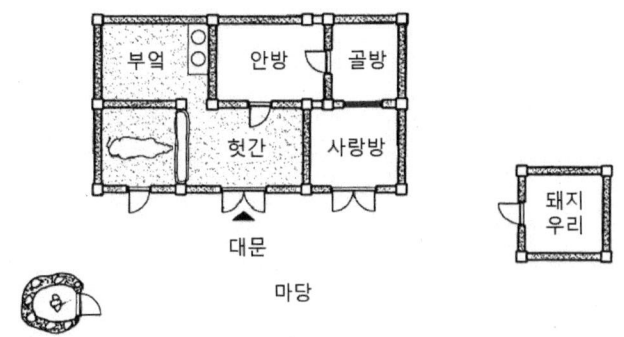

〈그림 5〉 두줄백이 양통집(벽성 민규식)

을 수 있으니 일석삼조의 장점을 가지게 된다.

봉당 또한 양통집에서만 나타나는 독특한 공간이다. 봉당은 살림채 출입문 안에 흙바닥으로 된 공간을 일컫는다. 지붕으로 덮여 있는 외부공간으로서 대문간의 역할뿐만 아니라 내부마당의 기능을 담당한다. 살림채 안의 모든 공간들이 봉당을 통해 연결된다. 지붕과 외벽으로 둘러싸여 있기 때문에 기후가 조절되는 공간이기에 겨울철이나 우천 시에 가사작업을 하기에도 편리하다.

실향민들의 자료에서는 석줄 겹으로 되어 있는 형식도 나타난다. 이를 '세겹집' 혹은 '석줄백이' 양통집이라고 부르기도 한다. 실향민들의 자료에서는 이렇게 석 줄로 구성된 형식이 2호 나타난다. 석줄백이 양통집은 '두줄백이' 평면에서 앞 열과 뒤 열 사이에 1열이 추가된 형식으로 만들어진다. 건물의 규모도 3칸이 더 늘어나 최소 9칸이 된다.

앞 열이나 뒤 열의 공간구성은 두줄백이 양통집과 큰 차이가 없다. 중간 열

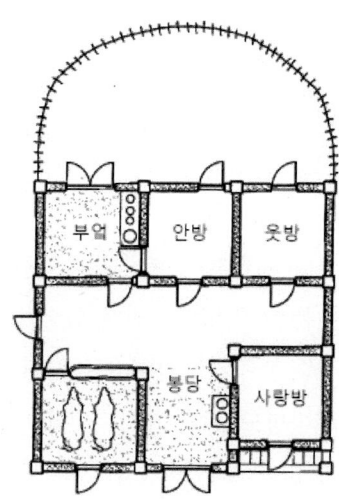

〈그림 6〉 석줄백이 양통집(옹진 조종목)

의 공간구성은 집에 따라 차이가 있으나 옹진군 조종묵 씨 댁은 그냥 비워두었다. 두줄백이 양통집에 비해 내부공간의 여유가 많아진 모습이다. 좁고, 어둡고, 답답한 내부공간을 확장시켜 여유를 준 것이다. 그러한 점에서 석줄백이 양통집은 두줄백이보다 진화된 형식이라 할 수 있다.

3) ㄷ자집

ㄷ자집이란 지붕용마루가 ㄷ자형으로 꺾인 형식을 의미한다. 위에서 본 지붕의 모습이 ㄷ자형을 이루게 된다. ㄷ자집은 기본적으로 외통집이다. 공간이 일렬로 배열된다. 다만 일자형으로 배열되는 것이 아니라 ㄷ자형으로 꺾여 배열되기에 'ㄷ자 꺾음집'이라 부르기도 한다. ㄷ자형의 건물로 둘러싸인 안마당이 생기는 것도 이 형식의 특징이다. 봉당은 없으며 대신 지붕이 덮이지 않은 안마당을 갖게 된다.

ㄷ자집은 기본적으로 외통집이다. 공간이 한 줄로 배열된다. 양통집에 비해서는 덜 응축적인 형식이다. 외벽면적도 길어진다. 그러나 남부지방의 분산형 외통집과는 그 성격이 전혀 다르다. 안마당이 협소하고 지극히 폐쇄적인 성격을 갖는다. 공간 환경적인 성격상으로는 양통집에 가까운 형식이다.

황해도의 ㄷ자집은 보통 살림채 한 건물로 만들어지기 때문에 '집중형 주거'에 속한다. 이러한 점에서 튼 ㄷ자집과는 전혀 성격이 다르다. 독립된 두 건물로 만들어지기 때문에 '집중형 주거'가 아닌 '분산형 주거'에 속한다. 담장의 높이도 그리 높지 않고 안마당도 훨씬 개방적이다.

ㄷ자집은 하나의 살림채 안에 모든 공간을 수용하는 것이다. 그러나 공간이 일렬로 배열되어 양쪽으로 외기에 면하기 때문에 채광이나 환기 조건은 양통

집에 비해 우수하다. 외양간도 살림채 안에 부속되어 있지만 주거부분과 격리되어 있어 악취나 해충의 피해가 양통집보다는 덜하다. 다만 외벽면적이 넓기 때문에 보온에는 불리한 측면도 있다.

　주택규모는 양통집보다 큰 편이다. 작은 것은 전면 3칸, 측면 3칸, 큰 것은 전면 4칸, 측면 4칸으로 만들어진다. 안마당 면적을 제외하고도 양통집보다는 큰 셈이다. 대문 부분에는 담장을 쌓아 외부에서는 폐쇄적으로 보이나, 내부에서는 안마당이 있기 때문에 개방적인 모습이다. 즉, 외부에 대해서는 방어적이고 내부에서는 개방적인 특징을 갖는다.

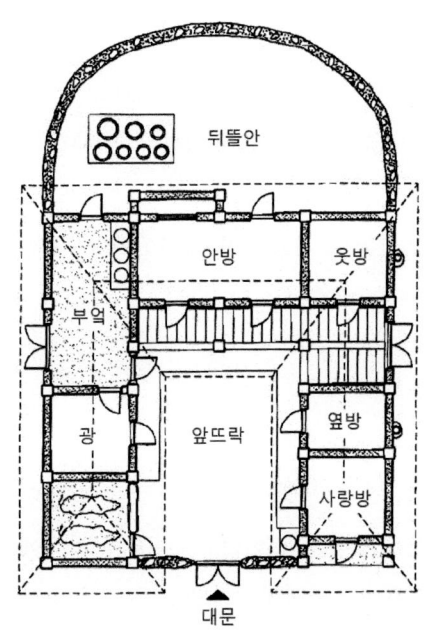

〈그림 7〉 ㄷ자집(벽성 최남수)

평면은 통상적으로 부엌과 윗방을 모퉁이로 하여 꺾이는데, 이것은 일자 외통형 살림채 양 옆에 부속채가 결합된 모습을 갖는다. 부엌 앞에는 광이나 외양간을 둔 부속채가 결합된 모습이며 윗방 앞에는 사랑채가 결합된 모습이다. 이때 윗방과 사랑채 사이에는 마루를 두어 영역을 격리시키는 것이 보편적이다. 사랑채에는 흔히 성장한 남자들이나 손님, 하인 등이 사용하기 때문에 내외나 주객의 분리를 위해서도 효과적이고, 하절기에 시원한 마루공간을 제공하는 장점도 있다. 살림채 중앙, 즉 안방과 윗방 사이에 대청마루를 두지 않는다는 점에서 중부지방의 ㄱ자집과는 차이가 있다. 사랑방 앞에는 외부에서 직접 출입할 수 있는 툇간이나 툇마루를 두기도 한다.

ㄷ자형의 사례가 많이 나타나지는 않지만 지역적으로는 넓은 분포를 갖는다. ㅁ자형과 비슷하게 황해도 전역에서 나타난다. 공간구성으로 보면 ㄷ자집은 ㅁ자집에서 대문간이 없는 형식과 유사하다. 대문간 부분에 지붕이 없이 담장과 대문만 설치한 것이다. 주택의 규모도 ㅁ자집에 비해서는 작은 편이다. 이런 점에서 계층적으로는 중간계층의 형식이라 할 수 있다.

4) ㅁ자집

ㅁ자집은 지붕용마루가 ㅁ자형으로 꺾인 집을 말한다. 위에서 내려다보면 지붕모습이 ㅁ자형으로 보이는 집이다. ㅁ자집은 지역에 따라 구(口)자집, 뜰집, 똬리집 등 다양한 용어로 불린다. 황해도에서는 흔히 '똬리집', '뙤집' 또는 '뙈쇄집'이라는 이름으로 불리는데 실상 ㅁ자집이 모두 똬리집은 아니다.

앞서 설명한 것처럼 똬리집은 ㅁ자집 중에서 지붕이 초가일 때 붙여진 이름이다. 초가지붕에서 꺾이는 부분의 지붕골이 없어지고, 처마가 둥근 모습으로

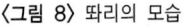
〈그림 8〉 똬리의 모습　　　　　　〈그림 9〉 똬리집의 지붕

처리되기 때문에 마당에서 올려다본 모습이 똬리의 형상처럼 생겼다고 똬리집이라는 별칭을 얻게 된 것이다. 기와지붕일 경우 지붕골이 생기고 처마의 모습도 반듯한 네모형이 되므로 이를 똬리집이라고 부를 수는 없다. 그러나 실향민들 중에서는 ㅁ자집이면 기와지붕이든, 초가지붕이든 관습적으로 똬리집이라고 부르는 사람도 있었다.

여하튼 ㅁ자집 또한 한 건물 안에 공간을 집중시키는 형식이며, 공간이 한 줄로 배열된 외통집이다. 앞뒤로 외기에 면하여 채광, 환기 조건이 양통집보다 우수하다. 지붕이 분리되지 않고 ㅁ자형으로 연결되어 있다는 점과 이로 인해 안마당이 더 폐쇄적이라는 점에서 보면 중남부 지방의 튼 ㅁ자집과 큰 차이가 있다. 환경적으로는 이 지역의 양통집에 가까우며 공간구성으로는 ㄷ자집과 큰 차이가 없다. 살림채 한 건물로 만들어진다는 점에서 '집중형 주거'이며, 폐쇄적인 안마당을 갖는다. 전면부에도 건물이 배치되어 안마당의 폐쇄도가 ㄷ자집보다 더 높다. 또한 대문간을 둔다는 것이 차이라고 할 수 있다.

실향민들의 자료에서 ㅁ자집은 가장 빈도수가 많은 형식이다. 전체 38건 중에 거의 절반에 가까운 16건이 ㅁ자집으로서 황해도를 대표하는 주거형식이라 할 수 있다. 그러나 ㅁ자집은 규모가 다양하고, 공간구성 또한 매우 다양하게 나타난다. 가장 작은 규모는 정면 3칸, 측면 3칸에서부터 큰 집은 정면 7칸, 측면 5칸 규모까지 나타난다.

연백군 최광춘 댁은 중간 규모의 ㅁ자집으로서 전형적인 사례이다. 공간구성은 ㄷ자집과 큰 차이가 없다. 앞서 본 ㄷ자집 벽성군 최남수 씨 댁에서 봉당부분을 지붕으로 덮으면 최광춘 씨 댁과 유사한 ㅁ자집이 된다. 오히려 안방이 마당과 접하는 면적이 더 적다. 즉, 안마당의 규모가 ㄷ자집보다 적은 것이다. 그러나 상류계층일수록 규모가 커지면서 안마당도 넓어져 이를 둘러싸는 공간

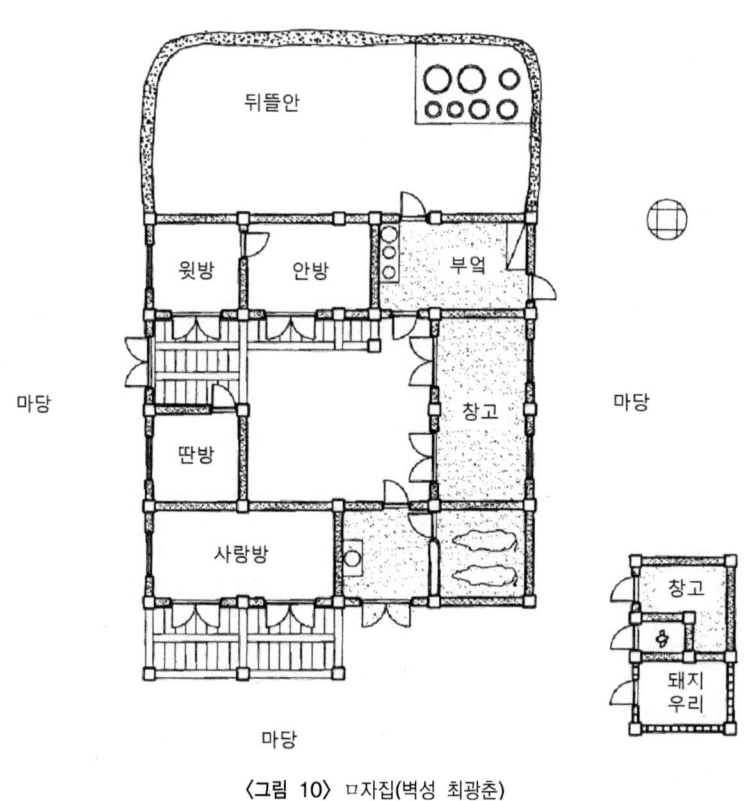

〈그림 10〉 ㅁ자집(벽성 최광춘)

들이 다양하게 구성된다. ㅁ자집을 살림채로 사용하고 별도의 부속채를 갖는 사례도 있다. 양통집이나 ㄷ자집에 비해 사랑방이나 수장공간이 더 크다는 측면에서 ㅁ자집은 상류계층의 주거형식이라고 볼 수도 있다.

5) 튼 ㅁ자집

튼 ㅁ자집이란 두 건물 이상이 ㅁ자형으로 배치된 형식을 말한다. 공간구성 상으로는 ㅁ자집과 큰 차이가 없다. 다만 한 건물로 이루어진 ㅁ자집과는 건물 수에서 차이를 볼 수 있다. 물론 건물이 분리되면서 건물 사이에 간격이 벌어 지고 안마당이 넓어진다. ㅁ자집보다는 개방적인 형식인 셈이다.

각 건물의 형태는 여러 가지가 될 수 있다. 一자형 건물 4동이 ㅁ자형으로 배열되는 형식도 있고, 一자형 건물과 ㄷ자형 건물 2동이 ㅁ자형을 이룰 수도 있다. 이 밖에 2동의 一자형 건물과 ㄱ자형 건물로 형성될 수도 있고, ㄱ자형과 ㄴ자형이 결합하여 ㅁ자형 배치를 이룰 수도 있다.

물론 황해도에서 이 모든 형식의 튼 ㅁ자집이 나타나는 것은 아니다. 일자형 건물 4동으로 이루어지는 튼 ㅁ자집은 단 1건의 사례도 나타나지 않는다. 이러 한 형식은 전라도나 경상남도 등 남부지방에서 흔히 볼 수 있는 형식이다. 건 물 사이의 간격도 넓어서 안마당이 가장 크고 개방적인 튼 ㅁ자집이다.

서울과 경기도 지역에서 흔히 볼 수 있는 ㄱ자와 ㄴ자의 결합형도 거의 보이 지 않는다. 사례 수가 적은 탓도 있지만 38호 중 단 1건의 사례만 나타난다는 점은 대단히 놀라운 결과이다. 지금까지 전통주택을 연구하는 대부분의 학자 들, 특히 일본인 학자들이나 북한학자들은 황해도를 경기도와 함께 중부지방 형으로 분류하면서 그 특징을 ㄱ자형이라고 보았기 때문이다.

황해도에서 나타나는 튼 ㅁ자집은 일자형 건물과 ㄷ자형이 결합한 형식이다. 살림채가 일자형일 수도 있고, ㄷ자형일 수도 있다. 튼 ㅁ자집 중에서는 가장 폐쇄성이 큰 집이다. 두 건물 사이에도 반드시 담장을 세워 막는다. 경기도에서 유행하는 ㄱ자와 ㄴ자의 결합형은 두 건물 사이의 간격이 넓고 담장이 없는 경우도 많다는 점과 큰 차이가 있다.

안방의 전면 2칸이 안마당에 접한다는 점도 경기도와 다른 점이다. 경기도에서는 대청이 안마당에 접하면서 안방은 대청을 통해 출입하게 된다. 또한 윗방 앞으로 대청을 두는 형식은 평안도 튼 ㅁ자집과 다른 점이다. 평안도 집에서는 개방된 대청을 볼 수 없기 때문이다.

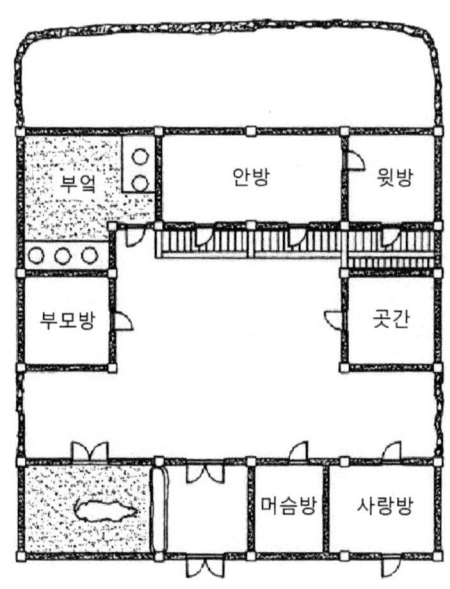

〈그림 11〉 튼 ㅁ자집(은율 정재원)

3. 황해도 옛집의 공간적 성격

1) 외부공간

사유화된 바깥마당

황해도 농촌지역의 집들은 비교적 넓은 대지면적을 가지고 집을 세운 것으로 보인다. 옹진군의 이원환 씨는 대지조성에 대해 다음과 같이 설명한다. "외곽 토담은 특별한 경우 이외는 대략 담장 없이 산다. 대지는 텃밭을 합해 500～1,000평 정도 확보하고 주위에는 감나무, 대추나무, 앵두, 살구, 배, 밤나무 등을 무성하게 심는다. 지하수가 좋아 우물을 파고 식수는 물론 가축, 수목재배에도 많이 이용한다."

중농층 이상이면 대개 500～1,000평 정도의 대지면적을 갖는다고 기술했는데 여기에는 텃밭까지 포함된 면적을 의미한다. 텃밭도 주택의 일부로 인식하고 있음을 보여준다. 대지의 건물 주변에는 여러 수종의 유실수를 심었다고 한다. 집주변의 과수들은 과일 생산의 목적이라기보다는 대지를 위요하는 영역적 경계의 의미가 더 큰 것으로 보인다. 황해도 집들은 대부분 '집중형 주거'로서 건물 외곽에 담장을 두르는 경우가 드물기 때문이다. 담장은 집 뒤편에만 둘러 폐쇄적인 뒷마당을 만든다.

평안도처럼 황해도의 집들도 세 부분으로 나누어진다. 건물 앞부분과 건물, 그리고 건물 뒷부분이다. 농촌주택에서는 거의 대부분 건물 앞에 빈 공터를 두고 이를 '마당'이라고 부른다. 건물 안에 있는 외부공간은 '뜰', '뜨락', '뚜란'(뜰 안의 사투리)이라 하여 마당과 구별한다. 건물 안의 뜰을 '안마당'이라고 부를 때는 특별히 '바깥마당', '앞마당'이라 하여 구별 짓는다.

'마당'에는 담장을 두르는 일이 거의 없다. 빈 공터를 만들고 그 주변에 축사나 화장실, 퇴비장, 잿간, 가축우리 등을 세운다. 상류주택에서는 곡간이나 방앗간을 세우기도 한다. 공터라고 하지만 엄연히 사유지로서 주거공간의 일부이다. 벽성군 오세춘 씨는 앞마당의 크기에 대해 "농산물을 추수하여 모아 간수할 수 있는 정도(약 100평)로 한다"고 기술했다. 농산물을 탈곡하거나 건조시키고 수장하는 작업장의 용도임을 알 수 있다.

이러한 앞뜰(바깥마당)의 성격은 황해도뿐만 아니라 북한지역 농촌주택이 일반적으로 갖는 성격이다. 비록 담장도 없이 비워두지만 주인이 관리하는 영농 작업장이다. 북한학자 리종목은 다음과 같이 설명한다. "앞뜰은 주로 영농 작업과 관계되어 있는 곳인데 특히 탈곡장으로나 알곡 건조장으로 사용하면서 곡초 낟가리를 만드는 곳인 만큼 낟알의 유실을 방지할 정도로 잘 손질하여야 했다. 따라서 일 년에 한 번씩 꼭 흙에 매질을 하는 것이 관습으로 되어 있다. 뜰에다 흙 매질을 하는 일은 보통 탈곡에 앞서서 하며 일단 매질을 한 다음에는 물론이고 일상적으로 이 뜰을 잘 거두는 것이다."[24]

내밀한 안마당

외채 양통집을 제외하고는 건물 안에도 외부공간이 있게 마련이다. 특히 ㄷ자집이나 ㅁ자집과 같은 형식에서는 반드시 폐쇄적인 외부공간을 갖는다. 이를 '뜰', '뜨락', '뚜란' 또는 '안마당', '안뜰', '안뜨락'이라고 부르기도 한다. 건물로 둘러싸인 내정 혹은 중정이라고 볼 수 있다. 가족들 특히 부녀자들이 주로 사용하는 외부공간인 셈이다.

안마당은 폐쇄적인 집중형 주거에서 실내공간의 개방감을 얻을 수 있는 장

---

24) 리종목, 『우리나라 농촌주택에 관한 연구』, 과학원 출판사, 1961, 150쪽.

치이다. 양통집의 좁고, 어둡고, 답답한 내부공간을 개방시킨 것이다. 안마당은 건물로 둘러싸여 있기 때문에 사생활을 보호해주며, 강한 바람을 막아 쾌적한 외부공간을 제공한다. 연백군의 이진태 씨는 이를 '비눈 내리는 뙈리공간'이라고 표현했다. 집안에서도 기후변화를 인식할 수 있다는 뜻이다. 또한 지붕이 개방되어 있기 때문에 이를 통하여 채광과 환기가 가능하다.

  안마당은 여성들의 생활공간이다. 안채의 모든 공간들은 안마당을 향해 창호나 출입구를 갖는다. 침실 앞에는 툇마루를 두어 안마당에 대해 아케이드와 같은 공간을 형성하기도 한다. 그러나 사랑채 부분은 안마당을 향해 창호나 출입구를 두는 경우가 매우 드물다. 특히 머슴이나 손님방으로 사용하는 사랑방은 안마당 쪽은 반드시 막고, 바깥마당을 향해 출입구나 창호를 둔다. 대문간에서도 중문이나 담을 설치하여 안마당이 노출되는 것을 방지한다. 심지어 부녀자들만이 사용하는 별도의 출입구를 두기도 한다.

〈그림 12〉 뙈리집의 안마당(일산 밤가시 초가)

담장을 두른 뒷마당

황해도 옛집에서도 평안도나 경기도지역처럼 대단히 폐쇄적인 뒷마당을 볼 수 있다. 살림채 건물 뒤에 울타리나 담을 둘러 만든 외부공간이다. 건물 뒤편을 제외하고는 황해도 집에서 담장을 두르는 경우가 드물다. 옹진군의 이원환 씨도 '특별한 경우 이외는 담장 없이 산다'고 기술했고, 벽성군의 오세춘 씨도

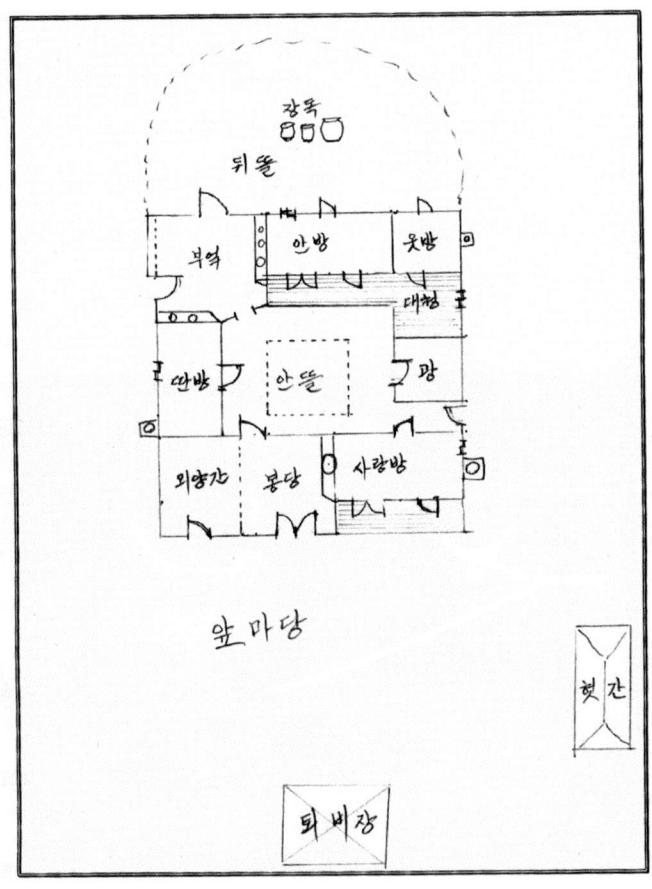

〈그림 13〉 외부공간의 구성(옹진 이연하)

'담장은 후면 장독대 있는 곳(두란) 한 곳에만 설치'한다고 기술했다. 담장을 쌓아 보호할 만큼 내밀한 공간이다.

오세춘 씨는 뒷마당에 담장을 쌓는 방법에 대해 상세히 설명해주었다. "기초를 정지하고 판장을 양쪽에 대고 흙을 이겨 판장 안에 넣고 다져서 대개 2단으로 쌓아 설치한다. 두께는 약 1.5척(45cm), 높이 120cm 정도이며 그 위에 조짚으로 곱새를 틀어 씌운다." 이러한 축조법은 편담을 쌓는 방법에 대한 설명이다. 편담은 상류주택에서나 사용할 수 있는 고급담장이다. 형편에 따라 돌담이나 흙돌담 또는 울타리를 두르기도 한다.

뒷마당은 '뒤안', '뒤뜰', '두란'이라고도 부른다. 부엌에서만 출입할 수 있는 내밀한 공간이다. 장독대를 설치하는 것이 가장 보편적인 용도이지만 과일창고를 두기도 하고, 빨래를 널어 말리는 장소로도 이용된다. 겨울에는 이곳에 장독을 묻고, 우물과 화단을 조성하기도 한다. 이곳에 신당을 모시는 사례도 여럿 발견되었는데 연백군의 이진태 씨는 그 모습을 '짚으로 엮어 만든 터줏대감을 모신 곱새집'이라고 설명했다. 신앙의례가 이루어지는 신성한 공간임을 의미한다.

2) 내부공간

영역의 구분

황해도 옛집은 기본적으로 주거공간을 한 건물에 집중 배치하는 '집중형 주거'의 성격을 가지고 있다. 평안도의 二자집처럼 살림채와 대문채를 분리하거나 남부지방처럼 여러 동의 건물로 공간을 분산시키는 형식은 거의 찾아볼 수 없다. 물론 살림채 밖에 퇴비장이나 헛간, 축사 등의 생산시설을 두는 경우도 있지만 이는 살림채의 형식과 관계없이 임의로 설치된 가설건물이다.

남부지방에서는 이러한 시설물도 담장 안에 두어 주택건물의 일부가 된다. 그러나 북부지방에서는 집 밖에 있는 시설로서 주택건물의 일부로 취급되지 않는다. 대부분 주택을 짓고 난 이후에 필요에 따라 주인이 손수 짓는 시설이다. 따라서 그 위치가 특별히 정해져 있지도 않으며, 주택형식을 분류하는 데도 영향을 주지 않는다. 하지만 상류주택에서는 이러한 시설도 살림채와 함께 계획하여 짓는 경우가 많다.

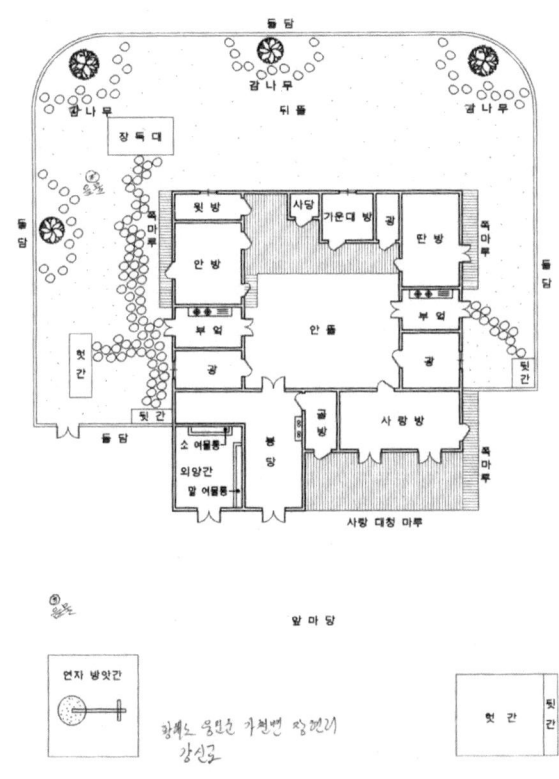

〈그림 14〉 ㅁ자집의 영역구분(옹진 강신교)

양통집이나 ㄷ자집, ㅁ자집 등 황해도의 일반적인 주거형식은 한 동의 살림채로 이루어진 주택이다. 비록 한 건물 안에 주거공간이 집중되어 있지만 자세히 살펴보면 바깥채와 안채영역이 구분되어 있음을 알 수 있다. 앞마당에 면한 외양간, 대문간(봉당), 사랑방 등이 바로 바깥채 영역에 해당하며, 안뜰에 면한 ㄷ자형 공간이 안채영역에 해당하는 것이다. 두 영역이 한 건물에 있기 때문에 서로 마주치지 않게 하기 위해 특별한 주의가 필요하게 된다. 이에 바깥채의 공간들은 바깥마당을 향해 문이나 창을 설치하며, 안뜰을 향해서는 지극히 제한된 출입구를 갖는다.

틀 ㅁ자집에서는 안채와 바깥채가 분리된다. 구조도 지붕도 독립된 건물로서 두 건물 사이는 담을 쌓아 막는다. 은율군의 정재원 씨 댁은 一자형 바깥채와 ㄷ자형이 결합된 형식이다. 지붕도 안채는 기와지붕인데, 바깥채(사랑채)는 초가집이었다고 한다.

옹진군 강신교 씨 댁은 ㅁ자집에서 영역을 분리하는 모습을 가장 잘 보여주는 사례이다. 이 집은 살림채 한 동이 ㅁ자형의 모습을 갖는 집이다. 그런데 ㄷ자형 안채부분에만 담장을 두른 모습을 볼 수 있다. 안채영역의 출입을 통제하고 프라이버시를 보호하기 위한 장치인 것이다.

바깥채 영역

안채로의 출입은 대문간을 통해 이루어진다. 대문간은 봉당이라고 부르기도 한다. 바닥은 흙바닥이지만 지붕이 덮여 있기 때문이다. 대문간은 출입을 통제할 수 있는 공간의 겹(layer)이다. 대문간에서 안마당 쪽으로는 벽이 없이 개방되는 것이 보통이다. 그러나 대문을 열 때 안뜰이 노출되는 것을 막기 위해 벽을 치고 중문을 설치하는 경우도 볼 수 있다. 물론 중류주택 이상의 수준에서 주로 나타난다.

봉당은 벽이 없이 개방되기도 하지만 눈비와 바람을 막을 수 있는 공간이다. 봉당 좌우에는 외양간과 사랑방을 두는 것이 일반적인데, 사랑방의 아궁이는 난방용이면서 소죽가마가 걸리기도 한다. 봉당은 아궁이에 불을 지피기 위한 작업공간인 동시에 소죽을 만드는 공간인 셈이다. 아궁이의 열기로 외양간의 난방을 겸할 수 있기 때문에 외양간과 봉당, 사랑방의 구성은 다용도의 효용성을 갖는다. 옹진군의 강신교 씨도 "겨울에 말과 소가 춥지 않도록 소죽을 끓이는 사랑 부엌과 트여진 것으로 생각된다"고 기술했다. 양통집에서 봉당은 안마당의 기능으로도 사용된다.

사랑방은 본래 가장이 거처하는 공간이다. 그러나 남자손님을 맞을 수 있는 접객공간으로 사용되기도 하고 머슴(일꾼)들이 거처하기도 한다. 은율군의 정

〈그림 15〉 똬리집의 대문간(일산 밤가시 초가)

재원 씨처럼 이곳 침실에 '일꾼 자는 방'과 '사랑채 손님방'이라고 분명히 기재한 사례도 볼 수 있다. 상류계층일수록 사랑방의 규모가 커지게 마련이다. 할아버지와 아버지가 독립된 사랑방을 갖는 경우도 있고, 객실이나 머슴방을 여

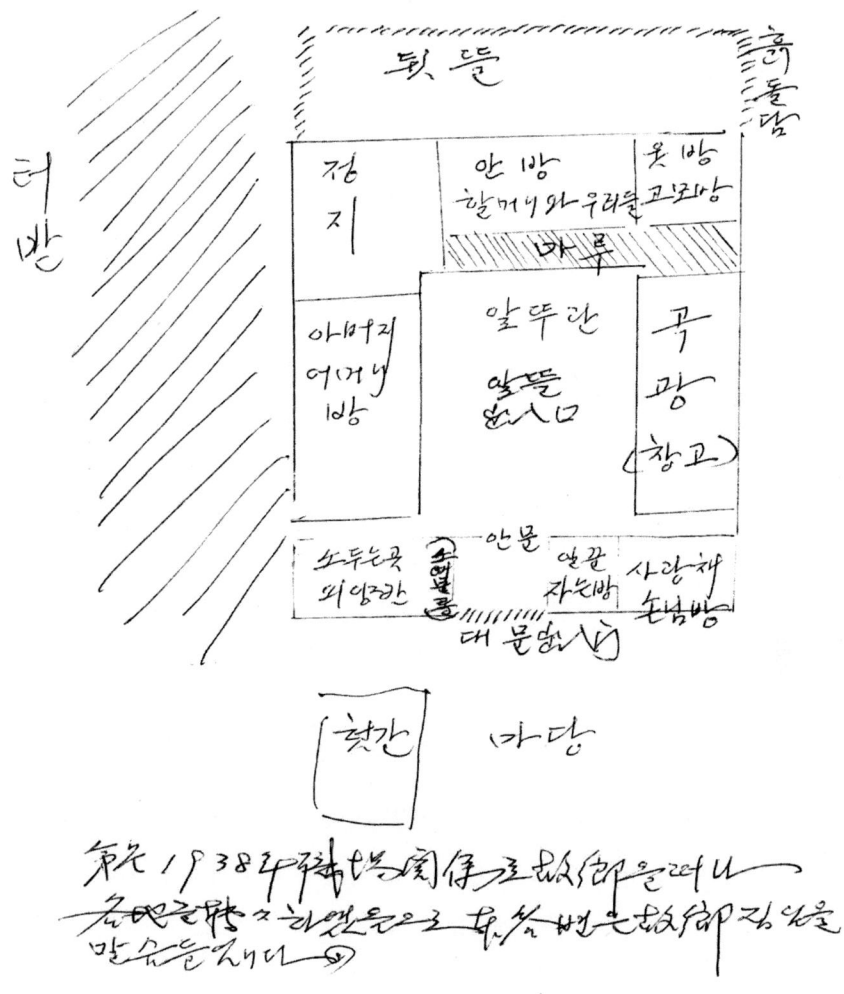

〈그림 16〉 내부공간의 용도(은율 정재원)

유로 두기 때문이다. 누가 기거를 하든 바깥채의 침실은 남자들의 영역이다. 외부와 접촉하는 공간으로서 앞마당(바깥마당)을 향해 문이나 창을 두게 된다. 즉, 사랑방은 외부를 향한 공간이 되는 셈이다.

내외분리 관념에 따라 혹은 가사생활의 프라이버시를 위해 안마당 쪽으로는 차폐되는 것이 원칙이다. 하지만 안채에서 사랑방으로 음식시중을 들어야 할 경우가 많기 때문에 사랑방에는 2개의 입구를 두는 것이 원칙이다. 재령군 유창현 씨 설명에 따르면 "사랑방은 2개의 문이 있는데 손님은 바깥마당으로 향한 문을 사용하고 대문간으로 향한 문은 안식구가 음식 시중을 들 때 사용하는 문"이라고 한다.

안채영역

안채영역은 안마당(안뜰)에 면하는 ㄷ자형 부분이다. 부엌과 안방, 그리고 윗방(뒷방, 골방)은 가사생활을 위한 살림채의 필수적인 공간으로 구성된다. 가사생활은 안살림을 맡은 주부와 부녀자들이 맡는 일이니 여자들의 영역이기도 하다. 상류계층일수록 내외의 구분이 엄격하여 안채영역은 더욱 은폐되는 경향이 있다. ㅁ자집에서는 대문간에 중문을 설치하여 출입을 통제하거나, 별도의 출입구를 두어 부녀자들만 출입하는 통로를 갖는 경우가 많다. 화장실도 남녀를 구분하는데 남자화장실은 대개 바깥마당에 두지만 여자화장실은 안뜰이나 뒤안에 두는 경우가 많다.

안채는 부엌과 안방, 그리고 윗방(뒷방, 골방) 등으로 구성된다. 이 중에서도 안방은 살림채의 중심공간으로서 '살림권'을 갖는 주부의 거처가 된다. 평안도 지역의 주거처럼 황해도의 주거에서도 안방은 2칸을 통간으로 사용하는 '2칸장방'이 주류를 이룬다. 안채영역의 중심공간이며 주부의 거처라는 사실을 말해준다. 안방은 대개 마루를 건너 작은방(혹은 윗방)과 격리된다.

갓 시집 온 며느리는 대개 윗방을 사용한다. 남부지방에서는 시어머니가 늙어 살림권을 며느리에게 양도하면 안방까지 물려주는 주거관습이 있다. 이를 '안방물림' 혹은 '고방물림'이라고 한다. 그러나 황해도에서는 살림권을 양도하는 관습이 없었다고 한다. 민속학자인 김광언은 다음과 같이 기술한 바 있다. "황해도에서는 부모생전에 살림권을 아들 내외에게 넘겨주는 일이 없었으며 따라서 방을 바꾸지도 않았다."[25] 이에 따라 3대 가족에서는 할머니가 손자와 함께 안방에서 기거하는 경우가 많았다.

은율군의 정재원 씨가 그려준 도면은 3대 직계가족에서 안채 침실의 사용을 볼 수 있는 대표적인 사례이다. 안방은 '할머니와 우리들'이라고 기재했고, 윗방은 '고모방'이라고 기재했다. 부엌 앞에 있는 아랫방은 '아버지와 어머니 방'이라고 기록했다. 정재원 씨는 1938년 당시의 모습을 그렸다고 하는데 당시 20세의 나이였다. 손자가 장성할 때까지도 시어머니가 안방을 사용하고 있으며, 미혼의 고모도 동거했다는 사실을 잘 보여준다.

서울을 포함하는 중부지방에서는 안방과 윗방 사이에 대청마루를 두는 것이 보편적인 형식이다. 이렇게 하면 대문간에서 볼 때 대청이 안채의 중심에 위치하게 된다. 그러나 황해도지방에서는 중앙에 대청을 두는 경우가 드물다. 안방과 윗방은 대청 없이 칸막이벽을 사이로 직접 연결된다. 같은 ㅁ자집이라도 대청이 꺾인 부분에 위치하는 것은 황해도 집의 특징이라고 할 수 있다.

부엌 앞으로는 광이나 여분의 침실을 둔다. 윗방 앞으로는 대청을 두는 경우가 많다. 대청 건너 광이나 침실을 두기도 한다. 이렇게 꺾인 부분에 배치한 침실은 아들 부부가 사용하거나 장성한 자녀들이 사용하기도 한다. 이때 윗방은

---

25) 김광언, 『한국의 주거민속지』, 민음사, 1988, 194쪽.

미혼의 여자가 기거하는 경우가 많다. 안방 앞으로부터 대청까지 툇마루를 두어 침실들을 연결하는 ㄱ자형의 통로를 구성하게 된다.

광은 곡식과 가재도구를 수장하는 살림채의 필수적인 공간이다. 광의 규모는 경제력을 반영하기 때문에 상류주거일수록 광의 종류나 면적이 크다. 꺾음집에서는 보통 꺾인 부분에 광을 배치하지만 연백군의 안보영 씨 댁처럼 중앙 대청부분을 비워 곡식창고로 사용하는 경우도 있었다. 안보영 씨는 이곳을 '곡식가마 쌓아두는 곳'이라고 기재했다. 곡식창고를 안채 깊숙한 곳에 배치하는 것은 집중형 주거에서 볼 수 있는 방어적인 배치형식이다.

〈그림 17〉 똬리집의 대청(일산 밤가시 초가)

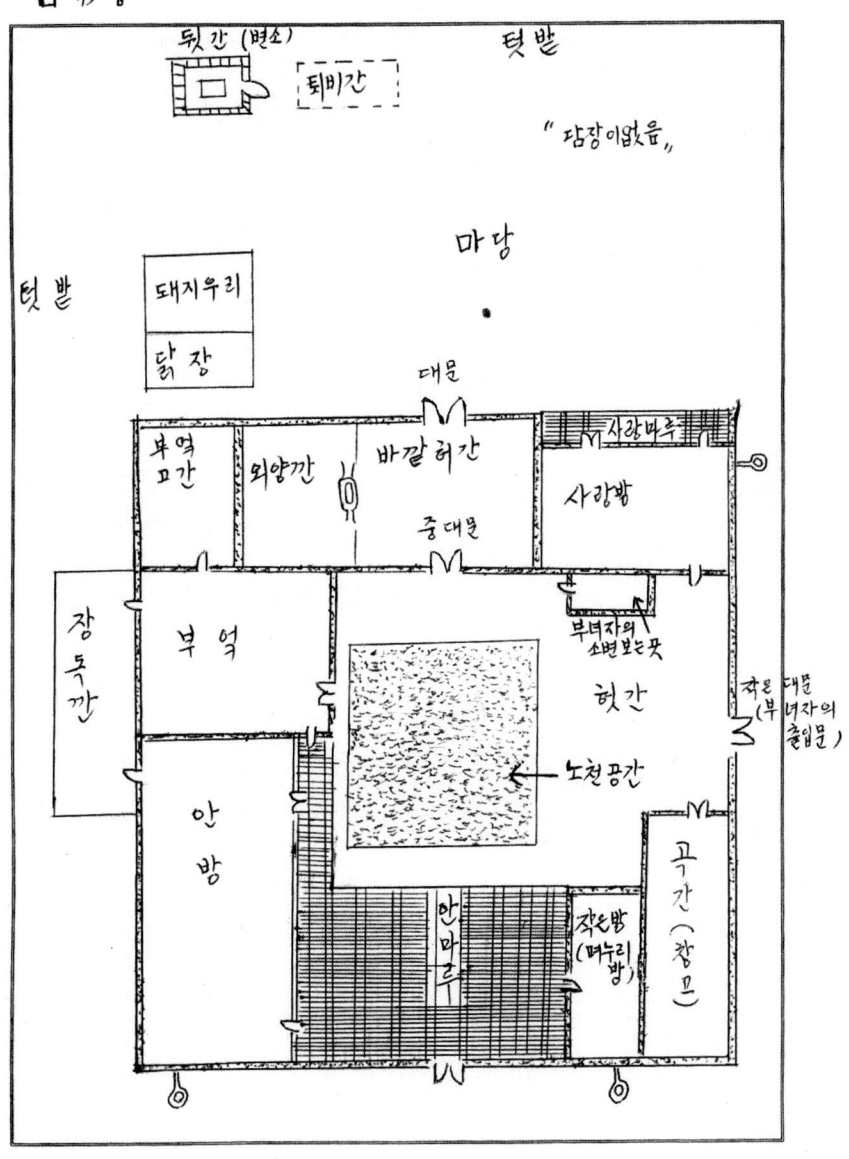

ロ 形 집

뒷간 (변소)　　　　　텃밭

퇴비간

"담장이없음,,

마당

텃밭

돼지우리

닭 장

대문

부엌모간　외양깐　　바깥허간　　사랑마루

사랑방

중대문

부녀자의 소변보는곳

장독깐　부 엌

헛간

샛문 대문 (부녀자의 출입문)

노천공간

안 방

안마루

작은방 (며누리방)

곡간 (창고)

〈그림 18〉 ㅁ자집의 남녀구분(연백 이은호)

제4장

황해도 옛집의 지역적 성격

황해도 옛집의 지역적 성격

I. 주거유형의 지리적 분포

황해도의 생태환경에서 살펴본 바와 같이 황해도는 지형적으로나 기후적 차이로 볼 때 세 지역으로 구분된다. 그것은 멸악산맥을 중심으로 한 북부와 남부, 그리고 동부지역이다. 생태환경의 차이가 있다면 주거도 달라지게 마련이다. 황해도 주거형식도 이 생태환경의 차이에 따라 약간씩 다른 모습을 갖는다. 민속학자인 김광언은 북한 연구자들의 연구결과를 바탕으로 다음과 같이 설명하였다.

"황해도는 북쪽의 언진산맥과 남동쪽의 마식령산맥으로 둘려 있으며 주맥을 이루는 멸악산맥이 도의 한가운데를 지나 서남쪽으로 뻗어 내렸다. 멸악산맥 북부의 문화적, 인문적 양태가 평안남도에 가깝고 남부는 경기도지방과 비슷한 반면 중심부에서 함경도지방의 문화요소를 발견할 수 있는 점은 이러한 지리적 영향 때문이라고 하겠다. 황해도에는 일자집, 기역자집, 이자집, 전자집, 미음자집 따위가 혼재한다. 일자집과 기역자집은 평안남도의 접경인 은율군, 안악군, 황주군, 수안군 등지에 많으며 같은 유형의 평안도집과 관련이 깊다. 한편 경기도에 연접한 연백군 일부와 평산군 남쪽에는 앞의 기역자집과는 공간 배치가 다른 기역자집과 미음자집이 있는데 이들은 경기도 북부지방과 상통한다. 그

리고 멸악산맥 중심부인 봉산군과 재령군, 평산군, 벽성군, 옹진군 등지
에는 겹집(田자집)이 집중적으로 나타난다. 황해도 중심부와 서남지역
에 이러한 집이 밀집하는 가장 큰 이유는 함경도에 뿌리를 둔 언진산
맥과 멸악산맥의 영향 때문이라고 생각된다."[26]

요약해보자면 멸악산맥 북쪽의 평안도와 접경한 지역에서는 一자, ㄱ자집이
많고, 멸악산맥 남쪽의 경기도와 연접한 지역에서는 ㄱ자와 ㅁ자집이 우세하
며, 멸악산맥의 중심부에서는 양통집(겹집)이 집중적으로 나타난다는 것이다.
북한학자 리종목은 멸악산맥 이북지역에서 나타나는 꺾음집, 즉 ㄱ자, ㄷ자, ㅁ
자집에서는 대청이 없고, 멸악산맥 이남에서는 대청이 있다고 그 차이를 설명
했다. 또한 대동강 이북지대에서는 ㅁ자집이 아닌 튼 ㅁ자집이 보편적으로 나
타난다고 하였다.

이 같은 종래의 연구결과들은 실향민들의 자료를 통해 검증될 수 있었다. 그
러나 실향민들이 보내준 자료가 지역별로 균등하게 수집된 것은 아니다. 옹진
군 10건, 연백군 8건, 벽성군 8건 등 멸악산맥 이남지역에서는 26건이 집중적
으로 수집되어 전체의 72%를 차지한다. 반면 북부지역에서는 은율군 3건, 신
천군 3건, 그리고 서흥, 재령, 송화, 장연군 등에서 각 1건 등 전체의 30%에도
미치지 못한다. 그나마 안악, 황주, 수안, 곡산, 신계, 평천군 등에서는 단 1건의
사례도 수집하지 못했다. 따라서 이 같은 사례만으로 기존의 주장을 검증하기
에는 한계가 있다.

비록 사례들이 지역적으로 편중되어 있기는 해도 멸악산맥 남쪽과 북쪽의
차이는 분명하게 드러난다. 각 사례들의 주거유형을 소재지 군별로 지도 위에
표시해보면 그림과 같다. 그림에서 보는 바와 같이 벽성, 옹진, 연백군 등 멸악

---

26) 김광언, 『한국의 주거민속지』, 민음사, 1988, 174쪽.

산맥 남쪽의 사례들은 ㅁ자집과 양통집이 주류를 이루고 있다. 멸악산맥 북쪽에서는 ㄷ자, 튼 ㅁ자 등이 주류를 이루는 것과 큰 차이를 보인다. 따라서 일단 멸악산맥을 기준으로 북쪽과 남쪽의 차이를 살펴보는 것이 합당할 것이다.

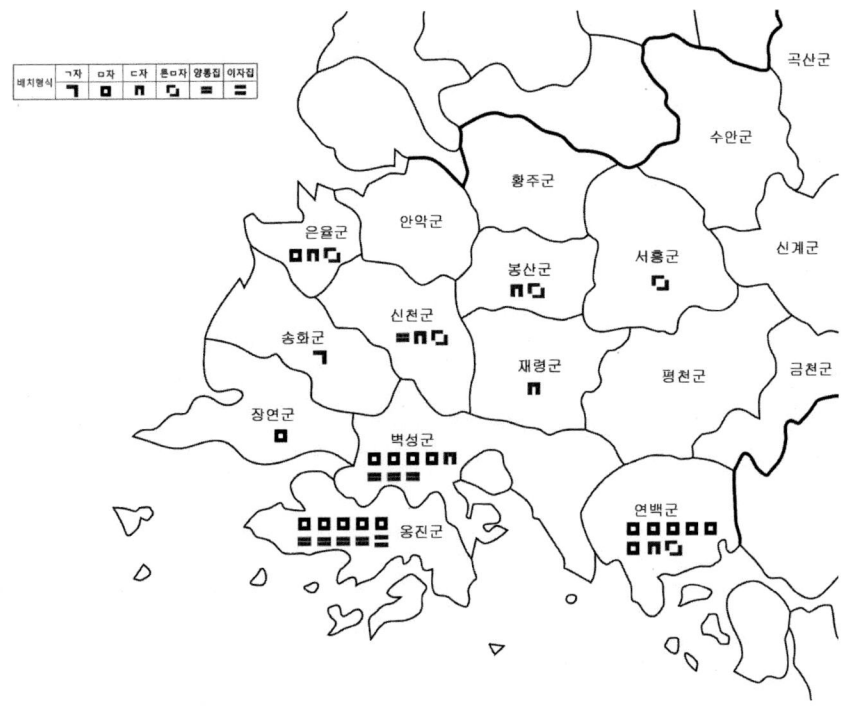

〈그림 1〉 황해도 각 군별 주거유형

2. 황해도 북부지역의 집

다양한 꺾음집

앞선 연구에서 멸악산맥 이북지역은 평안도 남부지역과 유사한 것으로 알려졌다. 평안도 지방의 대표적인 주거유형은 二자집이다. 살림채와 대문채가 병렬로 배치되는 형식이다. 그 사이에 부속채를 배치하여 튼 ㄷ자나 튼 ㅁ자형을 이루기도 한다. 황해도의 ㅁ자집이나 ㄷ자집에 비해서는 안마당의 개방도가 높은 것이 특징이다.

그러나 황해도 실향민들이 보내준 자료에서는 二자집이 단 한 건도 나타나지 않는다. 은율, 송화, 신천, 봉산, 서흥, 재령군까지를 멸악산맥 북부지역으로 본다면 이 지역의 주거유형은 튼 ㅁ자집 4건, ㄷ자집 4건, 그리고 ㄱ자집과 ㅁ자집이 각 1건씩 발견되었다. 이러한 유형들은 거의 모두 살림채가 일자형이 아니라 꺾음집이라는 점에서 평안도 지방과 차이가 있다. 평안도에서는 二자집은 물론이거니와 튼 ㅁ자집에서도 살림채는 一자형인 경우가 많기 때문이다. 물론 평안도에서도 도시지역에서는 꺾음집이 많이 나타나지만, 황해도에서는 농촌지역까지 꺾음집이 보편화되어 있다는 점이 다르다.

평안도의 二자집이나 튼 ㅁ자집은 황해도의 꺾음집에 비해 안마당의 개방도 훨씬 높다. 지리학자인 장보웅은 二자형이 중국민가에서 볼 수 없는 한국 특유의 민가형이라고 생각했다.[27] 그러나 건물의 배치형식만으로 보면 二자형은 오히려 중국민가에 가깝다. 기본형인 二자형으로부터 발전한 평안도의 튼 ㄷ자형이나, 튼 ㅁ자형은 중국의 삼합원(三合院)이나 사합원(四合院) 주거의 배치형식과 유사하기 때문이다. 이러한 모습은 살림채를 ㄱ자나 ㄷ자로 꺾어 만드

---

27) 장보웅, 앞의 책, 70쪽.

는 꺾음집과 큰 차이가 있다.

〈그림 2〉 평안도 튼 ㅁ자집(평남 최장준)

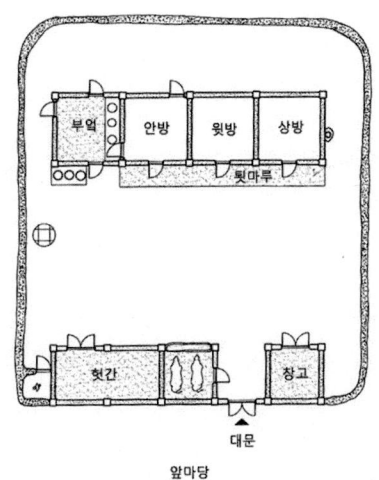

〈그림 3〉 평안도 二자집(평남 박심원)

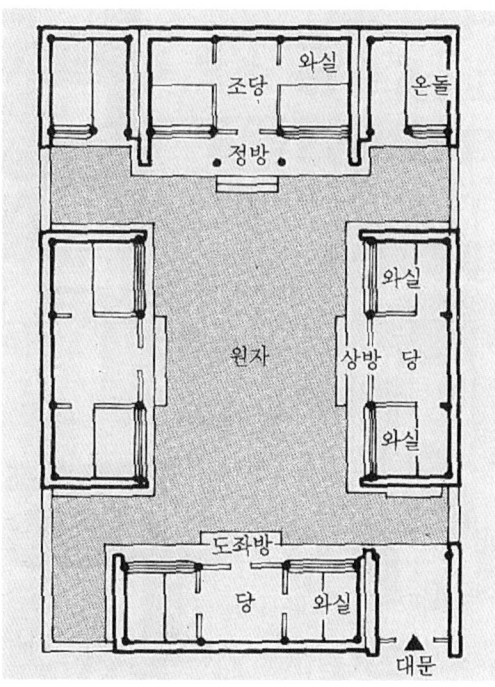

〈그림 4〉 중국 사합원의 건물배치

　　오히려 조선시대 학자들은 꺾음집을 중국과 다른 한국민가의 고유한 특징으로 보기도 했다. 조선시대 실학자였던 서유구는 그의 섬용지에서 다음과 같이 기술한 바 있다. "중국의 가옥제도는 모두 一자형으로 결코 꺾어서 짓거나 연달아 붙여 짓는 일이 없다. 그런데 우리나라의 경우는 그렇지 아니하여 방, 마루, 상, 무를 둘러 연결시켜 용마루, 처마, 보, 서까래가 구부러져 연결되므로 그 형태가 어떤 집은 ㅁ자형과 같고 어떤 집은 日자와 같으며, 어떤 집은 二자와 ㄱ자가 서로 마주보고 있는 형태도 있다."28)

---

28) 서유구, 『섬용지』, 권제일, 영조지제.

즉, 일자집은 중국주택의 특성이고, 꺾음집은 한국주택의 성격이라는 것이다, 이런 관점에서 보자면 평안도의 옛집은 오히려 중국에 가깝고 황해도의 옛집이 오히려 한국다운 모습을 갖는 셈이다. 평안도가 중국대륙으로 통하는 육상교통로였고, 중국과의 접경지역이라는 점에서 평안도의 주거형식은 중국의 영향을 받은 것이 아닌가 추론해볼 수 있다. 그러나 왜 한국에서 꺾음집이 발전하게 되었는지는 아직 설명할 근거가 부족하다.

신천군 이병환 씨 댁은 황해도 북부지역에서 평안도와 다른 특징이 나타나기 시작하는 꺾음집이다. 집은 ㄱ자형 살림채와 일자형 대문채가 튼 ㄷ자형으

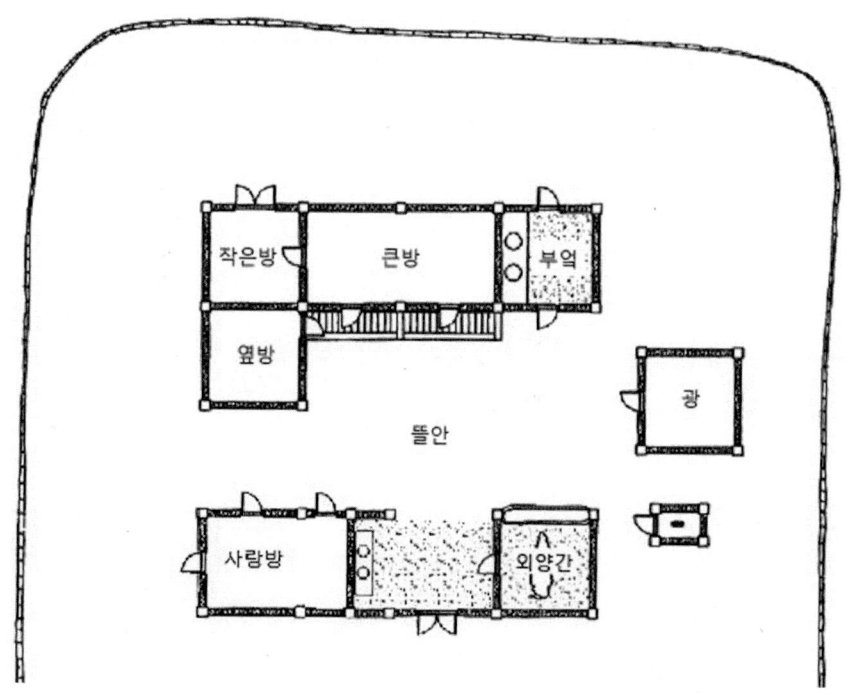

〈그림 5〉 황해도 ㄱ자 꺾음집 사례(신천 이병환)

로 배치된 모습이다. 광을 중요한 건물로 보면 튼 ㅁ자집이라 보아도 무방하다. 一자형 대문채는 초가집으로서 중앙에 대문간을 두고 좌우에 사랑방과 외양간을 두었다. 이러한 공간배치는 평안도 二자집의 대문채와 다를 바가 없다.

살림채의 공간구성도 크게 다르지는 않다. 다만 옆방이 돌출하여 ㄱ자 꺾음집이 되었을 뿐이다. 바꾸어 말하면 평안도 二자집에서 작은방 앞으로 옆방을 추가한 모습이다. 평안도 지방이라면 옆방이 작은방으로부터 독립되어 튼 ㅁ자집을 형성하는 것이 보편적이었을 것이다.

이렇게 살림채를 꺾어 만들면 二자집이나 4동으로 이루어진 튼 ㅁ자집에 비해 폐쇄적인 안마당을 만들 수 있다. 물론 ㅁ자집에 비해서는 훨씬 더 개방적인 모습이지만 튼 ㅁ자집에 비해서는 폐쇄도가 높다. 외벽면적이 줄어들기 때문에 난방에도 유리하고, 침실 간의 동선도 짧아진다. 또한 대지의 가로 폭도 줄일 수 있다. 본래 5칸인 살림채를 꺾어 전면 4칸을 만든 것은 대문채와 안채의 전면 폭을 맞추기 위한 계획으로도 보인다.

ㄷ자집과 튼 ㅁ자집

멸악산맥 북부지역에서 가장 주류를 이루는 주거유형은 튼 ㅁ자집과 ㄷ자집이다. 두 유형 모두 살림채가 ㄱ자 혹은 ㄷ자 꺾음집이라는 점에서 평안도와 큰 차이를 갖는다. 이 같은 실향민들의 자료는 지금까지 학자들의 주장과 다른 결과를 보여준다.

북한학자 황철산은 꺾음집을 도시적 성격으로 보고 평양을 중심으로 한 서북지방과 개성, 서울을 중심한 중부 및 그 이남지방에 분포한다고 주장했다. 북한학자 리종목 또한 꺾음집이 멸악산맥 이남지역의 특징이라고 보았고 보다 발전적인 형식으로 해석했다. 그는 여러 형태의 꺾음집이 멸악산맥 이남 특히 중남부에 압도적으로 많이 분포되어 있는데 개성지구를 중심으로 동서로도 분포된다고 했다. 꺾음집은 외채집이나 쌍채집에 비하여 수준이 높은 집이며, 발전사적으로도 쌍채집보다 발전한 형식이라 하였다.

그러나 실향민들의 자료를 살펴보면 멸악산맥 이북지역에서 一자집은 단 1건도 나타나지 않으며 오히려 꺾음집이 주류를 이루고 있었다. 또한 도시가 아닌 농촌지역에서도 꺾음집이 보편적으로 분포하고 있었다. 따라서 꺾음집을 도시지역의 특성이라거나 멸악산맥 이남지역의 특성이라는 주장은 증명하기 어렵다.

멸악산맥 이북지역에서 나타나는 ㄷ자집이나 튼 ㅁ자집은 안마당의 폐쇄성이 높은 집이다. 평안도의 튼 ㄷ자집은 일자형 3동이나 일자형 살림채와 ㄴ자형 부속채의 결합으로 이루어지는 것이 보통이다. 이에 각 동 사이에 간격이 생겨 안마당으로 바람이 통할 수 있다. 그러나 황해도의 ㄷ자집은 1동이 구부러진 형태이기 때문에 간격이 생기지 않는다. 심지어 터진 부분에는 담장을 쌓아 폐쇄도를 높이는 경우도 많았다.

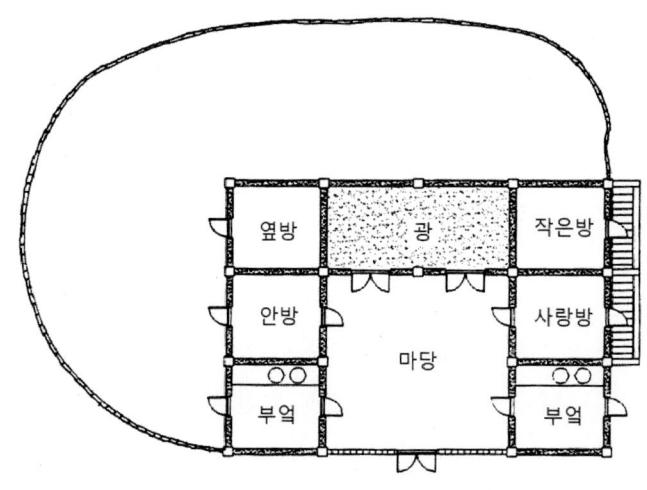

〈그림 6〉 황해도 ㄷ자집(신천군 김용성)

튼 ㅁ자집 또한 평안도의 그것과는 많이 다르다. 대부분 2동으로 튼 ㅁ자형의 배치형식을 만든다. 평안도의 튼 ㅁ자집처럼 3동 이상으로 나누어져 있는 경우는 단 1건도 발견되지 않았다. 그림에서 보는 바와 같이 봉산군 조정남 씨 댁은 一자형 살림채와 ㄷ자형 대문채가 결합한 형식이다. 서흥군의 이윤호 씨 댁은 ㄱ자의 살림채와 ㄴ자의 부속채가 결합되어 만든 형식이다. 그나마 건물 사이의 빈틈은 모두 담장을 쌓아 막았다.

꺾음집이라고 해도 대청이 설치되지 않는다는 리종목의 주장은 실향민들의 자료에서도 확인되었다. 안방 앞으로 툇마루를 설치하는 사례는 많이 나타났으나 1칸 이상의 대청마루를 설치한 사례는 발견되지 않았다. 이는 멸악산맥 이남지역의 집에서 대부분 1칸 이상의 대청을 설치하는 것과 비교되는 점이다.

가장 두드러진 차이는 양통집(겹집, 田자집)의 존재다. 멸악산맥 이북지역에서는 양통집이 단 1건의 사례만이 발견되었다. 김광언은 멸악산맥 중심부인 봉산군과 재령군, 평산군, 벽성군, 옹진군 등지에서 양통집이 집중적으로 나타난다고 주장했었다. 그는 황해도 중심부와 서남지역에 이러한 집이 밀집하는 가장 큰 이유를 함경도에 뿌리를 둔 언진산맥과 멸악산맥의 영향 때문이라고 생각했다. 함경도 양통집이 산맥줄기를 타고 황해도까지 전파되었음을 암시한 것이다.

그러나 이 지역 출신 실향민들의 자료 11건 중에서 오직 신천군에서만 1건 발견되었다는 것은 이러한 주장을 뒷받침해주지 못한다. 양통집은 옹진군이나 벽성군 등 서해 연안지역에서 집중적으로 나타난다. 그러나 멸악산맥의 중심부인 재령, 봉산, 서흥군 등에서는 단 1건도 발견되지 않았다. 따라서 현재로서는 함경도 전파설을 신뢰하기 어렵다.

여하튼 ㅁ자집이든 양통집이든 평안도에 비해서는 폐쇄적인 주거형식임에 틀림이 없다. 앞서 살펴본 바와 같이 멸악산맥 이북의 황해도지역은 평안도지역에 비해서 더 폐쇄적이고 방어적인 주거형식을 갖는다는 점을 알 수 있었다. 왜 이러한 성격이 형성되었을까? 기후조건만으로는 설명하기 어렵다. 미세한 차이기는 하지만 황해도가 평안도보다 위도가 낮아 보다 온난한 기후조건을 갖기 때문이다. 그 형성배경은 멸악산맥 이남지역과의 차이를 비교하면서 검토해보아야 할 것이다.

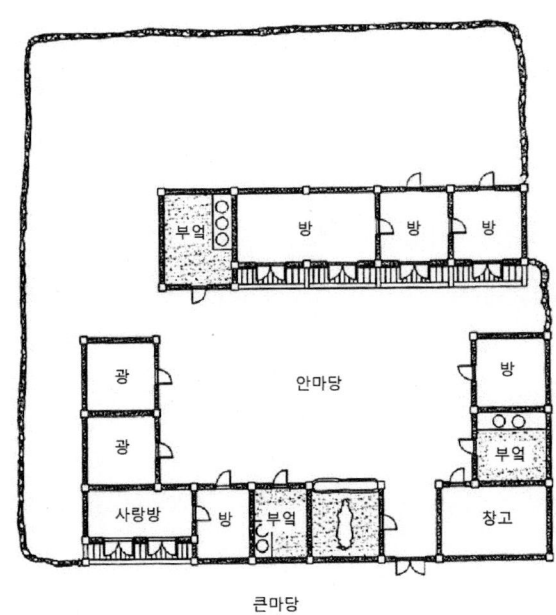

〈그림 7〉 황해도 튼 ㅁ자집(봉산 조정남)

3. 황해도 남부지역의 집

1) 따리집이라 부르는 ㅁ자집

황해도에서 멸악산맥 이남지역을 남부지역이라 한다면 이 지역의 주거유형은 북부지역과 완연한 차이를 보인다. 장연, 벽성, 옹진, 연백군 등 4개 군에서 25건의 사례를 얻을 수 있었는데, 그중 가장 많은 사례는 ㅁ자집으로서 16건이 나타난다. 전체의 2/3를 차지할 만큼 대표적인 주거유형이라 할 수 있다. 다음으로 양통집이 7건으로서 약 1/3가량을 차지한다. 나머지 ㄷ자집과 튼 ㅁ자집이 각각 1건이 나타나는데 이는 이 지역의 지역성과는 무관한 사례라고 볼 수 있다.

이 지역의 ㅁ자집을 '따리집'이라고도 부르는데, 앞서 설명한 바와 같이 따리집이란 초가지붕의 ㅁ자집에서 지붕처마가 원형으로 만들어져 안마당에서 올려다보면 마치 '따리'처럼 생겼다고 부르는 이름이다. 그러나 기와지붕일 때도 ㅁ자형 지붕을 갖는 집들을 관습적으로 따리집이라고 부르는 예가 많다.

여하튼 황해도 남부지역의 대표적인 주거유형은 'ㅁ자집'이라고 할 수 있다. 여기에서 'ㅁ자집'은 '튼 ㅁ자집'과는 확연히 구별되는 주거유형이다. 'ㅁ자집'은 건물 한 채가 ㅁ자형의 지붕으로 연결되어 있지만 '튼 ㅁ자집'은 최소한 2채 이상으로 독립된 지붕을 만들게 되면 건물 사이에 빈 곳이 생기는 형식이다. 그만큼 ㅁ자집은 안마당의 폐쇄도가 높은 형식이다.

일제강점기 일본인 학자들은 황해도 남부지역을 중선형(中鮮型), 혹은 도회형으로 규정하고 그 특징을 'ㄱ자 꺾음집'이라고 주장한 바 있다. 리종목이나 황철산 등의 북한학자들도 멸악산맥 이남지 주거의 특징을 꺾음집이라고 주장했었다. 꺾음집에는 ㄱ자, ㄷ자, ㅁ자 등이 포함된다. 그러나 실향민들의 자료에서 보는 바와 같이 ㄱ자, ㄷ자 꺾음집의 사례는 거의 나타나지 않는다. 심지어 튼 ㅁ자집의 사례도 보기 어렵다.

'튼 ㅁ자집'은 경기도 일원에서 집중적으로 나타난다. 경기도의 '튼 ㅁ자집'은 거의 대부분 ㄱ자형의 살림채와 ㄴ자형의 부속채가 결합되는 형식이다. 이는 황해도의 ㅁ자집과 확연히 구별된다. 종래의 연구자들은 황해도 남부지역이 경기도지역의 주거유형과 유사한 것으로 설명해왔으나 실향민들의 자료는 이를 증명해주지 않는다.

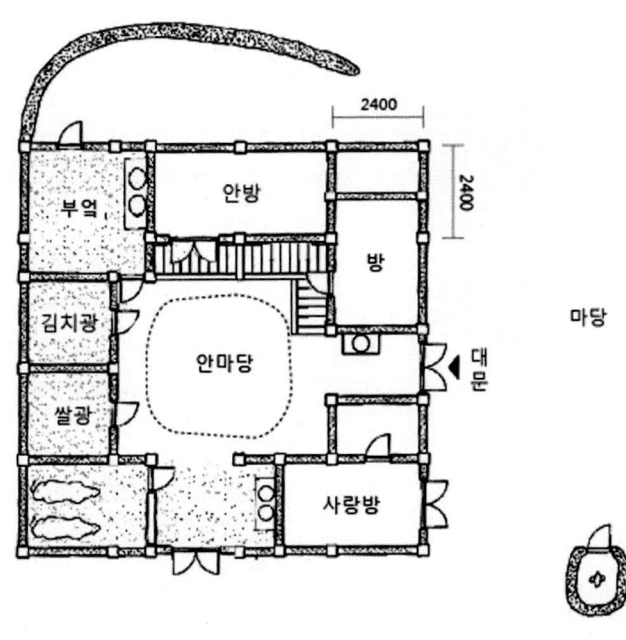

〈그림 8〉 똬리집(연백 신영희)

김광언은 ㅁ자집 중에서도 공간구성에 따라 세 형식으로 구분할 수 있다고 하였다. 그의 설명은 다음과 같다. "똬리집에는 대체로 세 유형이 있다. 첫째는 중류가옥으로 안채나 바깥채에 마루를 갖추지 못한 집이다. 이에 비해 상류가옥에서는 윗방 전면과 사랑방 측면에 마루를 놓고 마루 사이에는 마루방을 들이며 안방과 건넌방 전면에는 퇴를 놓는다. 이러한 집은 패주를 중심으로 벽성군 일대에 집중적으로 분포한다. 상류 똬리집 중에도 연안군과 개성 부근에서는 마루를 안채 중앙에 두고 사랑방은 위, 아랫방으로 나눈다. 그리고 외양간은 바깥채 전면에 따로 두며 그 자리에 또 하나의 방을 두는 것이 보통이다. 따라서 이곳의 똬리집은 중부형에 더 가까워지는 경향을 보인다."[29]

실향민들의 자료에서도 세 가지 형식이 모두 나타난다. 대청마루가 없는 형식이 4건이며, 살림채 중앙에 대청을 둔 사례가 4건, 마지막으로 윗방 앞에 대청을 둔 형식이 9건으로 가장 많다. 연백군 신영희 씨 댁은 대청이 없는 형식의 사례이다. 안방 앞으로 툇마루를 두어 윗방과 연결했다. 안방과 윗방 사이의 프라이버시가 약한 모습이다. 대청마루를 두지 않는 평안도 주거와 유사한 성격으로 볼 수 있다.

옹진군 이원한 씨 댁은 살림채 중앙에 대청을 갖는 사례이다. 중앙에 대청을 두는 방식은 서울, 경기지역의 주거에서 보편적으로 나타난다. 이 경우 대개 대청부분이 남향을 하게 된다. 이 집은 부엌을 모퉁이로 꺾이는 형식이나 경기 및 중부지방에서는 안방을 모퉁이로 꺾이는 형식이 보편적이다. 여하튼 중앙에 대청을 두는 형식은 경기지방과 유사한 모습이다.

황해도 남부지역에서 가장 보편적인 형식은 윗방 앞에 대청을 두는 형식이다. 안방이 넓게 남향하게 되고, 윗방이 은밀하게 감추어지는 특성이 있다. 대

---

29) 김광언, 『한국의 주거민속지』, 민음사, 1988, 194쪽.

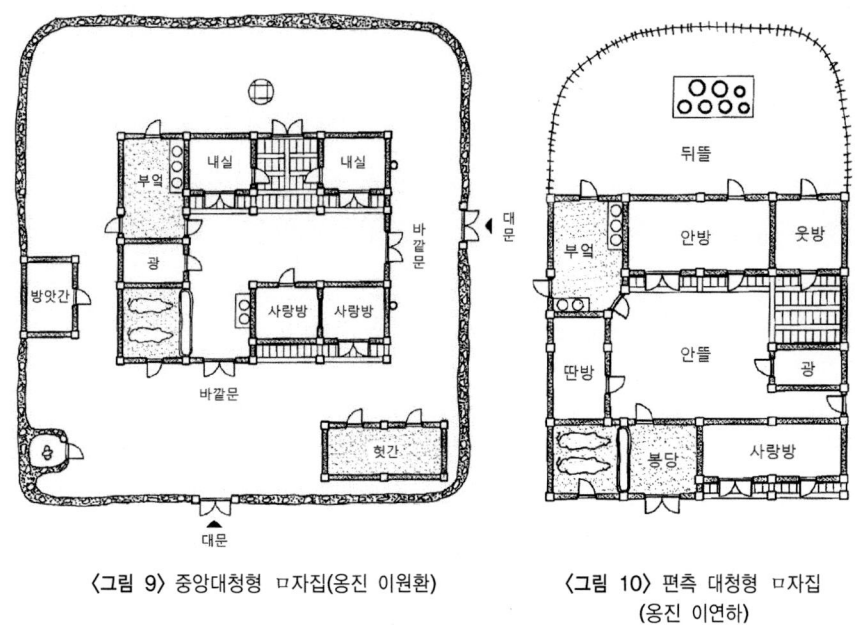

〈그림 9〉 중앙대청형 ㅁ자집(옹진 이원환)　　〈그림 10〉 편측 대청형 ㅁ자집
　　　　　　　　　　　　　　　　　　　　　　　　　　　　　(옹진 이연하)

청마루 또한 봉당에서 진입할 때 잘 드러나지 않는다. 이러한 대청의 구성은
타 지역에서 거의 나타나지 않는다는 점에서 황해도 주거의 고유한 특성이라
보아도 좋을 것이다.

　　그렇다면 왜 황해도에서 ㅁ자집이 발전한 것일까? ㅁ자집의 발생에 과거 연
구자들의 견해는 대략 네 가지로 분류된다. 그 첫째는 도회지 기원설이다. 일
제강점기 岩槻善之(1924)는 꺾음집이고 대청이 있는 주거형식을 경성형(서울
형)으로 보았다. 野村孝文(1938)은 경성형(京城型)과 중선형(中鮮型)을 합하여
도회형(都會型)으로 분류했다. 도회형은 방과 방 사이에 마루를 갖고 있는 형
식으로서 궁전건축의 영향에 의한 것이라고 생각했다.

해방 이후 북한학자들도 대부분 이 의견에 동조했다. 황철산 같은 학자는 꺾음집을 도시적 성격으로 보았다. 그는 一字형[외채집]과 二字형[쌍채집]은 농촌에 많고 ㄱ자형, ㄷ자형, ㅁ자형은 평양을 중심으로 한 서북지방과 개성, 서울을 중심한 중부 및 그 이남지방에 분포된다고 설명했다. ㄱ자형, ㄷ자형, ㅁ자형은 대지를 절약한다는 점, 방물을 이용하기 편리한 점, 외관상 형태가 아름다운 점 등으로 보아 원래 도시에서 발생하여 농촌에도 파급된 것이라는 설에 동조한다.[30] 즉, 살림채가 꺾음형으로 되어 있는 유형은 농촌지역의 일자형과 발생배경이 다르다고 본 것이다.

그러나 ㅁ자집이 도회지에서 발전한 형식이라면 한반도 전역의 도회지에서

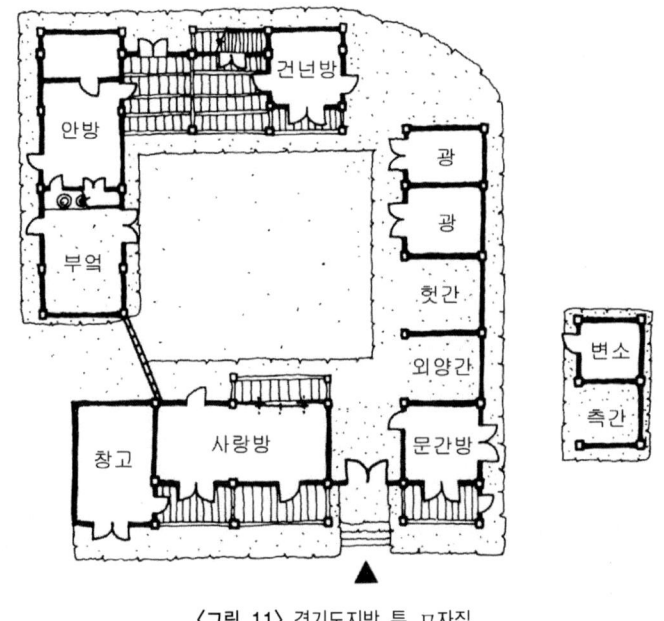

〈그림 11〉 경기도지방 튼 ㅁ자집

---

30) 황철산, 「우리나라 과거 주택의 류형과 그 형성 발전」, 고고민속 3호, 과학원출판사, 1965, 3~4쪽.

보편적으로 나타나야 하는데, 서울, 개성을 제외하고는 잘 나타나지 않는다. 평양이나 경주 등 과거의 수도였던 대도회지에서조차 ㅁ자집을 찾아보기는 어렵다. 혹시 ㅁ자집이 있다고 하더라도 황해도 남부지역에서 나타나는 ㅁ자형 1동 건물로 이루어진 완전폐쇄형은 아니다. 여러 동의 건물로 중정을 둘러싸는 튼 ㅁ자형 형식일 뿐이다.

궁전건축의 영향을 받은 서울지방 주택형식을 발생기원으로 보는 것도 설득력이 약하다. 서울지방에서도 똬리집과 같은 완전폐쇄형 ㅁ자집은 그 수가 드물기 때문이다. 서울과 경기도를 포함하는 수도권 지역의 보편적인 형식은 ㄱ자형 건물 2채가 마주보는 튼 ㅁ자집이 주류를 이룬다. 김광언은 이러한 집을 '기역 니은자형'이라고 분류했다. 이는 기본적으로 2동이 분리된다는 점에서 분산형 주거에 가깝다. 또한 안마당의 개방성이 크다는 점, 마루면적이 넓어지고 안채의 중심에 위치한다는 점에서 황해도의 ㅁ자집과는 다른 계통으로 보아야 한다.

둘째는 상류계층 기원설이다. 리종목은 ㅁ자집이 어느 특정한 지역의 성격이 아니라 우리나라 전역에 분포하는 상류계층 주택의 보편적 성격으로 보았다. 그의 설명에 따르면 "똬리집은 우리나라 농촌에 거의 공통적으로 존재하는 형태인데 지방에 따라 그 평면 구성의 구체적 내용이 각이하다. 그것은 그 지방에 있는 다른 주택의 영향을 받았기 때문이다. 그리고 똬리집은 그 수가 그리 많지 못하며 특히 개성지방에 많이 분포되어 있다. 이 똬리집은 비교적 경제적 처지가 나은 농민들이 소유하고 있었으며 또 대체로 과거 우리나라 농촌 지주의 주택형태의 하나였다."[31]

---

31) 리종목, 앞의 책, 49~50쪽.

실제로 안동을 중심으로 한 경상북도 북부지역에서는 '뜰집'이라는 폐쇄형 ㅁ자집이 집중적으로 분포한다. 폐쇄적인 안마당, 즉 '뜰'이 있다고 해서 흔히 '뜰집'이라 하는데, '미음자집' 혹은 '구(ㅁ)자집'이라 부르기도 한다. 이 형식의 특징은 대청이 중앙에 위치한다는 점이다. 안방이 중앙에 위치하는 황해도 ㅁ자집과는 차이가 있다. 그러나 지붕이 연결된 1동의 ㅁ자집이라는 점에서는 차이가 없다. 이 형식 또한 중상류계층의 주거형식임에 틀림이 없다. 이 지역에서 서민계층은 주로 일자형 양통집 형식을 사용하기 때문이다. 그러나 경북지방을 제외하고는 이와 같은 ㅁ자집을 보기 어렵다. 경남이나 호남의 상류주택들은 대부분 '튼 ㅁ자집' 형식을 취하기 때문이다.

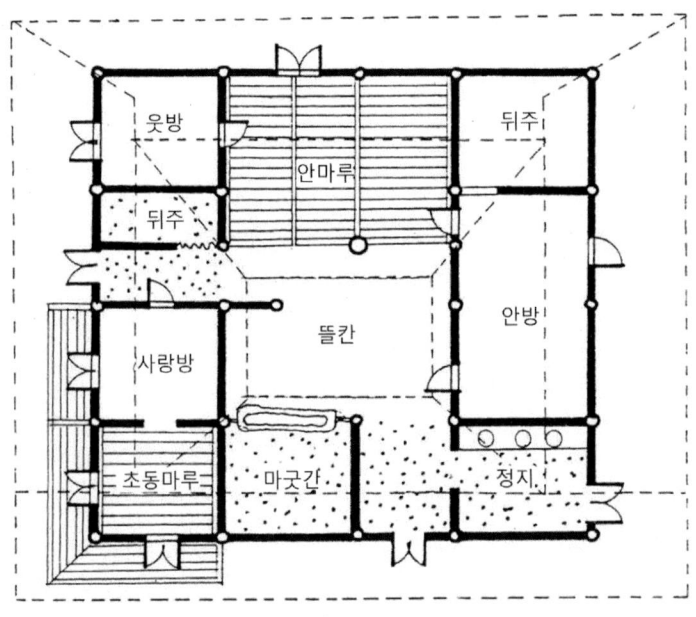

〈그림 12〉 경북지방의 뜰집

〈그림 13〉 뜰집의 뜰과 대청

　셋째는 개성 기원설이다. 앞서 북한학자 리종목은 똬리집을 개성지구 상류
주택의 전형으로 보았다. 그는 개성지구 똬리집의 성격을 다음과 같이 설명했
다. "개성지구에 분포된 똬리집은 역시 대청이 있는 것이 특징이며 동시에 튼
ㅁ자집이 아니고 연속된 ㅁ자집이다. 물론 이 ㅁ자집도 어느 한 모퉁이에 가서
약간의 공간을 두고 그 자리에 토담을 축성하는 경우도 적지 않다."

　앞서 설명한 바와 같이 경상북도 일원에 집중적으로 분포하는 '뜰집'도 폐쇄
형 ㅁ자집이라는 점에서 '똬리집'과 같은 유형으로 볼 수 있다. 그렇다면 왜 황
해도 개성지구와 경상북도 안동지구에서만 이러한 폐쇄형 ㅁ자집이 나타나는
것일까? 안동문화권의 뜰집을 연구한 김화봉은 뜰집의 발생배경을 다음과 같

이 설명했다.[32]

첫째, 자연환경조건의 배경으로서 남부지방에서 한서(寒暑)의 차가 가장 큰 기후조건, 산악지대로서 넓은 택지 확보의 어려움, 빈번한 호랑이의 피해 등을 들었다. 이로부터 보온성, 피서성, 방호성을 갖춘 주거유형이 요구되었다는 것이다. 둘째는 인문환경조건의 배경으로서 사림(士林)의 낙향과 재지사족(在地士族)의 대규모 저택 건설, 유교적 공간요구 등을 들었다. 이러한 배경으로부터 외부적 폐쇄성이 강하면서도 내적 개방성이 풍부한 뜰집의 유형으로 발전했다고 본 것이다.

그러나 이러한 설명만으로 개성지구와 안동문화권에서 유사한 주거유형이 나타나는 현상을 설명해주기에는 부족함이 많다. 김화봉의 배경설명 중에는 이러한 현상에 대한 단서가 들어 있다. 그것은 안동의 씨족마을 형성과 관련한 역사적 배경이다. 태조 왕건이 고려를 건국할 때 안동 출신 세 명의 호족으로부터 큰 도움을 받았고, 왕건은 개국 후에 이들 3명에게 태사의 작위와 함께 안동을 관향으로 성씨를 하사했다. 이들 삼태사의 후예인 안동 권씨, 안동 김씨, 안동 장씨들은 고려 500년 동안 개성에서 대대로 높은 관직을 누렸다. 고려가 멸망함에 따라 고향으로 낙향했고 안동지방에 전거하면서 씨족마을을 형성했다는 것이다.

그러나 김화봉은 이러한 역사적 배경으로 개성지구의 주거유형이 안동문화권으로 파급되었을 것이라는 추측이나 가설을 제시하지는 않았다. 다만 중앙진출을 포기한 재지사족들의 과시적 건축의 요구가 고급건축의 형식을 채용할 수 있게 만들었다고만 설명하는 데 그쳤다. 물론 개성지구의 주거유형이 안동지구로 파급되었다는 실증적 증거는 발견할 수가 없다. 하지만 두 지구에서만

---

32) 김화봉, 「조선시대 안동문화권의 '뜰집'에 관한 연구」, 부산대학교 박사논문, 1999, 35~51쪽.

폐쇄형 ㅁ자집이 집중적으로 나타나는 현상을 설명하기에 현재로서는 가장 유력한 가설이라고 생각된다.

넷째는 양통집 기원설이다. ㅁ자집은 양통집으로부터 발전했다는 주장을 의미한다. 실상 ㅁ자집이 발달한 황해도 남부지역이나 영남 북부지역 모두 양통집이 분포하는 지역이다. 또한 각 지역의 양통집과 ㅁ자집은 주택의 공간구성에 있어서도 상당한 관련성을 가지고 있다. 특히 세겹집(석줄백이 양통집)인 경우 중앙부에 있는 봉당부분의 지붕만 개방하면 그대로 ㅁ자집의 평면과 동일하게 된다.

이에 여러 학자들은 양통집의 불량한 환기, 위생조건을 개선하기 위해 ㅁ자집으로 발전했다는 가설을 주장하게 된다. 신영훈은 "까치구멍집의 봉당과 마루를 확대시키면 ㅁ자형 집이 된다"[33]고 설명했는데, 여기서 까치구멍집이란 경북지방 양통집의 한 유형을 말하는 것이다. 김홍식은 똬리집과 뜰집을 같은 계열로 보고 그 기원은 세겹집이라고 주장했다. 그는 위생상의 이유로 세겹집의 복판 봉당지붕을 틔움으로써 똬리집이 되고 이것이 발전하여 ㅁ자집인 뜰집으로 변해간다고 설명했다.[34] 똬리집에서 발전한 형식이 뜰집이라는 것은 동의하기 어렵지만 두 형식을 같은 계열로 본 것은 새로운 시각이었다.

필자도 '뜰집'은 '봉당이 있는 양통집'에서 발전한 것으로 보았다. 필자는 양통집이 집중적으로 분포하는 영남 북부지역에서 중상류 계층들은 '석줄백이 양통집'이나 '뜰집'을 짓는다는 사실에 주목하였다. '뜰집'은 건물 중앙에 지붕을 덮지 않은 뜰을 두고 ㅁ자형으로 방이 배열된 집이라 정의하면서 중앙에 뜰

---

33) 신영훈, 『한국의 살림집』, 열화당, 1983, 146~148쪽.
34) 김홍식, 『한국의 민가』, 한길사, 1992, 44쪽.

을 둠으로써 비록 난방효과는 적지만 채광과 환기 통풍을 좋게 하기 위해서 발달한 것으로 생각하였다.[35]

이러한 세겹집은 실향민들의 자료에서도 나타난다. 옹진군 조종목 씨 댁(그림 3-6)은 가로 3칸, 세로 3칸을 갖는 분명한 세겹집(석줄백이 양통집)이다. 앞열에 있는 외양간과 대문간, 사랑방의 구성은 ㅁ자집의 앞 열과 동일하다. 또한 뒤 열에 있는 부엌과 안방, 뒷방의 구성도 ㅁ자집의 뒤 열 구성과 다를 것이 없다. 다른 점은 중앙부가 지붕으로 덮여 있다는 것뿐이다. 중앙부 1칸(안방과 봉당 사이)의 지붕을 개방해 놓는다면 그대로 ㅁ자집이 되는 것이다.

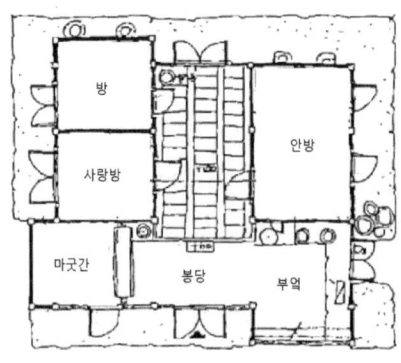

〈그림 14〉 경북지방 세겹집(봉화 까치구멍집)

〈그림 15〉 봉화 세겹집 내부

---

35) 강영환, 『한국주거문화의 역사』, 기문당, 1991, 125쪽.

2) 안마루가 없는 양통집

ㅁ자집과 더불어 황해도 남부지역에서 가장 빈번하게 나타나는 주거형식은 一자형 양통집이다. 앞서 설명한 바와 같이 양통집이란 건물 안의 공간이 두 줄 이상 겹으로 배열된 형식을 의미한다. 공간이 한 줄로 배열된 외통집과 구별되는 형식으로서 겹집, 단열형이라 부르기도 한다. 실향민들의 자료에서는 벽성군과 옹진군에서만 8건이 발견되었다. 그러나 황해도 북부지역, 즉 멸악산 맥 북부지역에서는 신천군에서만 단 1건이 발견되었다. 따라서 양통집은 황해도 남부지역의 특징적인 주거형식이라고 볼 수 있다.

황해도 실향민들이 보내준 양통집의 사례들은 대부분 살림채 1동으로 구성된다. 살림채 밖에는 퇴비장이나 가축사, 창고 등의 부속시설이 있으나 주거형식에 포함될 만한 건물은 아니다. 살림채 건물의 대부분은 一자형 양통집으로서 6건을 차지한다. 또한 두 줄 겹으로 배열된 양통집이 주류를 이룬다.

옹진군 박태형 씨 댁은 전형적인 두줄백이 양통집의 사례이다. 앞줄에는 중앙에 대문간을 두고 양쪽에 외양간과 사랑방을 배치했다. 이는 二자집이나 ㅁ자집의 대문채에서 흔히 나타나는 공간구성이다. 이 집에서는 대문간을 '봉당'이라고 기재했다. 지붕이 덮인 맨바닥의 공간을 흔히 봉당이라고 한다. 뒷줄에는 부엌과 안방, 골방을 일렬로 배열했다. 외양간 앞에 띠적을 두른 것은 바람을 막기 위한 장치로 보인다.

이러한 一자형 양통집 이외에도 二자형 양통집과 ㄱ자형 양통집도 각각 1건씩 발견되었다. 그러나 이를 독립된 형식이라고 보기는 어렵다. 양통집은 주거공간을 살림채 안에 집중 배치하는 형식이기에 대부분 살림채 1동만을 세우기 때문이다. 평안도의 二자집에서 대문채에 있는 대문간이나 외양간이 양통집에

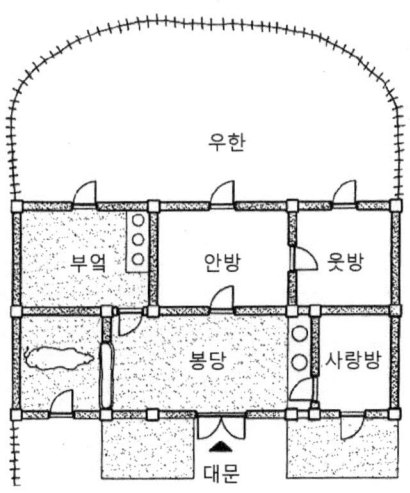

우한

부엌

안방

웃방

봉당

사랑방

대문

〈그림 16〉 두줄백이 양통집(옹진 박태형)

서는 살림채 안에 두는 경우를 흔히 볼 수 있다.

우선 옹진군의 최경모 씨 댁은 살림채와 부속채가 병렬로 배열되었다는 점에서 二자형이라고 볼 수는 있으나 평안도의 二자집과는 차이가 있다. 즉, 평안도의 二자집은 살림채가 외통형식이고 살림채와 대문채의 간격이 좁으며, 폐쇄적인 안마당을 형성하고 대문채를 통해 진입하는 성격을 갖는다. 이 집에서는 부속채를 통해 진입하지도 않고, 폐쇄적인 안마당이 없으며, 살림채가 양통집으로서 마당을 향해 폐쇄적인 모습을 취한다는 점에서 평안도 二자집과는 근본적으로 다르다.

벽성군의 조세선 씨 댁은 ㄱ자 양통집의 사례이다. 이 사례 또한 다른 곳에서 찾아보기 어려운 특수한 모습이다. 일자형 양통집에 별채 성격을 갖는 사랑채를 결합한 모습이다. 함경남도에도 ㄱ자 양통집의 사례를 볼 수 있으나, 이는 외양간이 돌출된 형식으로서 이 집의 형식과는 관련성이 없다. 본래 一자형

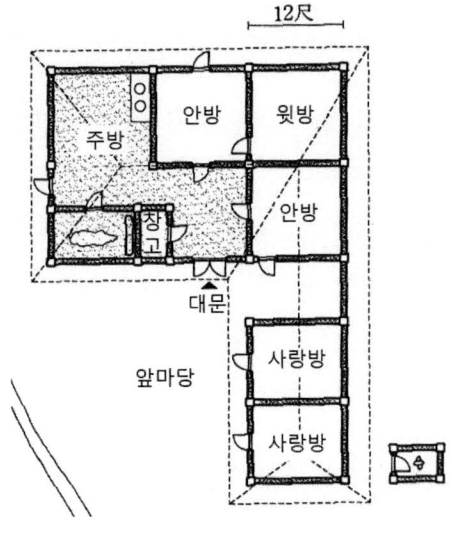

12尺

주방

안방

윗방

안방

장고

대문

앞마당

사랑방

사랑방

〈그림 17〉 ㄱ자형 양통집(벽성군 조세선)

양통집으로 건축되었다가 나중에 사랑방의 수요에 따라 형식에 관계없이 살림채 일부에 사랑방을 증축한 것이 아닌가 생각된다.

본래 양통집은 함경도지방으로부터 경상북도 북부지역에 걸쳐 우리나라 동북부지방에서 주류를 이루는 주거형식이다. 그러하기에 일제강점기까지만 해도 연구자들은 양통집(겹집)과 외통집(홑집)을 서로 다른 계통으로 보고 주거문화권을 분류해왔다. 즉, 우리나라 동북부지방과 서부 및 남부지방은 서로 다른 계통의 주거문화를 형성 발전시켜 왔다는 것이다.

그러나 해방 이후 북한학자들은 양통집이 강원도지방으로부터 황해도 산간지대에까지 분포한다는 사실을 밝혀내었다. 리종목은 멸악산맥을 중심으로 한 신천군의 일부 산간지대와 송화군, 온천군, 장연군 등지를 비롯하여 남쪽으로는 연백, 평천, 평산 등지에서 양통집이 분포한다고 설명했다. 물론 강원도 및 황해도의 양통집은 함경도의 소위 '정주간이 있는 양통집'과는 다른 '정주간

없는 양통집'이라고 주장했었다.

이러한 북한학자들의 연구성과를 바탕으로 양통집의 지리적 분포를 확대한 사람은 민속학자 김광언이다. 그는 서해 도서지방에서 황해도의 양통집과 유사한 사례들을 풍부하게 수집했다. 이로써 언진산맥과 멸악산맥 일대와 경기도 도서지방에 이르는 권역을 양통집 문화권으로 설정하였다(제3장 김광언의 겹집분포도 참조).

그러나 앞선 연구자들도 지적한 바와 같이 여러 지역에서 나타나는 양통집을 동일한 주거형식으로 보기는 어렵다. 지역마다 공간구성에 약간씩 차이가 있으며 발생배경이나 발전과정도 각기 다른 것으로 나타나기 때문이다. 지역의 환경조건으로 보면 대략 세 지역으로 구분될 수 있는데, 그 첫째는 함경도 및 태백산맥 주가대를 포함하는 동북지방이며, 둘째는 황해도 남부와 경기도 해안지역을 포함하는 서해 중부지방, 그리고 세 번째는 제주도지방이다. 그 특징[36]을 살펴보면 다음과 같다.

동북지방의 양통집

함경도지방의 양통집은 건물 한 채로 이루어지는 단동형(單棟型)이며, '정주간'이라는 독특한 공간을 갖추었고, 침실구성은 田자형으로 배열된다. 정주간은 넓은 부뚜막 형태의 공간으로서 원초형 온돌의 모습을 가지고 있다. 부엌인 정지와 칸막이 구획이 없이 개방되어 있다는 점과 온 가족의 식사, 접객, 단락, 취침 등 다용도로 사용된다는 점, 가장 작은 규모의 주택은 정주간과 정지만으로 이루어진다는 점에서 이 지역 주거의 기본요소라고 할 수 있다.

경제력이 향상될수록 기본요소의 좌우에 침실과 작업공간이 부가된다. 우사

---

36) 강영환, 『새로 쓴 한국주거문화의 역사』, 기문당, 2002.

(牛舍)와 같은 사육공간이나 방앗간 등 작업공간을 포함하는 모든 주거공간이 1동의 살림채 안에 수용된다는 점에서 집중형 주거라 분류할 수 있다. 이러한 공간들은 겹으로 배열되기 때문에 평면은 양통집(혹은 겹집)을 이루게 된다. 단동형 양통집은 공간을 집중시키고 외벽면적을 최소화했다는 점에서 보온과 방어에 효율적인 공간구성이라 할 수 있다. 기후조건이 완화되는 함경남도로 내려오면 외양간이 앞으로 돌출하는 모습이 많이 나타난다. 외양간에서 발생하는 악취와 해충의 문제를 해결하기 위해 분리시키려는 의도로 이해할 수 있다.

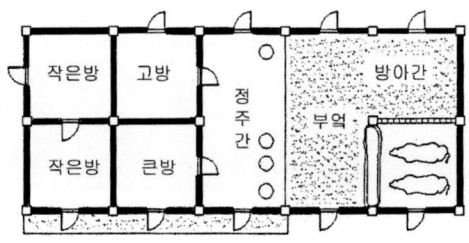

〈그림 18〉 정주간이 있는 양통집(함북)

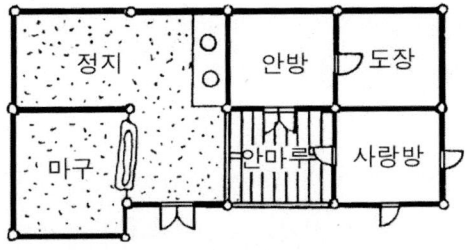

〈그림 19〉 안마루가 있는 양통집(강원)

〈그림 20〉 함경도 양통집의 정주간

　강원도와 경북의 북부지방에도 함경도와 유사한 주거형식이 발달해왔다. 즉, 단동형 양통집이라는 분류체계에서는 함경도와 유사하다. 다만 정주간이 없다는 점이 차이가 있을 뿐이다. 경북 북부에는 정주간 대신 '안청'이 설치되기도 하기 때문에 이를 '안청형 양통집'으로 구별할 수도 있다. 함경도 양통집에서 정주간이 공적공간이었다면 이 지역에서는 안청이라는 마루공간이 이를 대신한 것이다. 안청은 마룻바닥이 설치된 공간으로서 여름철에 더 자주 이용된다는 점을 고려하면 하절기 생활을 더 고려한 주거형식이라 할 수 있다.

　이와는 계통이 약간 다른 양통집이 경북 북부와 강원도의 태백산맥지대에서 발견된다. 경북지방에서는 '까치구멍집'이라 하고, 강원도지방에서는 '너와집', '굴피집'이라고 부르기도 하지만 이는 모두 지붕재료나 지붕모양에서 비롯된 이름이다. 공간구성으로 볼 때 경북지방에서 '여칸집' 또는 '도투마리집'이라고 부르는 것이 더 적합하다. 이 집은 중앙에 마루를 둔다는 점에서 차이가 있다. 봉당을 거처 대청을 통해 방으로 진입함으로써 방의 프라이버시가 높고, 대청을 사이에 두고 침실이 격리되어 내부공간에서 여유를 느낄 수 있다는 점이 특징이다. 외벽에는 문이나 창호를 설치하지 않는 것이 보통이다. 정주간형 양통집에 비해 난방의 효율성은 떨어지지만 방어에는 유리한 형식이라고 볼 수 있다.

이와 같은 동북지방의 양통집은 겨울이 길고 추운 기후적 조건과 높고 험준한 산악지대의 지형적 조건에 대응하여 만들어졌을 것으로 생각된다. 길고 추운 겨울에 대응하기 위해서는 적은 연료로 많은 공간을 장시간 난방할 수 있는 방법이 필요했을 것이다. 또한 수렵과 화전에 의존하는 산악지대는 많은 집이 모여 살기 어렵기 때문에 야수나 도적과 같은 외부의 적들을 효율적으로 방어할 수 있는 전략도 필요하게 된다. 주거공간을 한 건물 안에 집중배치하고, 외벽면적을 최소화하며, 온돌난방의 효율성을 극대화하고, 외부침입이 어렵도록 폐쇄적인 구조를 갖는 양통집이 바로 이 지역의 특성이라 할 수 있다.

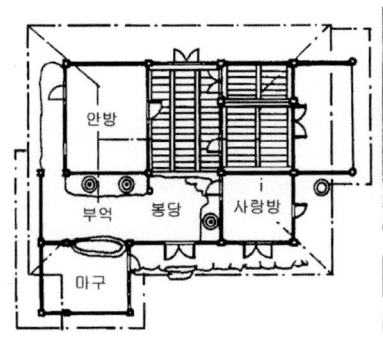

〈그림 21〉 중앙마루가 있는 양통집(경북)

〈그림 22〉 까치구멍집 외관(경북)

제주도지방의 양통집

양통집은 제주도지방에서도 발견된다. 그러나 제주도의 양통집은 동북지방의 그것과 전혀 계통이 다른 것이다. 우선 제주도의 옛집은 여러 동으로 구성되는 '다동형 주거' 형식이다. 즉, 한 집에 여러 동의 건물이 세워진다. 살림채이외에 생산공간으로 구성된 부속채가 있는 것이 아니라 2동 이상의 살림채를 갖는 경우도 흔하게 나타난다. 이로써 3~4동의 건물이 한 집을 이루게 된다.

흔히 안채에 해당하는 건물을 '안끄리'라 하고, 앞채를 '밧끄리', 옆채를 '모커리', 대문채를 '이문끄리'라고 부른다. 외양간은 '쇠막'이라 하여 별도의 건물을 세운다. 외양간이나 축사를 안채 안에 두는 경우는 거의 없다. 이때 사람이 기거하는 건물은 두 줄로 공간을 배열하여 양통형을 만든다. 건물 중앙에 상방이라는 마루를 설치하여 이곳을 통해 침실로 드나든다. 동북지방의 양통집에서처럼 대문간의 역할을 하는 봉당은 볼 수 없다.

제주도는 한반도에서 겨울기후가 가장 온난한 지역이다. 삼무(三無)로 알려지듯이 도둑도 없는 안전한 지역이다. 난방이나 방어의 효율성이 중요하지 않은 생태환경인 셈이다. 취사용 아궁이와 난방용 아궁이가 분리되어 있다는 점도 양통집의 공간구성이 보온을 위한 것이 아님을 보여준다. 대문을 따로 설치하지 않고 정주목으로 사람이 있고 없음을 나타낸다는 점에서 개방적이다.

제주도의 집은 바람에 대응하는 장치가 잘 발달된 집이다. 건물 높이를 최대한 낮추고, 지붕은 줄로 묶어 바람에 날리지 않도록 배려했다. 외벽은 돌담으로 쌓고 창호면적은 작게 만들어 극히 폐쇄적인 입면을 구성한다. 즉, 제주도의 양통집은 보온이나 방어의 필요성이 아니라, 거센 바람에 대응하기 위해 만들어진 형식이라고 할 수 있는 것이다.

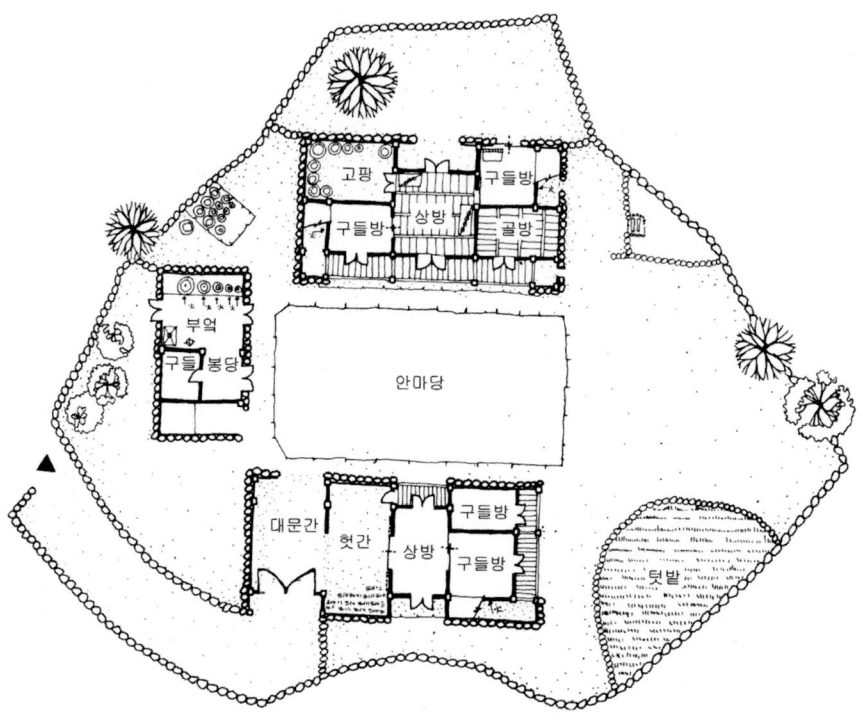

<그림 23> 제주도 양통집

<그림 24> 제주도 집의 건물과 배치

이와 같이 양통집이라도 지역에 따라 독특한 공간구성을 갖는다. 황해도 양통집의 특징은 정주간이 없다는 점에서 함경도와 다르고, 안마루가 없다는 점에서 강원도나 경북지방의 양통집과 다르다. 비록 그 공간구성은 지역에 따라 다양하게 나타나지만 양통집이 폐쇄적이고 응축적인 주거형식이라는 점에서는 큰 차이가 없다. 즉, 주거공간을 한 건물에 집중시켜 응축적으로 배열한다는 것이다. 이렇게 배열하는 것은 환경적으로 외통집과 발생론적 차이가 있다는 것이 분명하다.

양통집을 생태학적 측면에서 살펴보면 난방, 방풍, 방어에 유리한 주거형식이다. 살림채 안에 모든 주거공간을 수용하는 집중형 주거에 있어서, 공간을 한 줄로 늘어놓으면 긴 살림채가 만들어진다. 방이 길어지면 온돌고래가 길어지고 한 아궁이에서 먼 거리까지 난방하기가 어렵다. 따라서 방마다 별도의 아궁이를 만들어 난방해야 하기 때문에 그만큼 연료가 많이 들고 불 때기 위한 부엌도 필요해진다. 공간을 겹으로 배열하면 이 같은 문제가 해결되기 때문에 연료가 절약되고 부엌도 하나로 족하게 된다.

외벽면적을 줄이는 것도 난방의 효율성을 높이기 위한 방법이다. 공간을 한 줄로 늘어놓으면 외기에 면하는 벽체의 면적이 넓어져 난방의 손실이 커지게 된다. 공간을 겹으로 배열하면 외벽면적이 줄어들기 때문에 보온에 유리하게 된다. 또한 양통집은 각 방 사이의 거리가 가까워져 동선이 짧아진다. 추운 겨울에 바깥을 드나들지 않아도 집안에서 각 방을 연결할 수 있는 방법이 된다. 봉당이나 안마루는 겨울철 실내 이동이나 작업을 위해 유용한 공간이다.

양통집은 건물로의 출입이 대문으로만 이루어지는 폐쇄적인 구조를 갖는다. 한 건물 안에 주거공간들이 똘똘 뭉쳐 있다는 것은 그만큼 방어에도 유리하다. 양통집의 오래된 형식에서는 외벽에 창호가 없이 모두 벽체로 차폐되어 있다.

대문만 잠그면 들어갈 방법이 없고, 바람이 들어갈 개구부도 없는 것이다. 그만큼 방어에 유리하며, 또한 거센 바람에 대응하는 능력이 높은 형식이다.

양통집은 난방이나 방어, 방풍에는 유리하지만 채광이나 환기에는 대단히 불리하다. 공간이 여러 겹으로 배열될수록 빛이 들지 않기 때문이다. 집안은 늘 어두운 공간이 된다. 외양간을 내부에 둘 경우 그 악취를 내보내기도 어렵다. 여름철 파리, 모기 등 해충의 피해도 피하기 어렵다. 특히 석줄백이 집에서 중간부분은 지붕이 개방되지 않는 한 햇볕이 들지 않으며 환기도 어렵다.

이러한 생태학적 이유로 보면 양통집이 특별히 어떤 지역에서 발생하여 전파되었다고 보기는 어렵다. 겨울 추위가 심한 지역에서는 방한을 목적으로, 외적이나 야수의 침해가 심한 지역에서는 방어를 목적으로, 바람이 거센 지역에서는 방풍을 목적으로, 각기 다른 이유에서 이렇게 응축적인 주거가 필요하기 때문이다. 따라서 "황해도 중심부와 서남지역에 이러한 집이 밀집하는 가장 큰 이유를 함경도에 뿌리를 둔 언진산맥과 멸악산맥의 영향 때문"이라는 주장은 설득력이 떨어진다.

실향민들의 자료에서 내륙 산악지대보다는 벽성, 옹진군 등 해안지대에서 양통집이 집중적으로 나타나는 것을 볼 수 있다. 김광언도 경기도 북부 도서지방에서 양통집을 발견한 바 있다. 이러한 현상은 해안지대의 거센 바람과 관계가 있을 것으로 보인다. 제주도의 양통집에서 볼 수 있듯이 추위보다는 바람 때문에 양통집을 만드는 사례가 있기 때문이다.

서해 도서지방의 집들은 황해도 남부해안과 유사한 환경조건을 갖는다는 점에서 살펴볼 필요가 있다. 이 지역에서는 황해도에서 나타나는 다양한 꺾음집 뿐만 아니라 외채 양통집과 ㅁ자형 똬리집, 심지어 외채 외통집까지 다양하게 나타난다. 그중에서도 양통집이나 ㄱ자집을 보면 외통집 전면을 벽체로 막아 발전시킨 모습이라는 사실을 쉽게 짐작할 수 있다(그림 참조).[37)]

김광언은 경기 도서지방의 외통집에서도 바람에 대응하는 여러 가지 장치를 발견하였다. "백령지역에서는 퇴방 앞에 널벽을 세우거나 분합문을 달며 연평도에서는 지면보다 낮게(50cm) 집을 앉히고 마당이 매우 좁은 따리집에서는 공중에서 불어내리는 바람을 줄이려고 비닐을 늘이기까지 한다. 또 안마당이 비교적 너른 집에서는 지붕 위에 덧지붕을 씌우고 ㄷ자집에서는 전면의 담을 높이 치켜 쌓은 것이 보통이다. 심지어 영흥도에서는 집안의 외양간에 출입문을 달아 놓은 것은 물론, 구유 바깥쪽에도 벽을 세우고 여물을 넣어주기 위한 창을 붙이기까지 하였으며 주위에 방풍림을 조성한 집도 있다. 석모도와 영흥도의 ㄱ자집에서는 대청 전면에 벽과 창호를 설치하여 폐쇄식 대청을 만들기도 한다."[38)]

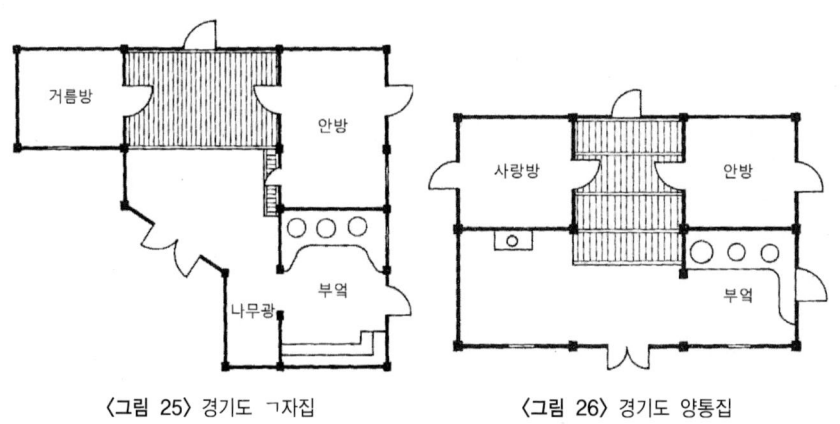

〈그림 25〉 경기도 ㄱ자집   〈그림 26〉 경기도 양통집

37) 김광언, 앞의 책, 218과 220쪽에서 그림전제.
38) 김광언, 앞의 책, 221~225쪽.

〈그림 27〉 섬 집의 덧문(강화 교동)

황해도 해안은 경기도 해안보다 위도가 높고 추운지역이다. 이 지역은 겨울철 북서계절풍이 강하게 불고 특히 북반부에서 태풍의 영향을 가장 많이 받는다. 태풍은 거센 바람과 많은 비를 동반하는데, 해안지방이 특히 많은 영향을 받는다. 연간 강수량도 1,100～1,200mm로 많고 특히 한강상류에서는 1,300mm 가량으로 다우지(多雨地)의 하나가 된다. 지형적으로도 평야지가 많아 북서계절풍을 피하기 어렵다. 많은 비와 강한 바람은 주거형태를 응축적으로 만드는데 중요한 환경요인을 제공한다.

그러나 추위나 바람만으로 이 지역에서 양통집이나 ㅁ자집이 발달한 이유를 설명하기에는 충분하지 않다. 이 점에 대해 황해도 연백군의 이진태 씨의 증언은 주목할 필요가 있다. "황해도 지방에 ㅁ자형이 유행된 것은 추운지방이어서 방풍의 목적이 있고, 이 지방은 예부터 외적이 침입할 때 통로가 되었기 때문에 외침방비를 겸한 것이다. ㅁ자집은 대문만 닫으면 침입이 불가능하고 이런 점에서 영호남의 一자나 ㄱ자집은 허술하다." 즉, 기후조건 이외에도 방어의 필요성이 높았음을 시사해주고 있는 것이다.

제5장

황해도 옛집의 계층적 성격

황해도 옛집의 계층적 성격

　황해도의 옛집은 계층에 따라 어떻게 다를까? 앞서 제2장 자료의 성격에서 자료제공자들의 계층인식을 분석해보았다. 이에 따르면 하류계층이 7인, 중류계층이 27인, 상류계층이 4인으로 나타난다. 이들은 대부분 농업을 경영했던 농민들이었는데, 그들의 경작규모를 분석하면 하류계층인 경우 3천 평 이하, 중류계층은 3천~3만 평, 상류계층의 경우 3만 평 이상의 규모로 나타난다. 중상류계층에서는 편차가 너무 넓어 동일한 계층으로 분류하기가 어려울 정도였다. 즉, 그들이 스스로 생각하는 자신의 계층과 사회적으로 인정되는 계층적 성격이 크게 다를 수 있다는 것을 의미한다. 따라서 자료제공자들의 사회적 계층과 주거형식의 관계도 완전히 신뢰할 만한 것은 아니다.

　더구나 농업을 생업으로 하지 않는 경우 생산, 경리시설이 없기 때문에 중상류계층이라도 주거규모가 크지 않다. 주거규모가 크지 않으면 다양한 주거형식도 만들어지지 않는다. 특히 도회지에 소재한 주택인 경우 주거규모는 작지만 계층이 높은 사례를 흔히 볼 수 있다. 또한 주택건립 당시 그 집의 가족이 아니라 나중에 이주한 경우라면 주거형식과 계층이 서로 다를 수가 있다. 마지막으로 일제강점기 이후 식민화·도시화·근대화에 의한 새로운 주택양식이나 전통양식의 변형은 계층적 특성을 파악하기 어렵다.

　이와 같은 여러 가지 이유로 제공자들이 말하는 사회계층과 그들의 주거형식 간의 관계를 완전히 신뢰하기는 어렵다. 다만 계층 간에 어느 정도의 차이는 발견할 수 있다. 계층별로 주거형식을 분석해보면 <표 1>과 같다. 하류계층으로 갈수록 양통집과 ㄱ자집의 비율이 높아지고, 상류계층으로 갈수록 ㅁ자집의 비율이 높아지는 것을 볼 수 있다. 이 같은 주거형식의 차이는 자료제공자들이 별도로 기술한 내용에서도 확인되곤 한다.

〈표 1〉 계층별 주거형식 빈도수

	ㄱ자집	ㄷ자집	ㅁ자집	튼ㄷ, ㅁ자집	양통집	이자집	합계
상류계층	–	–	3	1	–	–	4
중류계층	1	4	12	4	5	1	27
하류계층	2	1	1	–	3	–	7

1. 하류계층의 주거

지역에 관계없이 나타나는 하류계층 주거의 보편적인 특징은 우선 규모가 작고, 저급한 재료와 기술이 사용된다는 점이다. 집을 잘 지을 만한 경제적 여유가 없기 때문에 규모가 작고, 실용적이고 값싼 집을 지을 수밖에 없기 때문이다. 부엌과 침실 수가 적을 뿐만 아니라 특히 생산, 수장공간의 규모가 작은 것이 특징이다. 건축부재는 주로 지역에서 생산되는 천연재료를 사용한다. 대부분 초가집이나 너와, 굴피, 억새 등이 지붕재료로 사용된다.

담장은 주로 수숫대를 이용한 울타리를 두르는 경우가 대부분이다. 그나마 뒤뜰 부분에만 울타리를 두르는 경우가 많다. 뼈대는 목구조를 사용하나 목재의 굵기가 제한되고, 벽체는 목골을 바탕으로 하여 양쪽에서 흙을 발라 흙벽으로 만든다. 가장 저급한 집은 목재를 사용하지 않고 벽을 담처럼 쌓아 그 위에 지붕을 얹는 '담집'도 있다. 창호는 여닫이 홑창으로서 창의 무늬는 대나무 교창이나 띠살창 등 주인이 손수 제작할 수 있는 창이다. 경제력이 높아지면 소목이 제작한 창호를 구입해 사용하는데 세살창이 가장 보편적인 창호 형식이다.

그러나 이러한 보편적 특성 이외에도 지역마다 독특한 성격을 갖게 마련이다. 그 차이는 주로 건물배치나 평면형식에서 나타난다. 함경도에는 田자형 양통집, 평안도에는 二자집, 중부지방에는 ㄱ자 꺾음집, 남부지방에는 튼 ㄱ자집 또는 튼 ㄷ자집 등 각기 독특한 형식들이 발전한다. 이는 그 지역의 독특한 자연환경에 대응한 결과라는 점을 부정할 수가 없다. 황해도에도 독특한 하류주거의 특성이 나타난다.

황해도 출신 실향민들이 스스로 하류계층이었다고 기재한 사례는 모두 7건이다. 이들의 평균 경작규모를 보면 논 1,100평, 밭 1,200평 등 도합 2,300평 정도에 이른다. 평안도의 경우는 논 1,000평, 밭 1,900평으로 밭의 경작 비율이 훨

〈그림 1〉 생울타리와 사립문

〈그림 2〉 담집

씬 높았다. 이에 비하면 황해도는 논과 밭의 경작비율이 비슷한 편이다. 앞서 황해도의 생태환경에서 살펴본 바와 같이 황해도는 북한에서도 논농사가 가장 발달했던 지역이다. 비록 전체 경작면적은 적지만 논의 경작비율이 높다는 점에서 평안도와 차이를 볼 수 있다.

황해도 하류계층의 주거형식은 ㄱ자집이 2건, ㄷ자집이 1건, ㅁ자집 1건, 양통집이 3건으로 나타난다. 하지만 하류계층으로서 ㅁ자집 사례는 예외적인 경우로서 의미가 없다. 옹진군 이원환 씨는 당시 우체국에 근무하는 공무원으로서 밭 1,000평 정도를 경작하는 하류계층이라고 기재했다. 그러나 그는 자신의 집을 ㅁ자형 폐쇄집이라 기재하고 폐쇄집은 잘사는 사람들의 집형식이라고 설명했다. 즉, 자신은 당시 하류계층이었지만 집은 중상류 형식이었음을 표현한 것이다. 또한 벽성군 민태식 씨도 "황해도 지방에서 잘산다는 집은 기와집에 '퇴집'이고, 보통사람은 일자집 내지는 기역자집"이라고 설명했다. 그가 말하는 '퇴집'은 따리집이며, '一자집'은 양통집 임에 틀림이 없다.

따라서 황해도 하류계층의 주거형식은 ㄱ자, ㄷ자 꺾음집과 일자 양통집이 보편적이라고 할 수 있다. 하류계층의 주거라고 하더라도 지역적 차이가 나타난다. 황해도 북부지역에서는 꺾음집이 주류를 이루고 남부지역에서는 일자 양통집이 가장 많은 빈도수를 차지한다. 이는 二자집이 주류를 이루는 평안도 지역과 다른 점이다. 물론 양통집은 중류계층에서도 사용되기 때문에 주거형식만으로 하류계층이라 단정할 수는 없다.

옹진군의 변영문 씨 댁은 一자 양통형식을 갖는 소농주거의 사례이다. 해안가 농촌마을에 소재했던 집으로서 논 1,000평, 밭 2,000평 정도를 경작하는 소농계층이었다고 한다. 침실은 2개밖에 없는데 10여 명의 가족이 동거했다고 한다. 집은 1930년대에 건립되었다고 하는 초가지붕의 일자형 양통집이다.

건물주변으로는 울타리를 둘러 세웠다. 외부공간이 거의 없을 정도로 건물 가까이에 울타리를 세웠는데, 방어나 경계표시라고 보기는 어렵고 방풍의 목적이 아니었나 생각된다. 양통집은 집중형 주거이기에 건물 전체를 둘러싸는 담장을 세우지 않는 것이 보통이기 때문이다. 봉당으로 출입하는 문을 대문이라 부르는 것도 이러한 영역인식을 보여준다.

　이 지역 주택에서는 집 뒤에만 담장을 둘러 뒤안(뒷마당)을 만드는 것이 보통인데, 담장의 높이나 재료는 계층에 따라 크게 차이가 있다. 상류주택에서는 거푸집을 대고 흙을 채워 다지며 쌓는 편담이 사용되고 그 높이도 1.8m가 넘는다. 이러한 담에는 지붕도 씌운다. 이 지역에서는 흙돌담마저 고급건축요소로 인식되어 있다. 신천군의 이병환 씨는 울타리에 대해 다음과 같이 기술해주었다. "담을 치는 집은 드문 일이고 대개는 울타리를 치는데, 드문드문 기둥을 세우고 그 기둥에 의지하여 수숫대로 엮은 울타리를 세운다." 즉, 수숫대로 엮은 울타리는 하류주택의 건축요소라는 것이다.

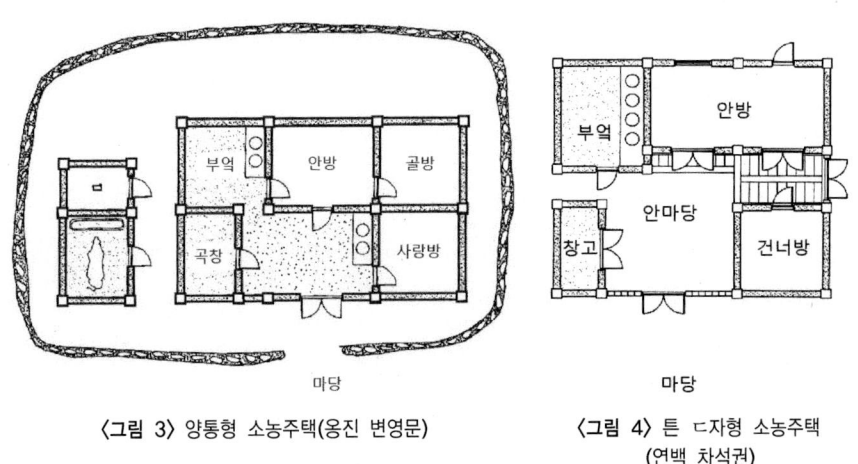

〈그림 3〉 양통형 소농주택(옹진 변영문)

〈그림 4〉 튼 ㄷ자형 소농주택
(연백 차석권)

이 집은 살림채 옆에 별도의 외양간을 두었으나 보통의 소농주거라면 부속채가 없는 것이 보편적이다. 외양간은 이 집의 곡창 자리에 두는 것이 보통이다. 이 집에서는 외양간에서 나는 악취나 해충 때문에 살림채 밖에 별도의 외양간을 지어 분리시킨 것으로 보이는데, 전통적인 수법은 아니라고 생각된다.

연백군의 차석권 씨 댁은 해안가 농촌마을에 소재했던 소농주거의 사례이다. 차 씨 가정은 논 1,250평을 경영하는 소농계층이었다고 하는데, 집은 튼 ㄷ자형의 모습을 그려주었다. 집은 일제강점기인 1930년대에 건립된 것으로 기억하며 지붕은 함석지붕이라 기재했다. 살림채만 보면 ㄱ자형 꺾음집이다. 하지만 경기도나 충청도의 ㄱ자집과는 완연히 다른 성격이다. 대청의 위치가 다를 뿐만 아니라, 안마당이 지극히 협소하고 폐쇄적이라는 점에서 이 지역의 특성을 보여준다.

살림채와 창고 사이에 담장과 대문을 설치했다. 담장은 판자벽이라고 기재했다. 대문간 좌우에 사랑방이나 외양간이 없다는 점이 소농주거의 특징을 반영한다. 안방을 모서리로 꺾어지는 안방 꺾음형이다. 부엌과 창고가 연결되어 있지 않은 점이 독특하다. 안방 앞에 마루를 두어 건넌방과 격리시키는 방식은 이 지역 ㄷ자집, ㅁ자집의 안채부분에서 흔히 나타나는 보편적인 방식이다. 안마당과 대청을 두어 채광, 환기조건을 개선했다는 점에서 양통집보다는 고급형식이며, 또한 ㄷ자집, ㅁ자집의 안채부분만 갖는다는 점에서 저급한 형식이라 할 수 있다.

2. 중류계층의 주거

황해도 실향민들이 보내준 38건의 자료 중에서 중류계층에 해당되는 사례는 27건으로 전체의 70%가 넘는다. 그러나 중류계층의 폭은 대단히 넓어 경제적으로 큰 격차가 있다. 경작규모로 보면 밑으로는 3천 평, 위로는 3만 평에 이르기까지 큰 편차를 보인다. 즉, 같은 중류계층이라 해도 경제적으로는 상류계층에 근접하는 사례도 있고, 하류계층에 가까운 사례도 있는 셈이다.

이들의 경작규모를 보면 평균적으로 논 5,500평, 밭 6,300평, 기타 3,000평으로 도합 11,800평 정도를 경작한 것으로 나타난다. 평안도 중류계층의 경우 논 1,500평, 밭 5,800평을 경작했던 것과 비교하면 거의 두 배 이상의 경작규모를 갖는 것으로 나타난다. 특히 논의 경작면적은 평안도의 3배가 넘는다는 점을 주목할 필요가 있다.

중류주택의 일반적인 성격은 우선 소농주택보다 규모가 크다는 점이다. 특히 생산, 수장공간의 면적이 넓어지고 다양해진다. 영농규모가 크기 때문에 생산과 관련한 공간이 더 필요하게 되고, 생산물을 보관할 수장공간도 더 많이 요구된다. 물론 침실 수도 더 많아지는 경향이 있다.

담장을 흙담이나 흙돌담으로 쌓는 것은 하류주택의 울타리보다 고급스러운 형식이다. 담장 윗부분에는 이엉을 엮어 초가지붕을 씌우게 되는데 상류주택에서는 기와지붕을 덮기도 한다. 건물지붕은 대부분 초가나 억새, 청석 등을 사용하는데 경제력이 허용하면 건물 중 일부를 기와로 덮는 경우도 있다. 이렇게 안채를 기와지붕으로 하고 바깥채를 초가지붕으로 하는 집을 '반기와집'이라고 부른다.

벽체는 목조심벽 위에 사벽으로 마감하는 것이 더 고급스러운 형식이다. 사벽이란 고운 모래가 섞인 진흙을 발라 벽의 표면을 매끈하게 만드는 것을 말하는데 이를 '새벽질'이라고 부른다. 창호는 대부분 홑창을 설치하지만, 소목이 제작한 세살창을 사용하는 것이 일반적이다. 안쪽에 미닫이를 두고 바깥쪽에 여닫이를 설치하는 겹창은 고급 창호에 속한다.

중류계층의 주거형식은 넓은 경제적 편차만큼 다양하게 나타난다. 황해도 지역에서 나타나는 모든 주거형식이 중류주거에 해당하는 것이다. 그중에서도 가장 빈도수가 높은 것은 ㅁ자집으로 12건이며, 그 다음이 양통집으로 5건을 차지한다. 물론 황해도 안에서도 지역에 따라 차지하는 비중이 다르다. 양통집은 황해도 남부지역에 편중되어 있고, 튼 ㄷ자집, 튼 ㅁ자집 등은 황해도 북부지역에 주로 분포한다.

〈그림 5〉 중농주택의 사벽과 세살창

은율군 유락호 씨 댁은 황해도 북부지역의 중농주택이다. 은율군은 현재 황해남도의 서북쪽 끝 대동강 하구에 접해 있으니 평안남도와 접경한 지역이다. 이 집은 장련면 면소재지에 있었으나 마을은 평야지대의 농촌이었다. 자료제공자의 가정도 농업을 생업으로 삼았고 토지개혁 이전에는 소지주였다고 한다.

주택은 ㄱ자형 살림채와 一자형 헛간채가 결합하여 ㄷ자형 배치를 이룬다. 살림채는 기와지붕이며, 헛간은 초가지붕의 부속건물이니 중농의 계층성을 보여준다. 동쪽부분으로는 넓은 안마당이 확장되면서 울타리를 둘렀으나 안마당은 개방적이다. 수숫대 울타리로 담장을 치고 부속공간이 적으나, 4칸의 침실을 두었다는 점에서 중농주택의 성격이 보인다. 한편 이 집은 북부지방의 지역성도 가지고 있다. 살림채가 직각으로 꺾어져 안방과 사랑방의 전면이 모두 안마당을 향하면서 안마당의 한 면이 개방된다. 같은 중농주택이라 해도 황해도 남부지방에서 나타나는 폐쇄적 ㄷ자집과는 그 성격이 완연히 다른 것이다.

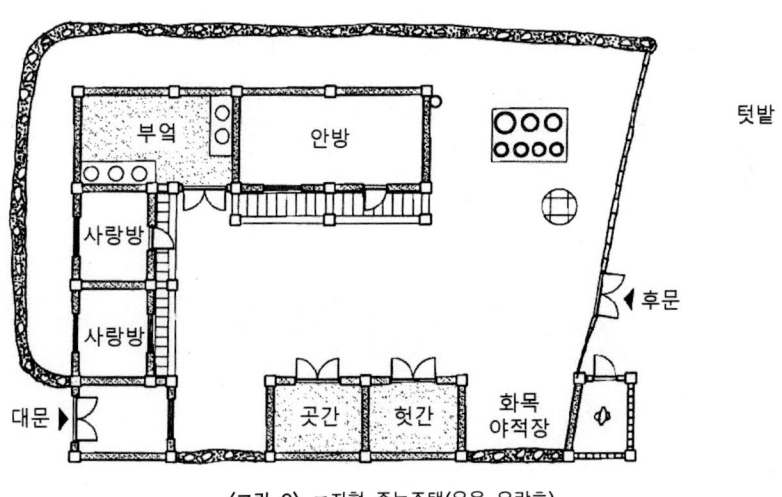

〈그림 6〉 ㄷ자형 중농주택(은율 유락호)

벽성군 최남수 씨 댁은 황해도 남부지역에서 ㄷ자형 중농주택의 형식을 보여
준다. 최 씨 가정은 농민으로서 논 1,000평, 밭 500평 정도를 경영하는 소농계층
이라고 기재했다. 그러나 도면에서는 이 주택이 농촌의 중류층(자영농)에 해당
한다고 기술했다. 자료제공자는 주택형식을 'ㅁ자형 똬리집'이라고 표현했다.
그러나 지붕의 형태로 보면 ㄷ자형 건물지붕을 가지고 있으며, 진입부분에는
건물이 아닌 담장과 대문을 설치한 모습이다. 엄격히 말하면 ㄷ자집인 것이다.

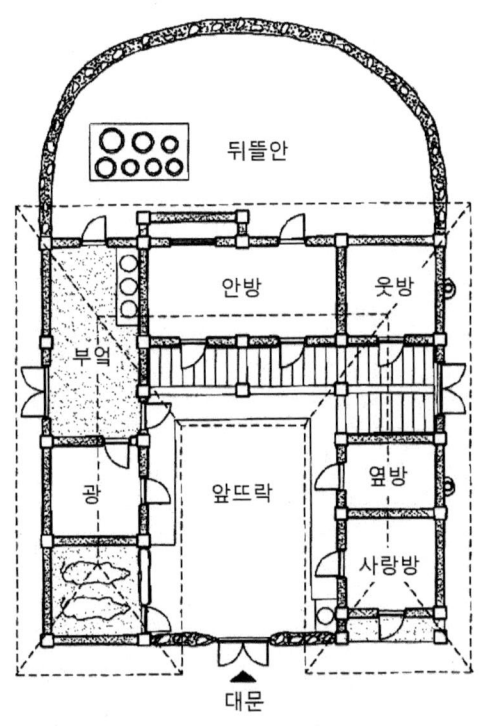

〈그림 7〉 ㄷ자형 중농주택(벽성 최남수)

그러나 이 지역 실향민들은 이러한 ㄷ자집도 보통 '똬리집'이라고 부르곤 한다. 대문부분에 지붕이 없지만 평면상으로는 ㅁ자형으로 구획된 안마당을 가지며, 지붕도 초가지붕으로서 처마선을 둥글게 만들어 똬리 형상이 되기 때문이다. 이진태 씨 기록에 의하면 이 지역에서는 하류계층이라도 이러한 똬리집을 짓는 것이 일반화되어 있었다고 증언한다.

이 집은 일자 양통집보다 훨씬 진화된 형식이다. 규모가 훨씬 클 뿐만 아니라 개방적인 안마당을 가지고 있기 때문이다. 이 집은 전면 4칸, 측면 4칸 규모로서 5칸의 침실과 1칸의 대청마루를 두고 있다. 안마당도 4칸이 넘는 규모다. 내부공간들이 모두 안마당에 면하고 있기 때문에 채광, 환기조건이 양통집보다 훨씬 우수하다. 외양간도 침실과 완전히 격리되어 있다. 이런 정도의 규모와 공간구성은 상류주택이라 해도 손색이 없을 정도이다. ㅁ자집에서 대문간 부분에 지붕이 덮이지 않은 것뿐이다. 양통집에서 ㅁ자집으로 진화하는 중간 단계를 보여주는 좋은 사례라 하겠다.

ㅁ자집은 중류계층의 주택형식 중에 가장 빈도수가 높은 형식이다. 많은 자료제공자들도 ㅁ자집을 중상류계층의 주거형식이라고 증언했다. 이진태 씨는 다음과 같이 설명한다. "이 지역의 중상류주택은 초가집이나 기와집을 막론하고 대부분 똬리집이다. 하류층 집도 일자형이나 ㄱ자형이 없고 모두 ㅁ자형이다. 우리 동네에서 방 2칸과 부엌의 헛간으로만 이루어진 극빈자 집도 전부 ㅁ자형이라 대문만 닫으면 침입이 불가하다." 그러나 이진태 씨가 말하는 하류층의 ㅁ자형은 양통집을 의미하는 것으로 보인다. 그는 별도로 ㅁ자형 똬리집을 "소지주 이상 상류농가의 전형적인 형식"이라고 기술했기 때문이다.

벽성군의 민규식 씨도 "황해도 지방에서 잘산다는 집은 기와집이나 퇴집이고, 보통사람은 일자집, 또는 기역자집을 짓는다"고 기록했다. 여기서 '퇴집'이란 똬리집을 의미하는 것으로 보인다. 즉, 상류계층은 ㅁ자형 기와집이며 중하류계층은 초가집으로서 일자집이나 기역자집이라는 사실을 증언한 것이다.

ㅁ자집은 최소 9칸을 갖는다는 점에서 양통집보다는 규모가 큰 형식이다. 무엇보다도 안마당을 두어 외양간과 침실을 격리시킬 수 있으며, 채광과 통풍, 환기조건이 양통집보다 우수하다. 집안의 환경적인 성능은 ㄷ자집과 유사하나 지붕 덮인 대문간을 두었다는 점에서 더 발전적인 형식이다.

그러나 ㅁ자집은 그 규모와 공간 구성에 있어서 대단히 다양한 모습을 갖는다. 살림채의 규모를 안마당의 규모를 기준으로 본다면 가장 작은 규모는 1칸짜리도 있고, 큰 규모는 6칸짜리도 있다. 대략 중류주택은 안마당이 4칸 이하, 상류주택은 4칸 이상으로 보는 것이 타당할 것이다.

연백군 차순용 씨 댁은 안마당이 가장 작은 규모의 ㅁ자집이다. 차 씨 댁은 농업에 종사했는데 논 3,000평, 밭 800평 정도를 경작하는 중농계층이었다고 한다. 경작규모로 보면 소농에 해당한다. 이 집은 ㅁ자형 건물 위에 초가지붕을 덮은 똬리집이다. 보통의 ㅁ자집은 안방의 전면 2칸을 안마당에 접하게 함으로써 안마당의 가로 폭이 최소 2칸 이상이 되는데, 이 집은 1칸에 불과하다. 지극히 폐쇄적인 안마당을 구성한 것이다.

공간구성도 황해도 똬리집의 전형적인 구성이다. 대문간 양편에 사랑방과 외양간을 배치하는 것은 당연한 방식이나 그 위치가 바뀐 것이 차이가 있다. 대문간에서 안마당 쪽으로는 흙담을 쌓아 시선을 차단했다. 사랑방에서 앞마당 쪽으로만 툇마루를 둔 것도 보편적이다. 살림채(안채)에 해당하는 부분은 ㄱ자형 꺾음집이며 안방과 건넌방 사이에 대청을 두었다. 부엌과 사랑방 사이

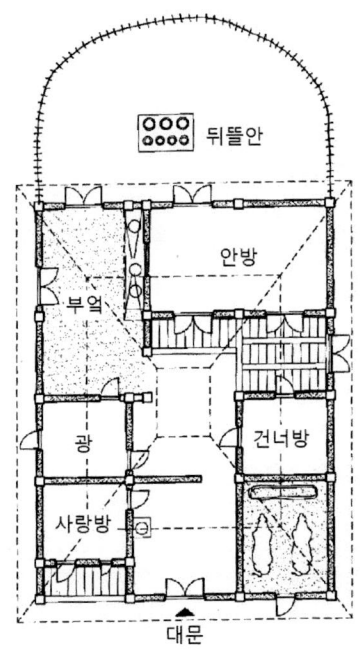

뒤뜰안

안방

부엌

광

건너방

사랑방

대문

앞마당

〈그림 8〉 ㅁ자형 중농주택(연백 차순용)

에는 광을 두었다. 사랑방의 규모가 1칸이고, 광의 규모도 1칸이라는 점에서
상류계층의 ㅁ자집과는 차이가 있다.

　연백군의 이진태 씨 댁은 보다 큰 규모의 ㅁ자집을 갖는 중농주택의 대표적
인 사례이다. 이진태 씨 댁은 논 12,000평, 밭 5,000평의 토지를 소유하고 있었
고 일부는 소작에게 임대를 주었다고 한다. 중류계층이라고 기재했지만 상류
계층에 가까운 중소지주이었음에 분명하다. 바깥마당도 넓고 독립된 3칸 규모
의 창고를 두고 있다. 다만 살림채 건물이 초가지붕이라는 점에서 계층성을 표

현한다. 가족은 3대 직계가족으로만 구성되었는데 사랑방에는 머슴이 기거했다고 한다.

살림채가 그리 큰 규모는 아니다. 가로 5칸, 세로 4칸 정도의 규모로서 4칸 정도의 안마당을 갖는다. 안마당에 둥글게 처마선을 표시하여 ㅁ자형 '따리집'이었음을 분명히 표현하였다. 그는 안뜰을 '비 눈 내리는 뙈리공간'이라고 표현했는데, 이는 집안에서 기후변화를 느낄 수 있는 외부공간을 묘사했다는 점에서 흥미롭다.

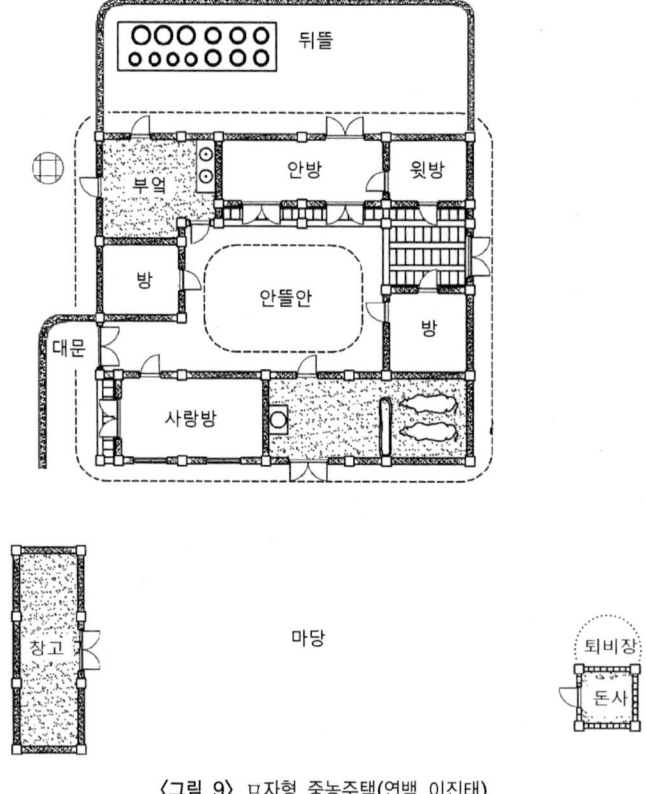

〈그림 9〉 ㅁ자형 중농주택(연백 이진태)

대문간에서 안뜰 쪽으로는 벽과 문으로 막아 안채의 프라이버시를 보호하였다. 대문간은 주로 외양간을 돌보기 위해 머슴이 사용하는 공간임을 알 수 있다. 안채로의 출입은 사랑방 옆을 돌아 서쪽 문으로 진입하게 되어 있다. 그 앞을 흙돌담으로 쌓아 폐쇄적인 통로를 만들었다. 사랑방 서쪽으로 툇마루를 두어 외부인의 출입을 감시하고, 통제하도록 만든 것도 흥미로운 구성이다.

안방은 2칸을 통간으로 사용하는 2칸 장방으로 구성하고 윗방 앞으로는 대청마루를 두었다. 윗방과 건넌방 사이에 대청을 두어 두 공간을 격리시킨 것이다. 이러한 구성은 황해도 특유의 지역적 형식인 동시에 중농주거의 특성이기도 하다. 지붕은 초가지붕이지만 벽체는 백회를 사용한 회벽이다. 이진태 씨는 살림채의 입면도를 그려주었는데 여기에서 외벽의 하부는 흙돌벽으로 화방벽(화재를 방지하기 위해 쌓은 벽)이고 상부는 백회와 모래를 섞어 바른 회벽이라고 표현했다. 하류주거에서는 결코 볼 수 없는 고급외장 재료라고 할 수 있다.

〈그림 10〉 화방벽의 모습

3. 상류계층의 주거

실향민들의 자료에서 스스로 상류계층이었다고 기재한 사례는 4건에 불과하다. 그러나 실향민들의 계층인식은 주관적인 것이기도 하고, 주택의 건립 당시와 경제력이 달라진 경우도 있어 완전히 신뢰하기는 어렵다. 중류계층이라고 기재한 사례들 중에는 주택형식으로 보나 또는 경작규모로 볼 때 상류계층에 해당한다고 추정되는 경우도 많았다. 그러나 여기에서는 상류계층이라 기재한 사례만을 대상으로 살펴보기로 한다.

상류계층 사례의 경작규모는 작게는 1만 5천 평으로부터 많게는 30만 평에 이르기까지 엄청난 편차를 보인다. 논과 밭의 비율은 거의 유사하다. 경작규모 1만 5천 평이라면 거의 중농계층에 가까우나 응답자는 상류계층이라고 기재했다. 하지만 30만 평을 경작하는 대지주와 유사한 조건으로 보기에는 무리가 있다.

상류계층의 주택형식은 모두 ㅁ자집들이다. 중류계층 ㅁ자집과 다른 점은 우선 규모가 크다는 점이다. 모두 가로 5칸, 세로 5칸 이상의 규모를 가지고 있다. 또 다른 특징은 부속건물이 다양하고 규모가 크다는 점이다. 살림채 이외의 부속건물은 거의 생산시설에 해당하는데 사육시설, 방앗간, 창고 등 다양한 생산시설을 가지고 있는 것이다. 광이나 곳간 등 곡물창고의 규모는 그 집의 경제력을 반영하는 지표공간이 된다. 상류주거는 이러한 생산, 경리시설도 대목들이 지어줄 만큼 고급건물이라는 점에서 중하류 주거와 차이가 있다.

살림채 안에 침실이 많다는 점도 상류주거의 특징으로 들 수 있다. 가족원 수가 많기 때문만이 아니라 가족구성원마다 침실을 전용공간으로 사용하는 경향이 있기 때문이다. 즉, 한 침실을 공유하는 사람의 수가 적어지는 것이다. 사랑채 영역의 침실 수도 많아지고 사랑방의 면적도 커진다. 고용된 하인이나 머슴이 많아지거나 외부인이 유숙할 수 있는 공간을 더 많이 요구하게 된다.

사랑채 영역과 안채 영역이 엄격하게 분리되는 것도 상류주택의 한 특징이다. 사랑채의 각 실들은 대부분 바깥마당에서 출입하게 하고 안마당 쪽으로는 입구를 내지 않는다. 가장이 거처하는 사랑방에 작은 뒷문을 둘 뿐이다. 안마당은 지극히 폐쇄적이어서 여러 겹의 출입통제 장치를 두고 출입한다. 여자들이 안채로 드나드는 별도의 대문이 설치되기도 한다. 남녀 화장실도 각 영역 안에 독립적으로 배치하는 것은 당연한 일이다.

〈그림 11〉 상류주택의 회벽, 겹창, 장식담

상류주택은 규모가 클 뿐만 아니라 고급성과 장식성이 가장 높은 성격을 갖는다. 즉, 고급 건축부재나 구조를 사용한다. 우선 기와지붕은 계층성을 표현하는 가장 대표적인 재료가 된다. 담장에도 흙돌담 위에 기와를 얹는다. 벽체는 사벽 위에 회칠을 해서 아름답게 마감한다. 창호도 이중으로 구성하여 겹창을 만든다. 안에는 미닫이창을 두고, 밖에는 여닫이창을 두는데, 여닫이는 대부분 세살창으로 사용하지만 미닫이는 집집마다 독특한 무늬의 살창을 두어 개성을 나타낸다.

그러나 기와지붕을 덮었다고 해서 반드시 상류주택이라고는 말할 수 없다. 중류주택에서도 기와를 사용하는 사례를 흔히 볼 수 있기 때문이다. 신천군의 이병환 씨 댁이나 은율군 정재호 씨 댁은 중류주택임에도 불구하고 살림채는 기와지붕을 사용했다. 반면 사랑채는 초가지붕을 덮었는데 이렇게 주택건물의 일부만 기와를 사용하는 경우 이를 '반기와집'이라고 부르기도 한다. 상류주택이라면 당연히 사랑채를 더 고급스럽게 지었을 것이다.

옹진군의 정재관 씨 댁은 다양한 생산시설을 갖는 상류주거의 사례이다. 자료제공자의 가정은 논 6,000평, 밭 8,000평 등 1만 4천 평 정도를 경작하는 중농규모의 계층이었으나 스스로 상류계층이라고 기재했다. 집의 규모나 형식으로 볼 때 상류주거의 성격을 갖는다는 점에서는 의심의 여지가 없다.

이 집은 일제 말기인 1935년에 지은 것이라고 하는데, 양식상으로는 전통양식과 크게 다르지 않다. 대지면적은 대단히 넓고 살림채 주위에 다양한 부속채를 세웠다. 5칸짜리 부속채에는 우마차창고, 건초창고, 마구간, 변소, 돼지우리를 두었다. 곡식창고로 보이는 2칸짜리 창고가 있고, 멀리 언덕 넘어 연자방앗간도 세웠다. 마구간 건물 뒤편에는 노적가리를 쌓아두는 곳과 퇴비장에 이르기까지 대농장 규모의 생산공간을 갖추고 있다.

　살림채의 규모는 가로 4칸 반, 세로 4칸 정도로서 상류주거 중에서는 비교적 작은 규모에 속한다. 지붕도 너와로 덮었다고 한다. 그러나 공간구성으로는 상류주거의 면모를 여실히 보여준다. 안채의 침실은 2칸짜리 안방, 2칸짜리 측면 방, 아랫방 1칸, 그리고 골방 1칸까지 도합 6칸의 침실을 갖는다. 2칸짜리 사랑 방은 아래, 위로 나누어 독립된 침실을 만들었다. 아마도 머슴들이 기거하는 침실을 격리하기 위한 것으로 보인다. 보통이라면 아랫방 앞에 대청을 두는 것이나 이 집에서는 광을 두어 수장공간을 더 확보했다.

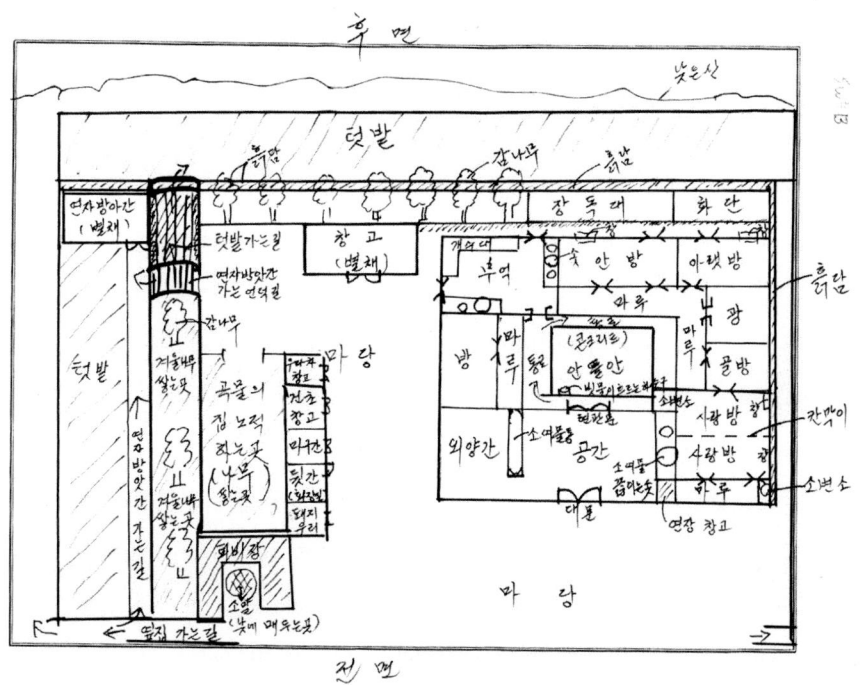

〈그림 12〉 상류주택의 대지이용(옹진 정재관)

벽성군 이선재 씨 댁은 황해도 상류주거의 전형적인 사례이다. 이선재 씨 가정은 농업을 경영하는 농가였지만 논 10만 평 이상, 밭 10만 평 이상을 경영하는 대지주로서 상류계층이었다고 한다. 주택이 언제 지어진 것인지는 알 수 없으나 주거형태로 보면 전통양식으로서 일제강점기 이전에 지은 것으로 추정된다.

집은 큰 규모의 ㅁ자집으로서 기와집이다. 건물 전체를 둘러싸는 담장을 세운 점이 특이하다. 이 지역에서는 살림채 뒷부분에만 담장을 둘러 뒤안을 만드는 것이 통상적인 예이기 때문이다. 살림채 밖에는 2채의 부속채를 두었다. 한 채는 안광 3칸을 갖는 창고이며, 다른 한 채는 외양간, 마구간과 더불어 2칸의 바깥 광을 갖는 부속채이다. 안광 3칸, 바깥 광 2칸 등 5칸의 곡물창고를 둘 정도로 높은 생산력을 과시한다. 비록 창고나 부속사이지만 지붕은 기와로 덮었다고 한다.

외양간이 부속채로 독립되면서 살림채는 침실로만 구성하였다. 살림채는 가로 5칸, 세로 5칸으로 구성된 큰 규모의 ㅁ자집이다. 바깥마당을 향한 전면에는 사랑방 3칸과 부엌을 배치했다. 사랑방의 규모가 커지는 것은 상류주택의 보편적 성격이다. 많은 머슴이나 하인들을 거느리고 있었음에 분명하다. 사랑방과 연접한 부분에 건넌방은 특별히 '사당방'이라고 기재했다. 아마도 신주를 모시는 감실이 있었던 것으로 추정된다.

안뜰로의 출입은 사랑방을 옆으로 돌아 대문간을 통해 이루어진다. 안뜰은 하늘로만 개방된 폐쇄적 공간이다. 안채의 침실은 2칸 장방의 안방과 윗방 1칸, 부엌 앞으로 건넌방 2칸, 윗방 앞으로 대청을 건너 건넌방 1칸 등 도합 6칸 규모를 갖는다. 사당방까지 합하면 8칸에 달하는 거대한 면적이다. 부모, 형님 내외와 자녀, 미혼의 형제들이 동거하는 삼대 직계가족을 수용하기 위해 필요한 침실구성이었다. 모든 침실 앞에 툇마루를 두어 통로를 구성한 것도 상류주택다운 모습으로 보인다.

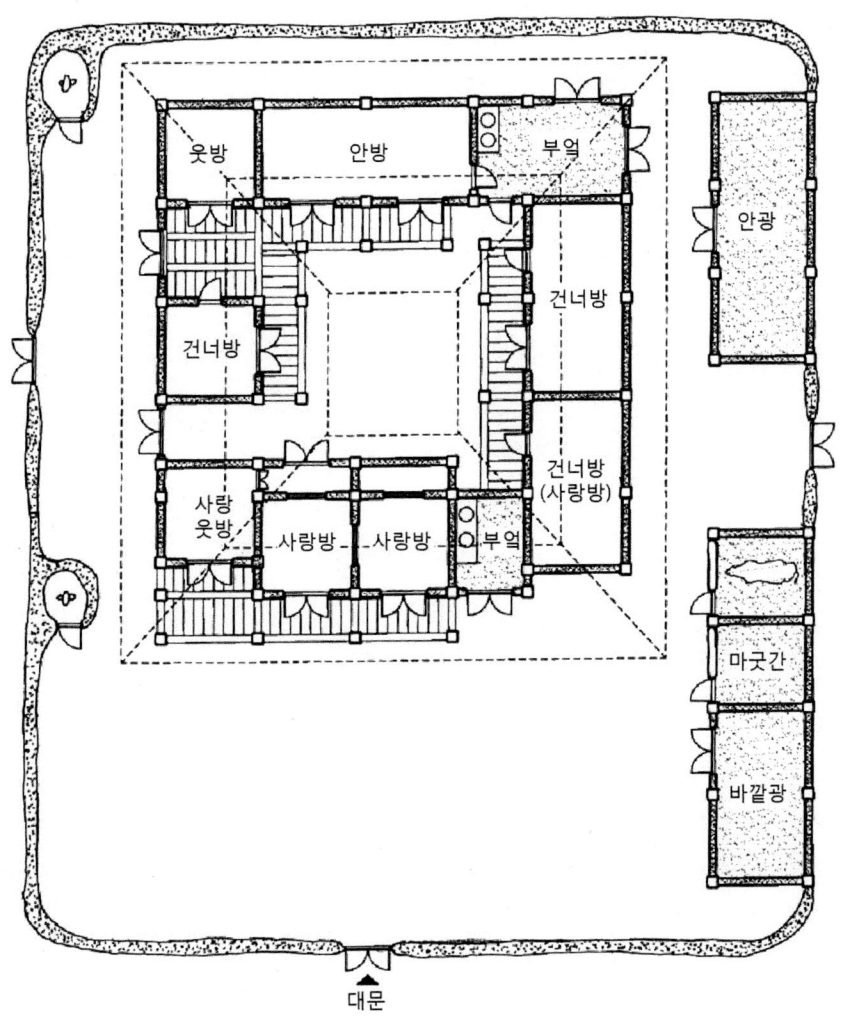

〈그림 13〉 ㅁ자형 상류주택(벽성 이선재)

벽성군 오세혁 씨 댁은 상류주거 중에서도 특이한 사례에 속한다. 자료제공자의 가정은 논 15만 평, 밭 15만 평 도합 30만 평을 경영하는 대지주로서 상류계층이었다고 기재했다. 그러나 주택의 규모나 형식은 중농주거에 가까운 모습이다. 살림채 지붕도 기와가 아닌 초가로서 똬리집이었다고 한다. 이 가정은 농업만이 아니라 수산업을 겸했다고 한다. 농업과 관련한 생산시설이 적다는 점에서 농업을 직접 경영하지 않고 소작에게 임대하는 지주형 부농이 아니었나 생각된다.

상류주거의 성격으로 보이는 것은 살림채 앞에 있는 방앗간뿐이다. 이 방앗간에는 10마력짜리 원동기가 달린 정미시설이 있었다고 한다. 정미소를 경영한 것인지 자기 집에서 생산한 곡식을 정미하기 위한 시설인지 정확히 알 수는 없으나 경작규모로 보아 자가 시설일 가능성이 높다.

살림채의 규모도 그리 크지 않다. 전면 5칸, 측면 5칸에 불과하다. 그러나 사랑채는 3칸으로서 대단히 큰 규모이며 3칸 전면에 툇마루를 설치했다. 이 사랑방은 가장만이 아니라 머슴이나 하인이 사용했을 가능성이 크다. 안마당으로의 출입은 엄격하게 통제된다. 큰 대문을 통과하여, 중대문, 소대문 등 3중 문을 거쳐야 출입할 수 있다. 사랑방은 안마당 쪽으로 막혀 있고 가장 동쪽 칸에서만 대청으로 진입할 수 있다. 동쪽 칸에는 당연히 가장이나 집안 남자가 기거했음에 틀림이 없다.

침실 수가 많지도 않고 규모도 큰 편이 아니나 창고는 다양하게 배치되었다. 외양간 위에는 쌀 창고를 두었고, 안방 옆으로는 옷장 및 광으로 가재도구를 위한 수장공간이며, 뒷마당의 창고는 과일창고라고 기재했다. 가장 특이한 것은 대청의 배치이다. 동쪽 건넌방 양 옆으로 대청을 한 칸씩 둔 것은 이 집에서만 볼 수 있는 독특한 구성이다. 이 지역에서는 보통 1칸의 대청을 두는 것이 일반적인데, 이 집은 2칸을 둔 것이다. 대청마루가 상류주택의 특성이라는 점을 잘 보여주는 사례이다.

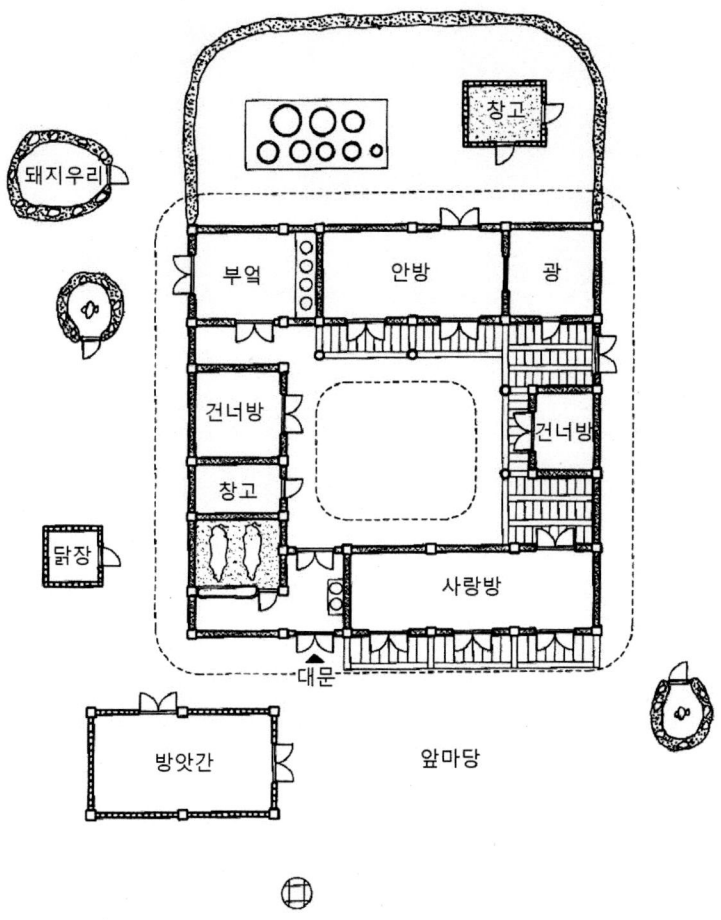

<그림 14> ㅁ자형 상류주택(벽성군 오세혁)

〈그림 15〉 ㅁ자형 상류주택 안마당

제6장

황해도 옛집의 시대적 성격

황해도 옛집의 시대적 성격

　실향민들이 보내준 황해도 옛집들은 대부분 조선 후기로부터 일제강점기 사이에 지어진 것이다. 사례 수로 보면 일제강점기 이전의 것이 7건, 일제강점기에 해당하는 것이 23건, 그리고 시기를 알 수 없는 것이 8건으로 나타난다. 일제강점기에 건립된 주택사례들이 가장 많다. 이 중에서 건립된 시기를 알 수 없는 것은 다른 곳에 살다가 이주한 주택이거나, 너무 오래되어서 건립연대를 기억할 수 없는 경우에 해당한다. 사례 수가 많은 것은 아니나 일제강점기 전후를 비교하기에는 충분한 사례들이다.

　건립시기별로 주거형식을 살펴보면 일제강점기 이전에 건립된 주택의 형식은 ㅁ자집과 양통집 두 형식으로 나타난다. ㅁ자집이 6호, 양통집이 1호의 사례를 차지하여 압도적으로 ㅁ자집이 많다. 그렇다고 식민시기 이전에는 ㅁ자집과 양통집만이 존재했다는 것을 의미하는 것은 아니다. 다양한 형식이 나타나는 황해도 북부지역의 사례가 상대적으로 적기 때문이다. 또한 일제강점기가 시작된 1910년대에는 ㄱ자집, ㄷ자집, 튼 ㅁ자집 등 다양한 형식을 볼 수 있다. 여하튼 실향민들의 자료는 일제강점기 이전에도 이 지역에서 일자 양통집과 ㅁ자집이 존재했다는 사실을 확인해준다. 다시 말하면 이러한 형식들은 황해도 지역의 전통적인 주거형식이라는 점이다.

사례 수

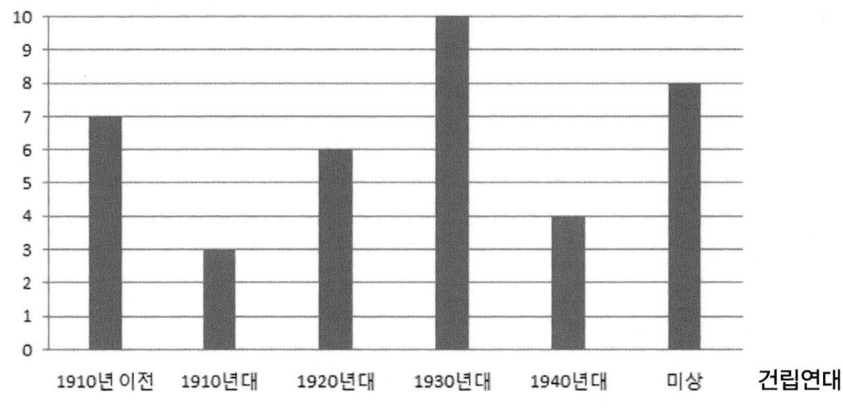

건립연대

〈그림 1〉 건립시기별 사례 수

〈표 1〉 건립시기별 주거형식

	1910년 이전	1910년대	1920년대	1930년대	1940년대	미상	계
ㄱ자집	–	1	–	–	–	–	1
ㄷ자집	–	1	1	1	1	2	6
ㅁ자집	6	–	3	3	1	4	17
튼ㅁ/ㄷ자집	–	1	–	2	1	1	5
양통집	2	–	2	3	1	0	8
이자집	–	–	–	1	–	–	1

Ⅰ. 일제강점기 이전의 주거형식

벽성군 안원직 씨 댁은 19세기에 건립된 양통집의 사례이다. 일제강점기 이전에 건립된 양통집의 사례로서는 유일한 것이지만, 이 형식이 조선시대부터 존재했다는 점을 확인해주는 증거가 된다. 이 집은 약 100년 전 정도에 건립된 것이라고 기재했다. 주거형식은 외채 일자형 양통집으로서 소농주거형식이다. 건물 뒤에만 울타리를 둘러쳐 뒤뜰 안을 만들었다. 뒤뜰 옆에 변소와 결합된 외양간을 작은 부속채로 두었다.

보다 더 원초적인 형식이라면 민규식 씨 댁처럼 외양간을 독립시키지 않았을 것이다. 모든 주거공간을 한 건물 안에 집중 배치하는 것이 집중형 주거의 특징이기 때문이다. 따라서 본래 외양간은 헛간 자리에 있었을 것으로 추정된다. 외양간에서 나오는 악취나 해충을 피하기 위해 살림채 밖으로 독립시킨 것이다.

평면형식은 공간이 두 줄로 배열된 양통집이다. 그러나 양통집의 원초적인 형식으로 보기는 어렵다. 두 줄이라고는 하나 사랑방 앞에 툇간을 두어 석 줄의 모습을 갖추었다. 사랑방 앞에 넓은 툇마루를 둔 것도 보다 근대적인 모습이다. 두줄백이 양통집에서 진화된 형식이라고 볼 수 있다. 이 집에서 봉당부분 2칸의 지붕을 개방한다면 ㄷ자집이 되고, 안방 앞 1칸의 지붕을 없애면 바로 ㅁ자집이 된다. 양통집과 ㅁ자집의 관련성을 볼 수 있는 중간단계의 형식이라 할 수 있다.

중앙부의 대문을 열고 들어서면 지붕이 덮인 봉당이 나온다. 봉당은 지붕 덮인 마당이라고 할 수 있다. 침실은 ㄱ자형으로 배열되었고 툇마루를 ㄱ자형으로 두어 안방과 사랑방을 연결했다. 강원도나 경북 지방에서는 이 부분에 안청이라는 넓은 마루를 두기도 하지만 황해도에서는 볼 수가 없다. 툇마루도 없이 흙바닥 봉당에서 직접 드나드는 것이 보다 오래된 이 지역 양통집의 형식이라고 할 수 있다.

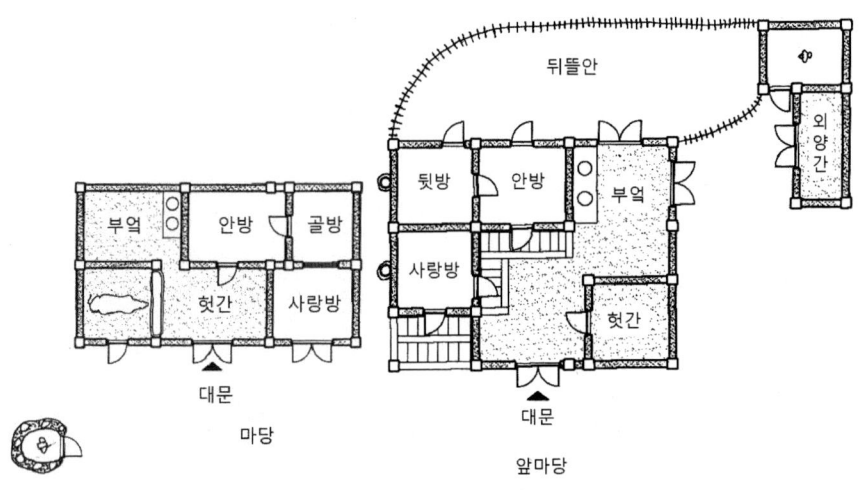

뒤뜰안

외양간

뒷방　안방　부엌

사랑방

부엌　안방　골방

헛간　사랑방

헛간

대문

마당

대문

앞마당

〈그림 2〉 양통집의 전형(벽성 민규식)　　　〈그림 3〉 19세기 양통집(벽성 안원직)

　　양통집의 원초적인 모습은 벽성군 민규식 씨 댁에서 볼 수 있다. 전면 3칸, 측면 2칸 규모인 이 집은 완전한 두줄백이 양통집이다. 비록 1930년대에 건립되었다고 하나 형식상으로는 가장 오래된 양통집의 모습을 갖는다. 집 안에 외양간을 두고 있으며 중앙의 봉당(민규식 씨는 헛간이라고 기재했다)을 통해 침실로 출입한다. 툇마루도 없이 필수적인 공간만으로 이루어진 집이라는 점에서 이 지역 양통집의 시원적 형식이라 생각된다.

　　연백군 조희열 씨 댁은 19세기 ㅁ자집의 사례이다. 이 주택은 조사 당시로부터 100년 전, 즉 1890년대에 건립되었다고 기록했다. 주택형식은 초가지붕을 갖는 ㅁ자형 똬리집이다. 2차 수정도면에서 안마당에 지붕 처마선을 원형으로 그려주어 똬리집의 성격을 분명히 표현했다. 지붕은 비록 초가집이지만 주택 규모로 보면 중상류 정도의 형식임이 분명하다.

　　건물의 규모는 크지만 대단히 응축적이고 폐쇄적인 공간구성을 보여준다.

모든 공간들은 안마당을 둘러싸고 배치되어 있으며, 안마당을 통해 출입과 채광, 환기 등이 이루어진다. 집의 영역은 세 부분으로 나누어진다. 대문간과 사랑방, 외양간으로 이루어지는 사랑채 영역과 광으로 이루어지는 중간 영역, 그리고 침실로 구성된 안채 영역이 그것이다. 안채 영역은 양통집의 공간구성과

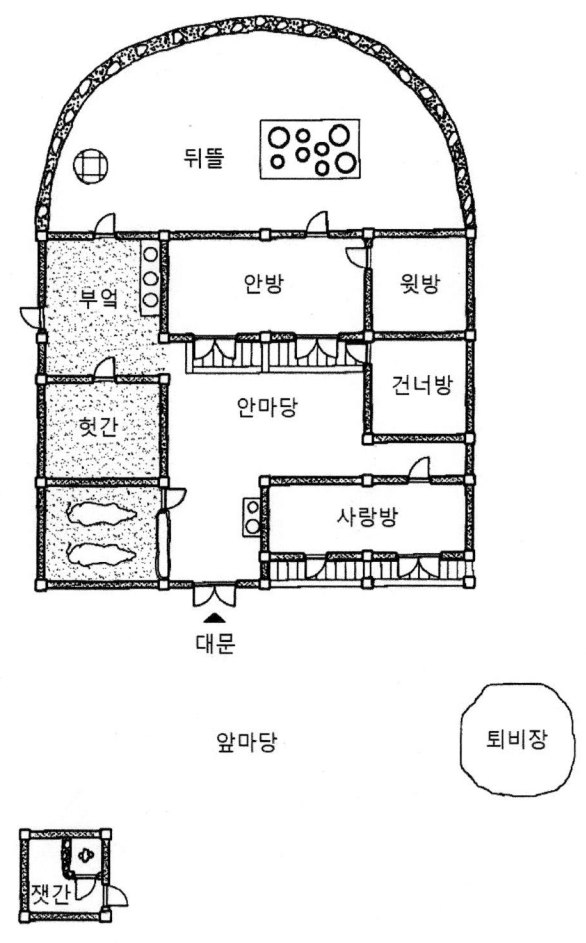

〈그림 4〉 19세기 ㅁ자집(연백 조희열)

거의 동일하다. 양통집의 봉당부분에 지붕이 개방되면서 사랑채 영역이 추가되면 이와 같은 ㅁ자집이 형성되는 것이다. 또는 석줄백이 양통집에서 중간에 지붕이 뚫린 형식으로 볼 수가 있다.

이 집은 일제강점기 이전에도 이 지역에 똬리집이 존재하고 있었다는 증거가 된다. 물론 이 집 이외에 1850년대에 건립된 연백군의 신영희 씨 댁이나 1890년대에 건립된 옹진군의 강신교 씨 댁 등도 모두 19세기의 ㅁ자집으로서 이를 반증한다. 신영희 씨 댁이나 조희열 씨 댁은 대청이 없이 침실 앞에 ㄱ자형 툇마루를 가설한 점이 공통적이다. 앞에서 본 19세기 양통집 벽성군 안원직 씨 댁과 유사한 모습이다. 그러나 강신교 씨 댁은 대청과 넓은 툇마루가 설치되어 있어 일제강점기 이전에도 상류계층에서는 대청과 툇마루를 사용하고 있었다는 점을 확인할 수 있다.

2. 마루의 발전

북한학자 리종목은 평안도와 황해도 옛집의 차이를 설명하면서 대청의 존재 여부를 중요한 기준으로 삼았다. 그의 설명[39]을 요약하면 다음과 같다. "살림채가 ㄱ자형, ㄷ자형 등으로 만들어지는 꺾음집은 개성지구와 그 인접지역에 압도적으로 분포하며, 개성 남쪽에는 대청이 필수적으로 설치된다. ㄱ자형 꺾음집이라 해도 개성지구를 벗어나 서해안 북부지대에는 대청 없는 집이 압도적으로 많고, 주로 부유한 농민주택에 대청이 있다. ㄷ자형 꺾음집에도 대청이

---

39) 리종목, 앞의 책, 42~54쪽.

있는 형식과 없는 형식이 있다. 대청이 없는 형식은 주로 멸악산맥 이남지대[40]에 분포한다. 그러나 개성지구에 접근하면서 반드시 대청이 설치되는 것이 특징이다. 대청이 있는 형식과 없는 형식의 경계는 황해남도 연안, 평천지대와 황해북도 평산, 강원도 이천, 철원 등을 계선으로 구분할 수 있을 것이다. 이러한 차이는 역시 기후적 관계에서 오는 것이다. 두 형식의 차이는 기본적으로 없고 대청의 유무만이 있을 뿐이다. 대청이 없는 경우에는 그 위치에 작은 토간(토방)이 있어서 윗방과 딴방 간에 한 공간을 이루게 한다.

개성지구에 분포된 똬리집은 역시 대청이 있는 것이 특징이며 동시에 튼 입구자집이 아니고 연속된 미음자집이다. 물론 이 미음자집도 어느 한 모퉁이에는 약간의 공간을 두고 그 자리에 토담을 축성하는 경우도 적지 않다. 대청이 있는 똬리집의 분포지대는 대체로 대청이 있는 꺾음집의 분포지대와 중복된다. 특히 개성지구가 그 분포지대의 중심을 이룬다. 다음으로 서해안 북부지대-평안남북도와 자강도 및 황해도 일부 지역에 분포되어 있는 똬리집과 개성지대의 똬리집 사이에는 다소 차이가 있다. 대동강 이남 개성지구로 접근하는 황해도 지대의 똬리집에는 개성지구의 똬리집에서 볼 수 있는 대청이 없고 그 구성의 복잡성이 덜하다."

이와 같은 설명을 요약하면 대청은 황해도 남부지역 주거의 특징적인 요소이며, 계층적으로도 부유한 계층 주거의 특징이라는 것이다. 실제로 황해도 실향민들의 자료에서 대청을 가지고 있는 사례는 빈번하게 나타난다. 전체 사례 38건 중에 13건의 사례에서 대청의 존재를 확인할 수 있었다. 평안도의 경우 단 한 건도 대청이 있는 집을 발견할 수 없었다는 점에서 분명한 지역적 차이

---

40) 이북지대를 잘못 기재한 것으로 보인다.

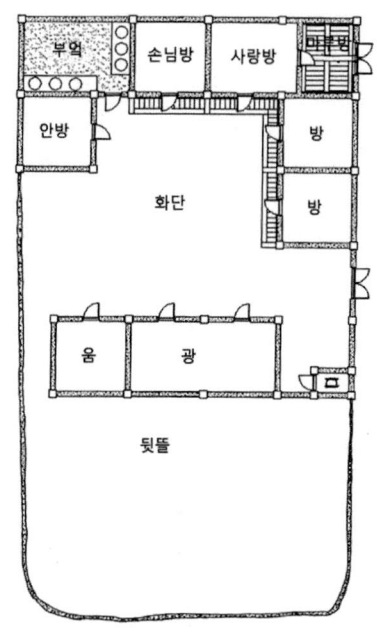

<그림 5> 마루방이 있는 평안도 주택(진남포 장영곤)

를 볼 수 있다. 평안도에서도 마룻바닥이 있는 방을 갖는 주택은 더러 있으나 이는 대청이라고 볼 수 없다. 이러한 방은 벽이나 문으로 완전히 구획되어 있으며 그 명칭도 '마루방'이라고 부르는 것이다.

그러나 대청마루를 설치하는 것이 반드시 지역적 특성이라고만 단정할 수는 없다. 평안도 지방에서 툇마루 설치를 분석해보면 일제강점기를 거치면서 툇마루를 설치하는 비율이 크게 증가한 것을 볼 수 있었다. 특히 도시지역과 중상류계층으로부터 툇마루가 보급되었을 가능성이 높게 나타났다. 황해도에서도 툇마루나 대청이 없는 집이 나타나며 이는 시대와 관련되었을 것으로 보이기 때문이다.

그러나 실향민들의 자료만으로는 이를 증명하기 어렵다. 실향민들이 인지하는 건립시기가 매우 짧고, 시기별 사례도 균등하게 분포하지 않았기 때문이다. 다만 일제강점기 이전에 건립된 집에서는 7호 중 단 1호만 대청을 가지고 있었는데, 그 일제강점기 이후는 23호 중 7호가 대청을 설치한 것으로 나타나 2배 이상으로 증가하는 모습을 볼 수 있다. 물론 대청마루는 이미 조선시대부터 사용되었음에 분명하지만, 서민계층에까지 폭넓게 보급된 것은 일제강점기 이후가 아닐까 생각된다.

〈표 2〉 주거형식별 툇마루와 대청의 설치

구분		사례 수	툇마루	툇마루+대청
주거형식	ㄱ자집	1	1	–
	ㄷ자집	6	3	1
	ㅁ자집	17	5	11
	튼 ㅁ/튼 ㄷ자집	5	3	2
	양통집	8	3	–
	二자집	1	1	–

대청을 설치하는 것은 평면형식과도 관계가 있는 것으로 보인다. 대청마루는 ㄷ자집이나 ㅁ자집 등 폐쇄적인 안마당을 갖는 형식에서 주로 나타난다. 양통집이나 ㄱ자집에서는 단 1호의 집도 대청을 가지고 있지 않았으며, ㄷ자집에서는 6호 중 단 1호에서만 대청을 볼 수 있었다. ㅁ자집은 17호 중 11호가 대청을 가지고 있다는 점과 극명한 대조를 이룬다.

양통집이나 ㄷ자집은 ㅁ자집보다 하류계층의 주거라는 점에서 더 부유한 계층의 집에서 나타난다는 사실을 부정할 수 없다. 그러나 경제적으로 부유하기 때문에 대청을 둔 것이라기보다는 주거형식의 차이에서 발생한 것으로 보는 것이 타당할 것이다. 중남부지방의 옛집에서는 소농계층의 집에서도 대청마루를 흔하게 볼 수 있기 때문이다. 또한 진화의 시각으로 보면 상류계층의 주거형식이 보다 발전된 형식이라는 점에서 시대적 선후관계를 갖는다고 볼 수도 있다.

앞의 사례에서 볼 수 있듯이 양통집에서 침실구성은 ㄱ자형으로 배치된다. 이때 모서리에 배치된 골방(윗방, 뒷방)은 뒷마당 쪽으로만 외부에 접하게 된다. 안방을 거쳐야만 출입할 수 있는 은밀한 공간인 동시에, 채광과 환기 조건이 대단히 불량한 공간인 셈이다. 이에 가재도구나 곡식 등 중요한 물건을 수장하는 창고로 사용되는 사례가 많다. 미혼의 여자들이나 새 며느리의 침실로 사용되기도 한다.

19세기의 ㅁ자집에서도 이러한 공간구성을 볼 수 있다. 앞에서 살펴본 연백군의 조희열 씨 댁이나 연백군 신영희 씨 댁이 바로 그러한 사례이다. 두 집 모두 19세기에 건립된 ㅁ자집이나 대청마루가 없다. 안채의 침실구성은 양통집과 아주 유사하다. 양통집에서 ㅁ자집으로 발전하는 초기단계라고 볼 수 있다.

옹진군 이춘호 씨 댁은 마루가 없는 ㅁ자집의 사례이다. 이 집은 1905년에 건립되었다고 하는 일제강점기 이전의 집이다. 안마당의 규모가 6칸에 이를 정도로 큰 규모이며, 양옆으로 2동의 헛간을 지었다. 2칸의 사랑방, 1칸 반짜리 곳간 등 중농계층에서도 부유한 편에 속하는 집이다. 그러나 대청은 물론이거니와 툇마루도 두지 않았다. 큰방 앞 툇간 부분은 토방이라고 기재했다.

토방을 두는 사례는 재령군 유창현 씨 댁에서도 발견된다. 그는 토방에 대하여 '마루 대신 마당보다 높게 하여 신발 등을 벗는 곳'이라고 설명했다. 기단 윗면의 흙바닥을 그대로 사용한다는 것이다. 또한 '툇마루는 요즘 마루와 같은 역할을 하나 나무를 깔지 않고 흙을 다져 놓은 곳'이라고 설명했다. 이 지역에서는 이렇게 마루를 깔지 않고도 '툇마루'라 부르는 경우가 있으며 마루를 두는 것은 근래에 유행하는 현상이라고 설명한 것이다.

은율군의 장철웅 씨 댁은 ㅁ자집에서 대청마루가 발생하게 되는 진화단계의 모습을 잘 보여준다. 이 집 역시 1890년대에 건립되었다고 하는 ㅁ자형 똬리집으로서 중농주택이다. 앞의 사례와는 달리 윗목방 앞으로 툇마루를 두어 건넌방과 격리시켰다. 대청마루처럼 넓은 폭을 갖는 것은 아니지만 윗방과 건넌방 사이를 격리시켰다는 점에서 앞의 사례들보다는 진화한 형식이라 할 수 있다. 윗목방의 채광이나 환기 조건이 훨씬 개선되었기 때문이다.

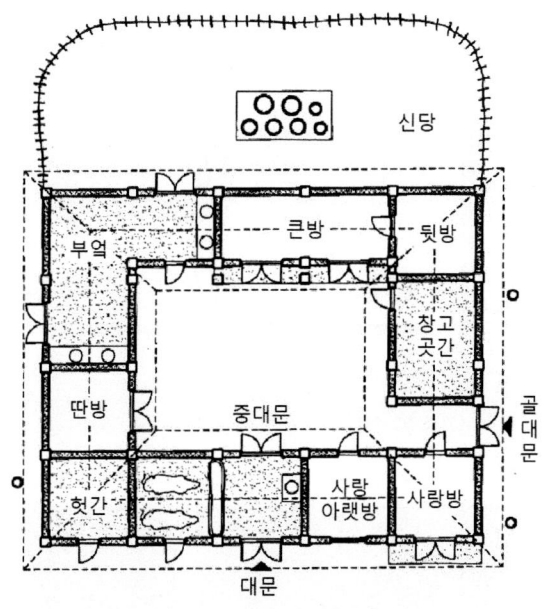

〈그림 6〉 마루가 없는 ㅁ자집(옹진 이춘호)

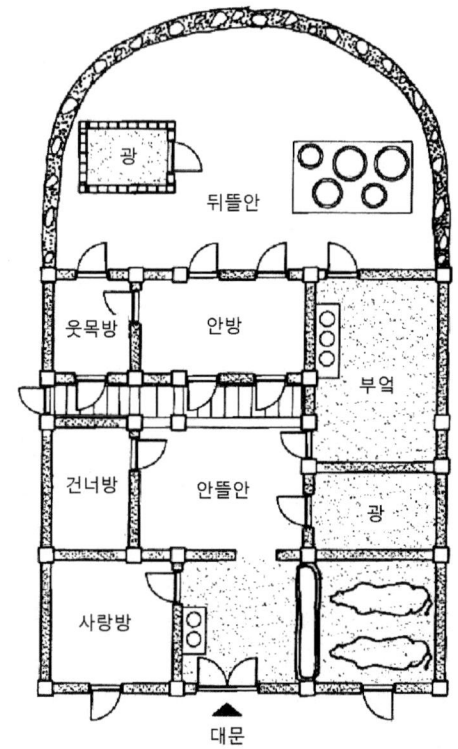

<그림 7> 툇마루가 있는 ㅁ자집(은율 장철웅)

<그림 8> 똬리집의 툇마루

대부분의 ㅁ자집은 윗방(뒷방) 앞으로 한 칸을 비워 대청을 설치한다. 이렇게 하면 윗방의 채광, 환기 조건이 훨씬 좋아질 뿐 아니라 안방을 통하지 않고도 드나들 수 있는 독립성이 확보된다. 대청 건너편의 침실과는 거리를 둘 수 있고, 공간의 여유를 두어 폐쇄성을 완화시킬 수 있으며, 대청 뒷문을 통하여 여름철 자연통풍이 가능한 거주공간이 된다. 또한 마루는 신발을 벗지 않고도 방과 방을 드나들 수 있는 연결공간의 기능을 가진다. 이처럼 대청은 다방면의 효과를 얻을 수 있는 공간적 장치인 셈이다.

이러한 여러 장점에도 불구하고 양통집이나 ㄷ자집에서는 대청을 보기 어렵다. 중하류계층에서는 채광과 환기보다는 보온이나 방풍, 혹은 방어를 더 중요하게 생각한 것으로 이해된다. 상류계층의 주거를 보다 발전적인 형식으로 본다면 마루가 없는 형식에서 마루가 있는 형식으로 발전했다고 보는 것이 타당할 것이다.

그러나 겨울이 길고 추운 지역에서는 마루와 같이 개방된 공간을 두기 어렵다. 함경도나 평안도 등 위도가 높은 지방의 주거에서 개방된 마루를 볼 수 없는 것은 바로 이러한 배경이라고 생각된다. 이런 점에서 황해도는 마루가 발전한 주거형식을 갖는 북방한계선이라고 할 수 있다.

옹진군 강신교 씨 댁은 마루가 다양하게 발달한 사례 중의 하나이다. 안채 영역에서는 안방과 딴방 사이에 대청을 두었고, 사랑채 영역에서는 사랑방 앞으로 2칸짜리 사랑대청을 두었다. 또한 각 침실에서는 직접 마당으로 출입할 수 있는 툇마루를 두었다. 물론 툇마루의 폭은 비교적 좁아 쪽마루에 불과하지만, 이렇게 다양한 마루가 설치되는 모습은 남부지방에서나 볼 수 있는 형식이다.

뒤뜰

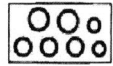

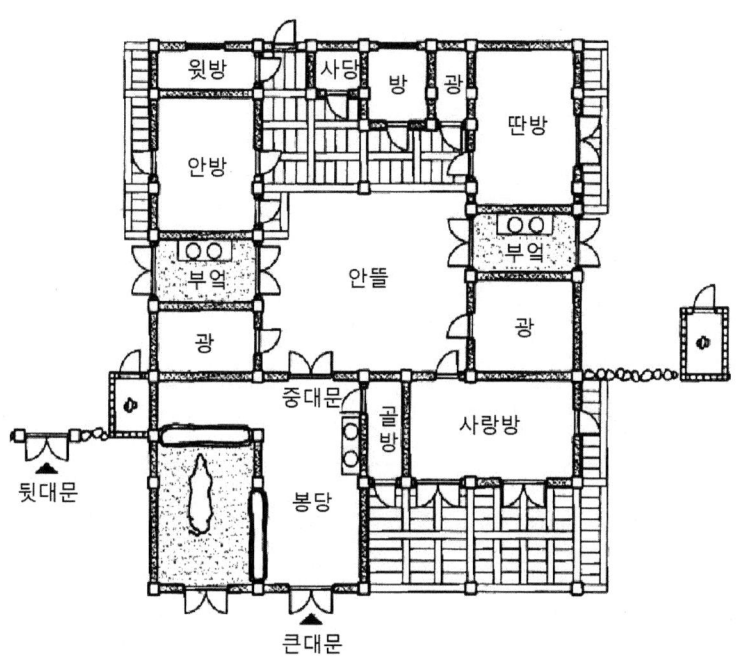

〈그림 9〉 마루가 발달한 황해도 주거(옹진 강신교)

3. 일제강점기의 변화

황해도 옛집에서 또 다른 특징적인 요소는 다양한 꺾음집이 발달한다는 사실이다. 북한학자들은 황해도에서 다양한 꺾음집이 나타난다는 사실을 발견했다. 그들은 현지 사례를 조사하여 ㄱ자형, ㄷ자형, ㅁ자형 등 다양한 꺾음집을 발견했고 이를 황해도지역의 특성이라고 생각했다. 평안도나 함경도와는 다른 황해도지방의 특성이라는 것이다.

그러나 황철산 같은 학자는 꺾음집을 도시적 성격으로 보았다. 황해도 옛집이 도시적 성격을 갖는다는 해석은 그보다 먼저 일본인 학자인 野村孝文(1938)이 주장했었다. 그는 경성형(京城型)과 중선형(中鮮型)을 합하여 도회형(都會型)으로 보았는데, 그의 분류법에 의하면 황해도의 남부지방은 도회형에 속하게 된다. 도회형은 방과 방 사이에 마루를 갖고 있는 형식으로서 궁전건축의 영향에 의한 것이라고 생각했다.

황철산은 마루 때문이 아니라 꺾음집을 도시형식의 특징이라고 본 것이다. 그는 一字형[외채집]과 二字형[쌍채집]은 농촌에 많고 ㄱ자형, ㄷ자형, ㅁ자형은 평양을 중심으로 한 서북지방과 개성, 서울을 중심한 중부 및 그 이남지방에 분포된다고 설명했다. ㄱ자형, ㄷ자형, ㅁ자형은 대지를 절약한다는 점, 방물을 이용하기 편리한 점, 외관상 형태가 아름다운 점 등으로 보아 원래 도시에서 발생하여 농촌에도 파급된 것이라는 설에 동조한다.[41] 즉, 살림채가 꺾음형으로 되어 있는 유형은 농촌지역의 일자형과 발생배경이 다를 것이라고 본 것이다.

---

41) 황철산, 「우리나라 과거 주택의 류형과 그 형성 발전」, 『고고민속』 3호, 과학원출판사, 1965, 3~4쪽.

도시화의 영향

도시란 주택이 밀집한 지역으로서 넓은 대지를 갖기 어려운 것이 사실이다. 더구나 가로 폭이 넓은 대지를 확보하기도 어려워 가로로 긴 건물을 배치하기는 적합하지 않았을 것이다. 대지를 효율적으로 쓰기 위해서는 건물을 구부려 배치하는 것이 필요하다. 이런 과정을 거쳐 대도시지역에서 꺾음집이 발생했고, 도시주변지역으로 그 형식이 확산됨으로써 황해도지역의 전형적인 형식이 되었다는 것이다.

서울을 중심으로 한 경기도 일원과 과거 수도권이었던 개성과 평양의 인근에 꺾음집이 분포한다는 사실은 이러한 주장을 뒷받침해주기도 한다. 그러나 안동을 중심으로 한 경상북도 북부지역에서 '뜰집'이라는 ㅁ자집이 보편적으로 나타나는 현상은 이러한 논리로만 설명하기 어렵다. 어떤 학자는 조선시대에 안동이 양반세력의 중심으로서 서울의 문화를 쉽게 받아들였을 것으로 추정하는 사람도 있지만 이 역시 충분한 근거가 없다.

응축적인 배치형식이 도시에서 발생하여 확산된 것이라면 수도권에 가까울수록 더욱 응축적인 모습을 가져야 할 것이다. 그러나 서울 및 경기도의 전형적인 형식은 황해도의 양통집이나 ㅁ자형 똬리집, 심지어 경상북도의 뜰집보다 훨씬 덜 응축적이다. 서울 및 경기도 일원에서는 ㄱ자형 안채와 ㄴ자형 아래채가 격리되어 두 동 사이가 벌어지는 튼 ㅁ자형 배치가 전형적인 형식이기 때문이다.

중국의 예를 들면 꺾음집이 도시에서 발생했을 것이라는 주장은 더욱 근거가 약해진다. 북경과 같이 기하학적인 도시구조와 밀집된 주거지, 경직된 택지 조건에서도 꺾음집이 발전하지 않았기 때문이다. 북경의 대표적인 전통주택형식은 사합원(四合院)으로서 일자형 건물 4동을 ㅁ자형으로 배열한 형식이다.

가로에 대해 폐쇄적인 배치이기는 하나 주거건물을 꺾음집으로 만드는 사례는 볼 수가 없다. 이 때문에 조선 후기에 청나라를 다녀온 조선의 실학자들도 꺾음집을 우리나라의 특성이라고 본 것이다.

이미 살펴본 바와 같이 꺾음집은 도회지에서만 나타나지 않는다. 가장 응축적이고 폐쇄적인 ㅁ자집조차 도시와는 거리가 먼 농촌지역에서 많이 나타난다. 오히려 도회지에서 가로변이 긴 살림채를 일자형으로 만드는 사례도 보인

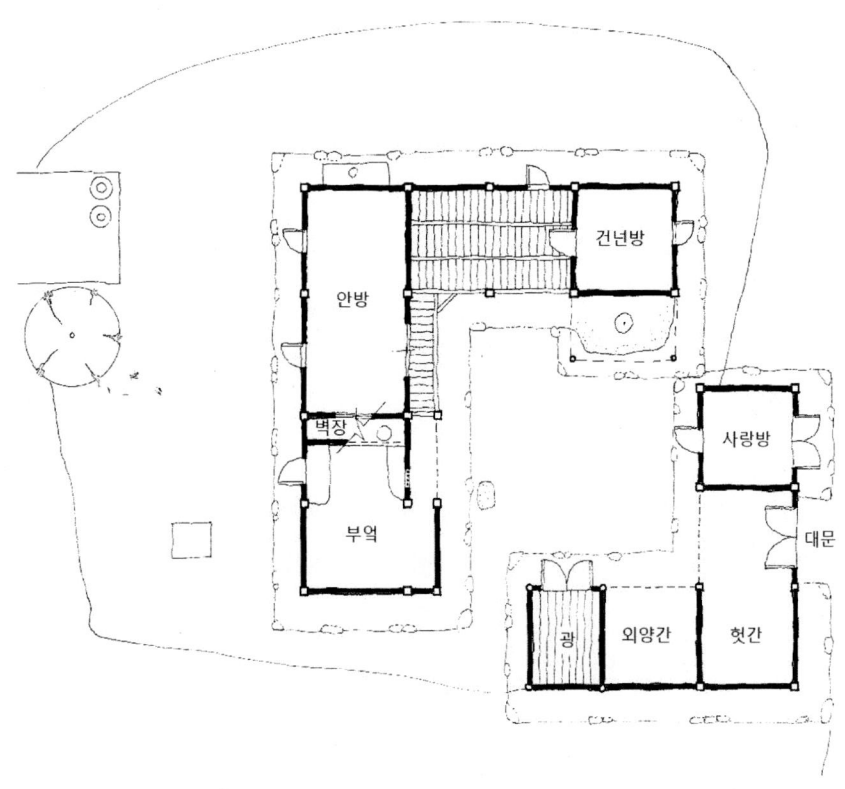

〈그림 10〉 경기도 튼 ㅁ자집(가평 정용성)

다. 농촌지역의 ㅁ자집보다 더 개방적이고 확산적인 배치형식을 갖는 것이다.

만약 꺾음집이 밀집된 주호밀도를 갖는 택지조건에서 발생한 것이라면 급격하게 도시화가 진행된 일제강점기에 도시주택은 한층 더 응축적인 모습으로 변화되었어야 할 것이다. 그러나 일제강점기에 건립된 도시지역의 주택사례들을 검토해보면 일제강점기 이전에 비해 더욱 응축적으로 변했다는 증거를 찾을 수 없다. 외부공간이나 건축재료의 변화는 볼 수 있지만 배치형식에는 큰 변화가 없었다.

사리원시의 조청남 씨 댁은 사리원시 근교에 소재했던 집이다. 비록 근교 농촌이기는 하나 현재 황해북도 도소재지로 되어 있는 대도시 외곽에 소재했던 집이다. 집의 건립시기도 1930년대로서 일제강점기 중반에 해당한다. 일제강점기 도시주택의 형식을 살펴볼 수 있는 사례인 셈이다. 그가 그려준 위치도에서도 직선형 도로와 정연한 택지구획, 밀집된 도시환경이 나타난다.

배치도에서 볼 수 있는 바와 같이 이 집의 살림채는 일자형이다. 아래채를 ㄷ자형으로 만들어 전체적으로 튼 ㅁ자집을 형성했으나 ㅁ자집에 비해서는 훨씬 개방적이고, 분산적인 모습이다. 더구나 살림채의 가로길이는 무려 5칸에 달한다. 마당의 가로길이가 길어 대단히 여유로운 안마당을 확보했다. 대지를 집약적, 효율적으로 사용해야 하는 도시지역의 택지환경과는 거리가 먼 형식이다.

이처럼 꺾음집이라는 응축적인 배치형식이 도시라는 환경에서 발전한 것이라고 생각할 만한 근거는 찾기 어렵다. 지역의 특수한 생태환경이나 역사적 과정에서 그 배경을 찾아야 할 것이다. 여하튼 일제강점기 이전까지 황해도 옛집은 응축적인 형식으로 발전해왔다는 사실은 분명하다. 또한 이러한 성격은 도시라는 입지조건에도 적합한 형식으로서 일제강점기의 급격한 도시화에도 쉽게 대응할 수 있었을 것으로 생각된다.

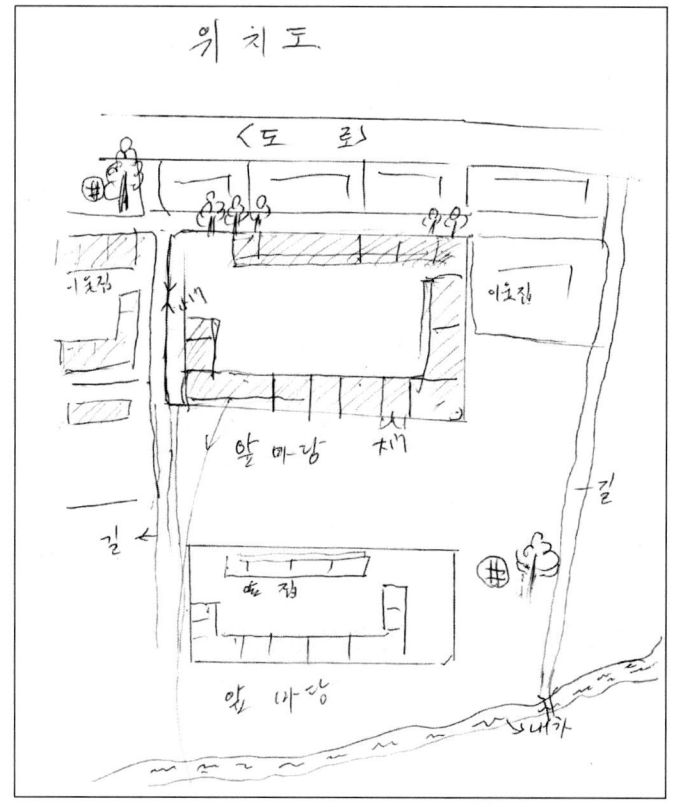

〈그림 11〉 도시주택의 입지환경(사리원 조정남)

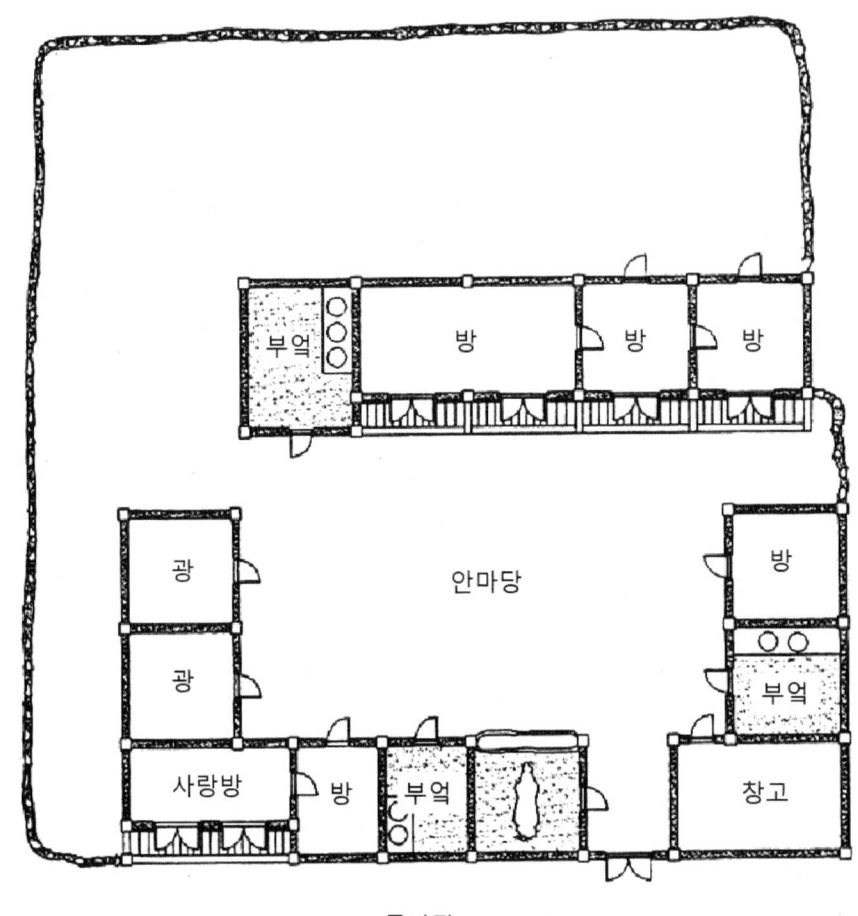

부엌

방

방

방

광

광

안마당

방

부엌

사랑방

방

부엌

창고

큰마당

〈그림 12〉 도시의 튼 ㅁ자집(사리원 조청남)

일제강점기에 이르면 도시로의 급격한 인구집중과 근대적인 도시계획에 따라 도시지역에서 주호밀도는 더욱 높아지고 대지면적은 현격하게 좁아지게 된다. 도시인들의 생업은 상업이나 서비스업 등 2, 3차 산업으로 전환되면서 생활양식이 전반적으로 바뀌어 갔다. 일본으로부터 새로운 건축양식이 유입되었고, 새로운 건축재료가 등장하기 시작했다. 이러한 도시화와 근대화, 식민화 과정에 따라 이 지역의 전통주거양식도 크게 영향을 받게 된다.

도시지역에서 가장 눈에 띄는 변화는 외부공간이 축소되거나 없어지는 현상이다. 앞마당(바깥마당)이나 뒷마당(뒤안)이 축소되거나 없어지는 것이다. 앞에서 살펴본 바와 같이 이 지역 전통농가에서는 거의 필수적으로 앞마당과 뒷마당을 가지고 있었다. 앞마당은 농사작업, 즉 탈곡이나 건조작업에 필수적인 공간이었고, 가축사육이나 잿간, 헛간 등의 농업경리시설을 둘 수 있는 대지였다. 뒷마당 또한 장독이나 식품류를 수장할 수 있는 공간이었다. 농업활동에 종사하지 않는 도시가구에게는 이러한 기능의 마당이 필수적이지 않았다. 협소한 대지면적에 건물을 세우다 보면 가장 먼저 축소될 수밖에 없는 공간이었다.

내부에서도 농업생산과 관련된 공간이 사라지고 대신 침실이나 상업용 공간으로 바뀌는 사례를 볼 수 있다. 대문채는 대문간으로 축소되고 외양간이나 곡간 등이 사라진다. 과거 내외구분에 의해 가장의 생활공간으로 사용되던 사랑방도 다른 용도로 전환되는 것이 일반적이다. 또한 이러한 공간들을 좁은 택지에 배치하기 위해 보다 응축적인 배치방식이 만들어진다.

황해도에서는 근대화, 도시화의 영향이 어떻게 나타났을까? 실향민들의 자료에서는 도시주택이나 근대주택으로서 완전히 새로운 형식은 나타나지 않는다. 대부분 전통적인 형식을 유지하면서 약간의 증개축이나 부분적으로 근대 건축재료를 사용한 사례들이 나타날 뿐이다.

일제강점기에 촬영된 도시의 모습에서도 이러한 경향을 확인할 수 있다. 아래 사진은 일제강점기 해주시의 모습인데, 해주시는 조선 말기 황해도의 도청 소재지였던 대도시이다. 일본식 도시주택이나 서양식 근대건축들로 탈바꿈한 다른 도시와는 달리 ㅁ자집을 비롯한 이 지역 전통형식의 집들이 그대로 남아 있는 모습을 잘 볼 수 있다.

이러한 경향은 아마도 황해도 전통주택이 이미 도시적 성격에 부합하는 응축성을 가지고 있었기 때문이 아닌가 생각된다. 여러 번 설명한 바와 같이 황해도 옛집은 집중형 주거로서 대단히 응축적이며 폐쇄적인 성격을 가지고 있었다. 좁고, 밀집된 대지조건을 갖는 도시지역에 대응하기 쉬운 형식인 셈이다. 외부공간을 축소하거나 내부공간의 용도를 전환하는 정도로서 근대화, 도시화에 대응하는 사례들을 많이 볼 수 있다.

〈그림 13〉 일제강점기 해주의 모습

ㄷ자집의 변형

재령읍의 유창현 씨 댁은 전통적인 ㄷ자집에서 도시주택으로 전환된 사례이
다. 이 집은 재령군 재령읍에 소재했는데, 1,000호 규모의 도시지역이었다고 설
명했다. 주택 주변에 정미소, 버스정류소, 시장, 금융조합, 상업은행, 상가 등이
그려져 있는 것으로 보아 근대적인 지방도시였던 것으로 추정된다. 자료제공
자의 생업도 농업을 경영하지 않는 사무원이라고 기재했다.

주택은 100년 전에 건립된 것으로 기억하는데 전통적인 황해도 ㄷ자집의 모
습을 취한다. 살림채의 후면에만 담장을 세워 뒷마당을 둔 것도 전통적인 방식
이다. 뒷마당은 텃밭으로 사용하고, 담장은 판자담으로서 6척 정도의 높이였다
고 기재했다. 다만 대문 앞에 바깥마당이 없다는 점과 농경과 관련한 공간이
없다는 점이 도시주택으로서의 성격을 보여준다.

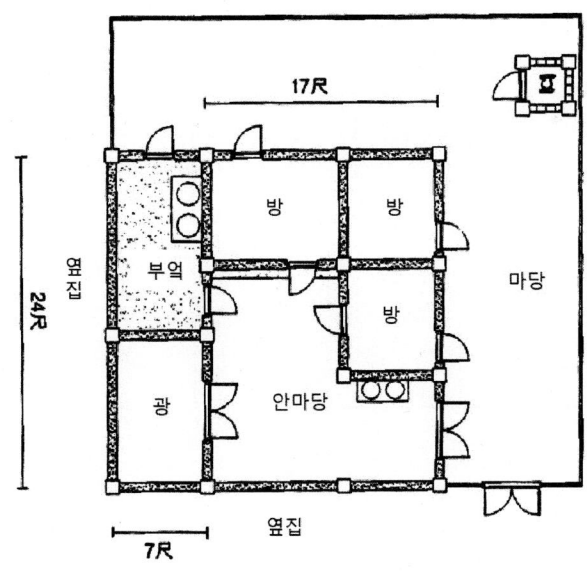

〈그림 14〉 도시의 ㄷ자집(재령 유창현)

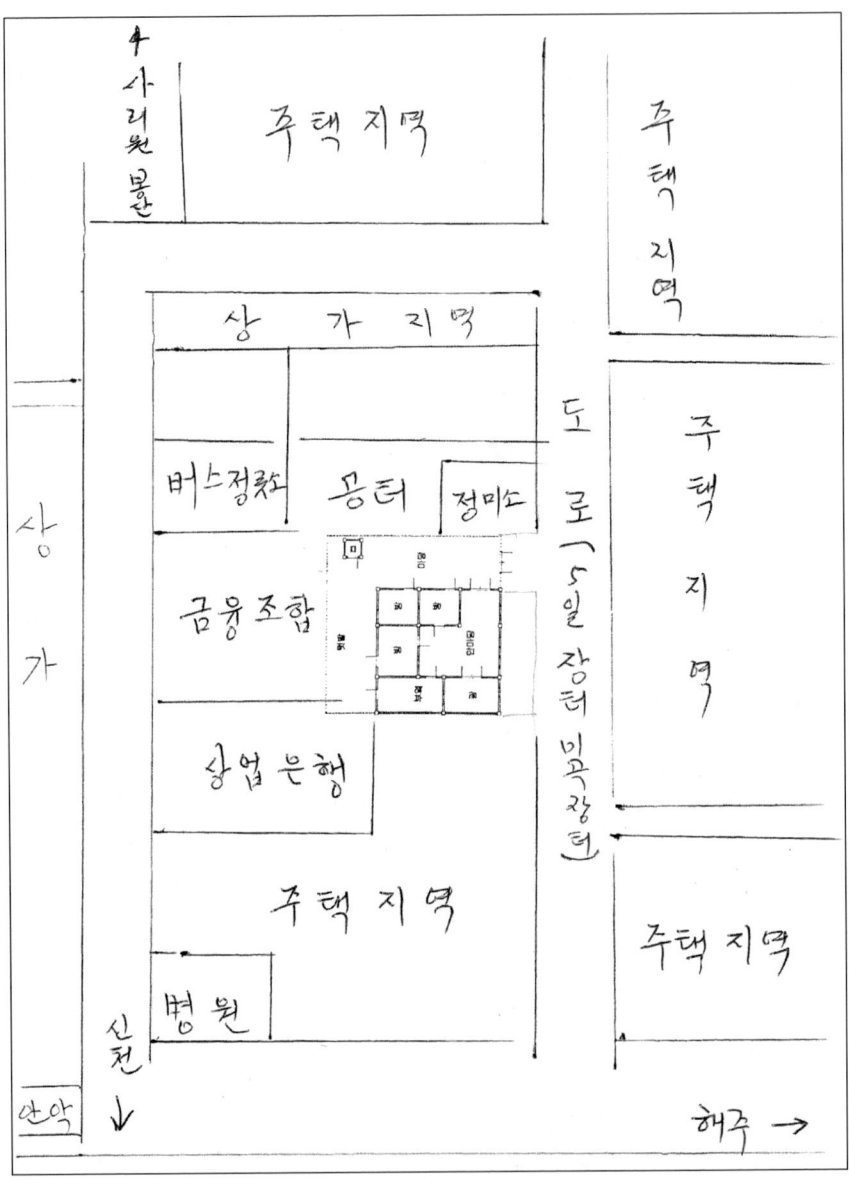

〈그림 15〉 도시주택의 입지환경(재령 유창현)

이 집의 공간구성은 대단히 응축적이다. 정사각형의 정연한 대지 위에 정사각형에 가까운 건물을 배치하였다. 중앙의 안마당은 채광과 환기 정도가 가능한 정도의 규모이다. 안마당을 둘러 침실과 광, 부엌 등 도시생활에 필수적인 공간으로만 구성했다. 안마당에 면하지 않은 침실은 셋방이었다고 기재했다.

이러한 형식은 같은 시기 서울지역 도시형 한옥과도 큰 차이가 있다. 서울 한옥이라면 중앙에 대청을 두어 안방과 건넌방을 격리시켰을 것이다. 안방 앞에도 툇마루 없이 토방으로 만들었다. 이 형식은 황해도지역에서 흔히 볼 수 있는 ㄷ자형 똬리집에 가깝다. 대지가 축소되면서 대문의 위치가 바뀌고, 공간의 용도가 바뀌었을 것으로 추정된다.

보다 적극적인 도시주택으로의 변형은 봉산군 김광일 씨 댁의 사례에서 볼 수 있다. 이 집은 경평선 마동역이 있는 면소재지에 있었는데, 2,000호 규모가 사는 도회지였다고 한다. 집 주변을 작도한 입지도에는 철도와 평행하는 구도가 신작로로 그려져 있고 이 집 앞에는 큰 장터가 형성되어 있었다.

이 집은 1934년에 건립된 것으로 기억하는데 본래 전통주택을 일제강점기에 증축한 것으로 추정된다. 황해도 ㄷ자집에서 장터 쪽으로 가게를 증축한 모습이다. 그 반대편에는 뒷마당과 텃밭을 두어 농가로서의 모습을 가지고 있다. 전통농가로부터 주상복합형 도시주택으로 전환된 모습이라 할 수 있다.

건물 안의 공간구성은 거의 일제강점기 도시주거의 성격을 갖는다. 우선 장터에 면하는 앞채는 겹집으로 상점을 두어 세를 주었다. 대문은 한쪽에 치우쳐 배치하여 골목 같은 길을 따라 안마당으로 진입한다. 뒤채는 가족들의 침실과 함께 마루방을 두고 그 뒤에 목욕탕을 두었다. 실내에 목욕탕을 둔 것은 일본식 공간구성의 답습이라고 볼 수 있다.

〈그림 16〉 ㄷ자집의 변형(봉산 김광일)

이 집에서 신축된 건물은 별채의 광이다. 이 광은 지하 1층과 지상 2층으로 구성된 독특한 건물이다. 2층은 마루방으로 두어 여름철에 사용했다고 한다. 도시에서 다층주택이 등장하기 시작했다는 사실을 보여주는 사례이다. 다층주택의 시도는 일본식 도시주택인 '마치아(町家)'로부터 배운 것이 아닌가 생각된다.

양통집의 변형

신천군 권영기 씨 댁은 도시에 소재했던 양통집이다. 신천읍은 당시 300호 규모의 면소재지였다고 한다. 권 씨 가정은 농업과 함께 회사근무를 겸했던 것으로 기재했다. 이 집은 1920년대 건립되었다고 한다. 권영기 씨는 집주변의 모습을 그려주었는데, 집 앞에는 제치도라는 간선도로가 직선으로 지나가며 그 간선도로를 따라 규칙적으로 나열된 집들을 그렸다. 구획정리가 된 반듯한 대지모습이 여실히 나타난다.

　이 집도 주택형식으로 보면 전통적인 양통집이지만 대지의 모습은 농촌주택에서 볼 수 없는 정연한 모양을 갖는다. 살림채가 간선도로에 가까이 면하면서 앞마당이 없다. 보통 앞마당에 있어야 할 경리시설(축사, 변소, 창고 등)은 살림채 옆에 독립된 영역으로 배치했다. 경리시설을 둘러싸는 울타리를 세워 경계와 영역을 표시한 것도 농촌주택에서는 볼 수 없는 방법이다. 살림채 뒤에 폐쇄적인 뒷마당을 두고 장독대를 설치한 것은 전통적인 뒤안의 모습이다. 여기에 터주신당까지 두어 토속성을 유지했다. 다만 뒷마당의 형상은 도시 안의 대지답게 정연한 직사각형의 모습으로 변했다.

　살림채 내부공간은 전통형식으로부터 약간 변형된 모습을 보여준다. 부엌을 중심으로 침실군과 경리시설군이 분리되었다. 이러한 배치는 함경남도나 강원도에서 볼 수 있는 형식이지만 황해도 실향민들의 자료에서는 유일한 사례이기 때문에 지역적 특성인지는 확인할 수가 없다. 하지만 봉당부분에 사랑방이 확장된 것은 이 집만의 특성이다. 내외의 구분보다는 침실공간의 수요가 더 높

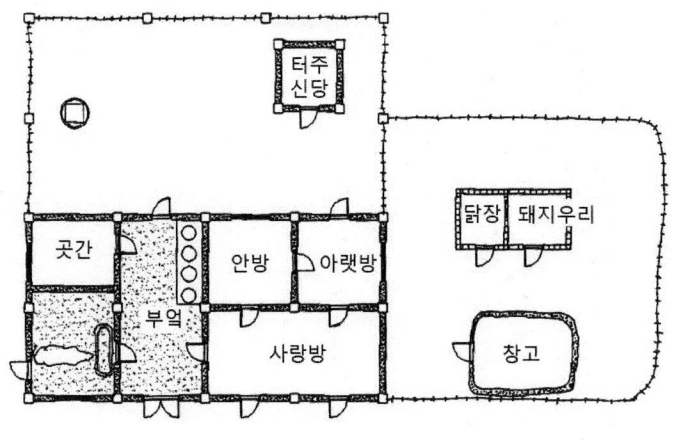

〈그림 17〉 양통집의 변형(신천 권영기)

아졌기 때문에 사랑방을 확장한 것으로 생각된다.

옹진군의 최경모 씨 댁은 새로운 형식의 양통집 사례이다. 이 집은 옹진군 동남면 어화도에 소재했던 집이다. 최 씨 가정은 수산업과 농업을 겸했다고 한다. 주택은 일제강점기인 1935년도에 건립되었다고 한다. 주택의 구성으로 보

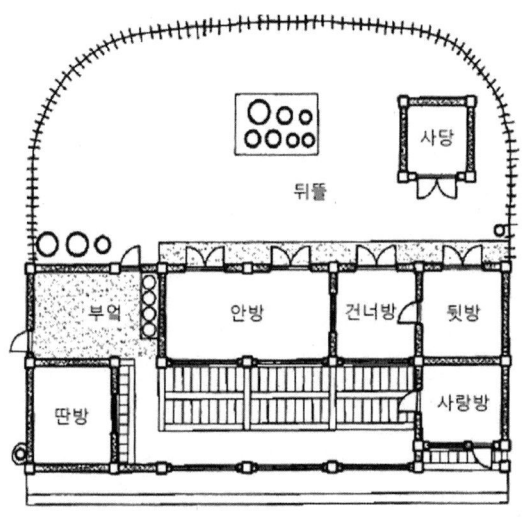

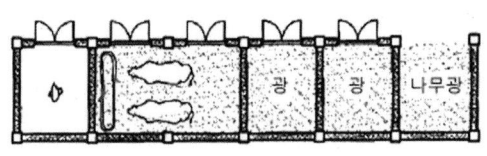

〈그림 18〉 이자집의 변형(옹진 최경모)

면 二자집처럼 보이지만 평안도의 二자집과는 근본적으로 다르다. 이 집은 아래채를 대문채로 사용하지 않고, 살림채와 아래채 사이, 즉 안뜰을 둘러싸는 담장이 없으며, 살림채 뒤에만 담장을 두어 뒤안을 만들었다는 점에서 큰 차이가 있다. 살림채와 아래채 사이도 36m로서 너무 넓다. 또한 살림채 평면이 두 줄 양통집이라는 점도 평안도와 다른 점이다.

살림채의 모습을 보면 본래 양통집으로부터 변형되었다고도 볼 수 있다. 양통집의 봉당에 해당하는 부분에 큰 마루가 설치되고, 외양간이었던 위치에 '딴방'으로 대체되었을 뿐이다. 외양간을 별채로 옮기고, 봉당 앞에는 유리 미서기문을 달았다는 것은 환경조건을 개선하기 위한 근대적 방식으로 생각된다. 즉, 외양간에서 나는 악취와 해충을 피하고, 유리문을 두어 비바람을 피하면서 어두운 봉당을 밝게 만든 것이다. 근대적 재료로서 전통주택의 문제를 해결했다는 점에서 근대화에 대응하는 태도를 볼 수 있다.

ㅁ자집의 변형

서흥군 이윤호 씨 댁은 ㅁ자집이 도시화에 대응하는 모습을 보여주는 사례이다. 이 집은 농촌지역에 소재했으나 마을규모가 250호에 달하는 대규모 농촌으로서 면소재지 정도의 도회지였을 것으로 추정된다. 이윤호 씨는 자기 집 인근의 마을 모습을 그려주었는데 직선형 도로가 집 앞을 지나고, 도로주변으로 사각형의 규칙적인 모습을 갖는 인근택지를 표현했다. 이 씨 가정도 농가였는데 경작규모는 논 1,000평, 밭 2,000평으로 소농계층에 해당하지만, 정미소를 경영하는 중류계층이라고 했다. 주택건물이 기와집이라는 점에서 중류 이상의 고급주택이었음을 보여준다.

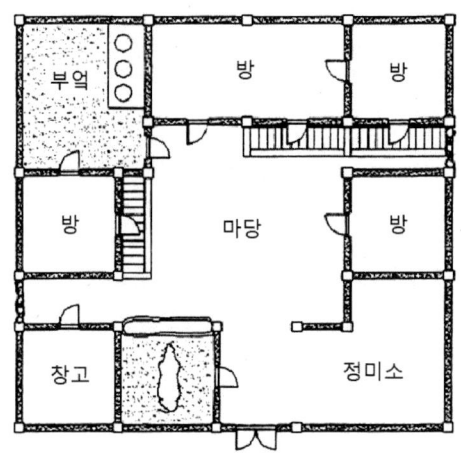

〈그림 19〉 ㅁ자집의 변형(서흥 이윤호)

이 집은 일제 말기인 1940년대에 지었다고 한다. 북쪽으로 산을 등진 남향집으로서 큰 도로에 직접 면한다. 건물은 ㄱ자형의 살림채와 ㄴ자형의 대문채가 결합된 튼 ㅁ자집이다. 황해도 전통주택에서는 잘 나타나지 않는 형식이다. 경기도지방의 튼 ㅁ자집과도 차이가 있다. 대청도 없고, 수장공간도 마구 옆으로 1칸만 두었다. 대신 안채에는 부엌을 제외하면 모두 침실로만 구성했다. 불과 4식구가 살기에는 대단히 큰 규모의 침실이다.

이 집은 앞마당이 없이 도로에 직접 면한다. 농작업 용도의 필요성이 없는 도시에서 택지를 이용하는 방식이다. 이 집의 특징은 ㅁ자집의 사랑방 위치에 정미소를 두었다는 점이다. 사랑방을 상업공간으로 대체한 것이다. 본래 사랑방은 바깥마당을 향해 진입동선을 갖기 때문에 이곳에 상업공간을 두어도 안채에는 큰 영향이 없다.

ㄱ자형의 살림채와 ㄴ자형의 대문채는 독립된 건물로 격리되었다. 정미소에 딸린 침실은 고용인이 살았다고 한다. 주인가족의 생활공간과 상업공간을 분

리하기 위한 방법으로 보인다. 도시에서 주택의 일부를 상업공간으로 대체하거나, 임대하려 할 때 ㅁ자집의 골격을 해체하지 않고도 대응할 수 있는 효과적인 방법이라고 생각된다.

장연군 최준연 씨 댁은 ㅁ자집으로부터 발전한 도시주택의 새로운 유형이라 할 수 있다. 이 집은 황해도 서단에 위치한 장연군 장연읍에 소재했었는데, 장연읍은 장연군청 소재지로서 5,000호 규모의 도회지였다. 최 씨 가정은 상업에 종사하는 도시적 생활양식을 가지고 있었으며, 주거규모나 형식상으로 볼 때 부유한 계층에 속했던 것으로 보인다.

주택은 일제강점기 이전에 건립된 것으로 기억하는데 일부 근대적 재료가 사용된 것을 볼 수 있다. 담장은 적벽돌로 쌓았고, 내부에 유리문을 설치한 것으로 보아 최소한 일제강점기에 증개축이 있었던 것으로 추정된다. 주택형식은 ㅁ자집이지만 앞마당이 없고, 안마당이 대단히 넓으며, 뒷마당이 좁다는 점에서 농촌의 똬리집과는 차이가 있다.

또한 도시주택이지만 농촌주택보다 덜 응축적인 것을 볼 수 있다. 이 집은 ㅁ자집으로서 지붕은 연결되어 있지만 대문간과 서쪽문간을 비워 안마당의 규모가 가로 5칸, 세로 3칸에 이를 정도로 여유롭게 배치되었다. 응축적인 꺾음집이 도시지역의 대지조건에서 비롯되었다는 주장에 맞지 않는 사례이다. 도시지역에서도 대지를 여유 있게 사용할 수 있는 상류계층이라면 굳이 응축적인 형식을 사용할 필연성이 없다는 것이다.

비록 똬리집처럼 폐쇄적인 모습은 아니지만 이 집은 황해도 ㅁ자집의 도시적 변형이라는 점에서 의심할 바가 없다. 가로 폭을 두 칸 정도 줄인다면 ㅁ자형 똬리집의 평면과 큰 차이가 없을 것이다. 다만 아래채에 사육공간이나 생산공간이 없고, 아래채에 있는 침실의 출입이 안뜰에서 이루어지는 것은 도시적인 변형이라 할 수 있다.

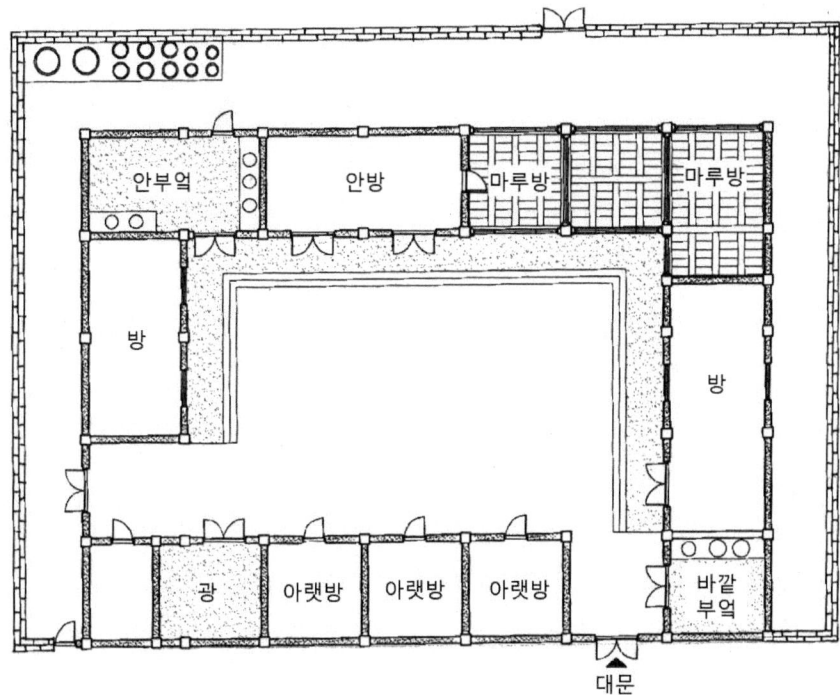

〈그림 20〉도시 ㅁ자집의 형식(장연 최준연)

〈그림 21〉 도시 ㅁ자집의 외관(개성)

제7장
황해도 옛집의 사례들

황해도 옛집의 사례들

I. 연백군 이은호 씨 댁

- 성명: 이은호(1929년생)
- 주소: 황해도 연백군 호남면 개현리 노루래마을
- 가족: 10인, 부모, 형제 및 기타
- 경제: 농업, 중류계층(논 2,000평, 밭 800평)
- 마을: 평야지대 농촌, 56호
- 주택: 연대미상, ㅁ자집, 우진각 초가지붕

2칸 대청을 갖는 ㅁ자집

이 집은 황해도의 남단 경기도와 경계지역인 연백군에 소재했던 집이다. 이 집이 소재한 마을은 농촌지역으로서 56호 정도가 있었다고 한다. 자료제공자의 가정도 논 2,000평, 밭 800평 정도를 경영하는 중류계층의 농가라고 기재했다. 가족은 부모 형제 등 직계가족 수가 7인, 기타 3인으로 기재했는데, 기타는 어떤 관계의 구성원이었는지 알 수가 없다.

자료제공자가 그려준 집 근처의 상황을 보면 집은 평지에 건설된 것으로 보인다. 건물 전체를 두르는 담장은 없다고 특별히 강조했고, 건물은 ㄷ자형 평면이나 건물이 없는 변에 담장을 설치하여 폐쇄적인 안마당을 만들었다. 이에 ㅁ자집으로 보인다. 담장에 설치된 작은 대문은 부녀자의 출입문이라고 기재했다. 건물 앞에는 마당이라고 기재한 공지를 두었는데 가축사와 뒷간을 배치했다.

건물의 건립연대는 알 수 없으나 일제강점기 이전에 있었던 전통형식으로 보인다. 초가지붕이라고 기재한 것으로 보아 중류계층의 건축 수준과 일치한다. 다만 주거규모나 대청의 규모로 보면 비교적 부유한 자영농 이상의 수준으로 보인다.

건물의 전면에는 대문간과 외양간, 그리고 사랑방으로 구성된 대문채를 배치했다. 대문간에는 대문과 중대문으로 이중문을 설치했다. 사랑방 앞에는 바깥마당을 향해 툇마루를 두었고, 후면에는 변소를 두었는데 부녀자용이라고 기재했다. 안마당에 면한 안채에는 중앙에 2칸짜리 대청(안마루)을 두고 좌우에 침실을 배치했다. 이렇게 살림채 중앙에 2칸짜리 대청을 두는 사례는 황해도에서 극히 드물다. 침실은 2칸짜리 안방과 1칸짜리 작은방이 대청 좌우에 있는데, 작은방은 '며느리 방'이라고 기재했다. 2칸짜리 안방을 세로로 배치한 것은 안방의 채광 때문이라고 보인다. 작은방 옆에 곡간을 배치한 것이 특이하다.

口 形 집

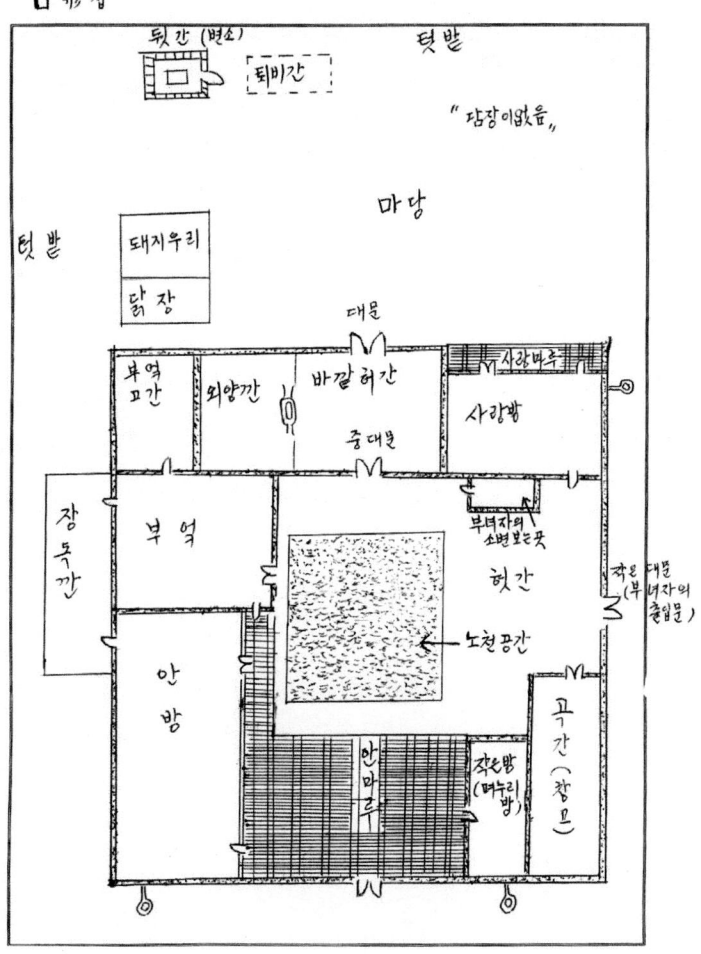

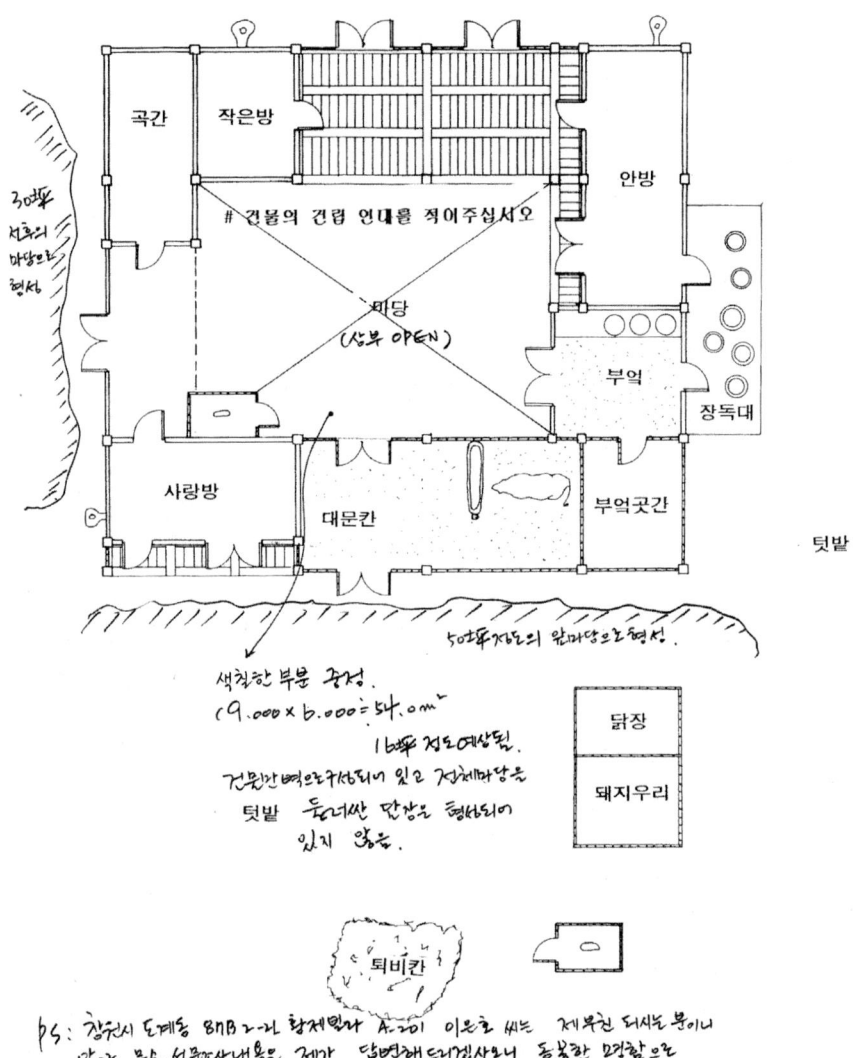

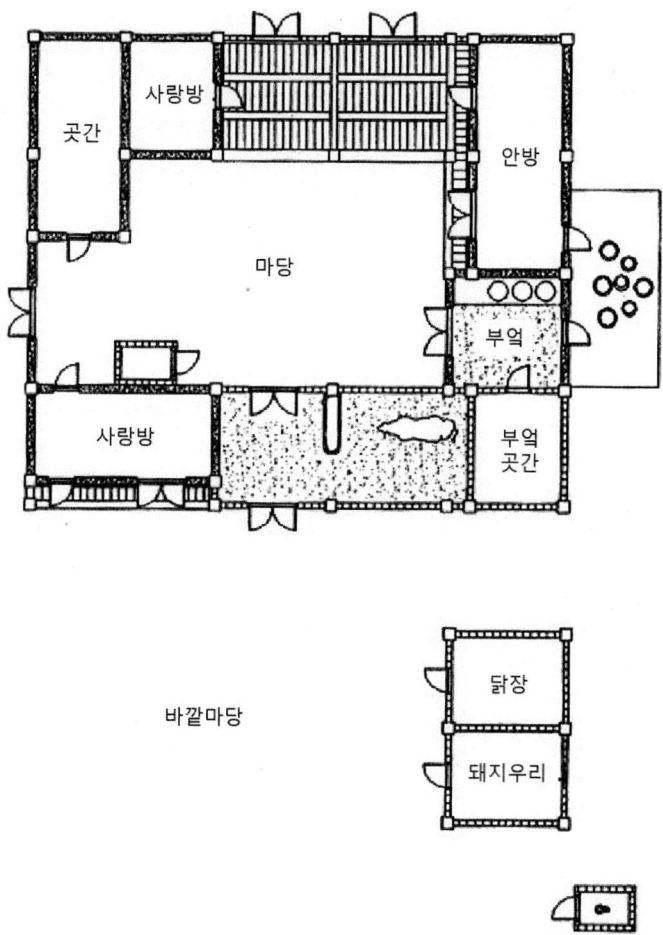

2. 연백군 김희찬 씨 댁

- 성명: 김희찬(1931년생)
- 주소: 황해도 연백군 유곡면 식현리
- 가족: 6인, 조부, 부모, 형제
- 경제: 농업, 중류계층
- 마을: 해안가 농촌, 120호
- 주택: 200년 전 건립, 세 겹 양통집, 우진각 초가지붕

황해도 세 겹 양통집

이 집 역시 황해도의 남단 경기도와 경계지역인 연백군에 소재했던 집이다. 이 집이 소재한 마을은 해안가에 있었는데, 전업농으로 기재한 것으로 보아 어촌이 아닌 농촌마을이었던 것으로 보인다. 마을규모도 120호가 모여 사는 비교적 큰 마을이었다. 경영규모를 기재하지는 않았지만 중류계층이라고 기술했다. 가족은 3대 직계가족이 동거한 것으로 보인다.

이 집은 200년 전에 건립했다고 기억하는데 정확하지는 않다. 다만 식민시기 이전에 건립된 것은 분명하다. 주 건물은 1채로 구성되고 1칸짜리 창고 2개와 변소를 주변에 두었다. 건물 전체를 둘러 담장을 세웠는데 큰방과 부엌 뒤편으로 '뒤란(뒷마당)'을 두고 사랑방 앞쪽에는 정원이라고 기재했다. 뒤란에는 장독대와 광으로 기재한 곡식창고가 있었다.

이 집은 안마당이 없는 일자형 양통집인데 공간이 석 줄로 배열된 세 겹 양통집이다. 이를 석줄백이 양통집이라고도 한다. 양통집은 안마당이 없는 대신에 봉당을 둔다. 봉당이란 지붕이 덮인 마당이라고 할 수 있다. 봉당은 강원도나 경북 산악지대의 집중형 주거에서 많이 나타나는 공간이다. 공간구성은 앞의 사례인 이은호 씨 댁과 유사하나 안마당에 지붕이 덮인 형식이다. 이러한 봉당집은 황해도와 경기도 도서지방에서 많이 나타난다. 봉당에는 칸막이 벽

을 두어 봉당공간을 나누었는데 이는 머슴이 사용하는 대문채와 격리시켜 주인생활 영역의 프라이버시를 보호하려는 의도로 보인다.

■ 1차 도면

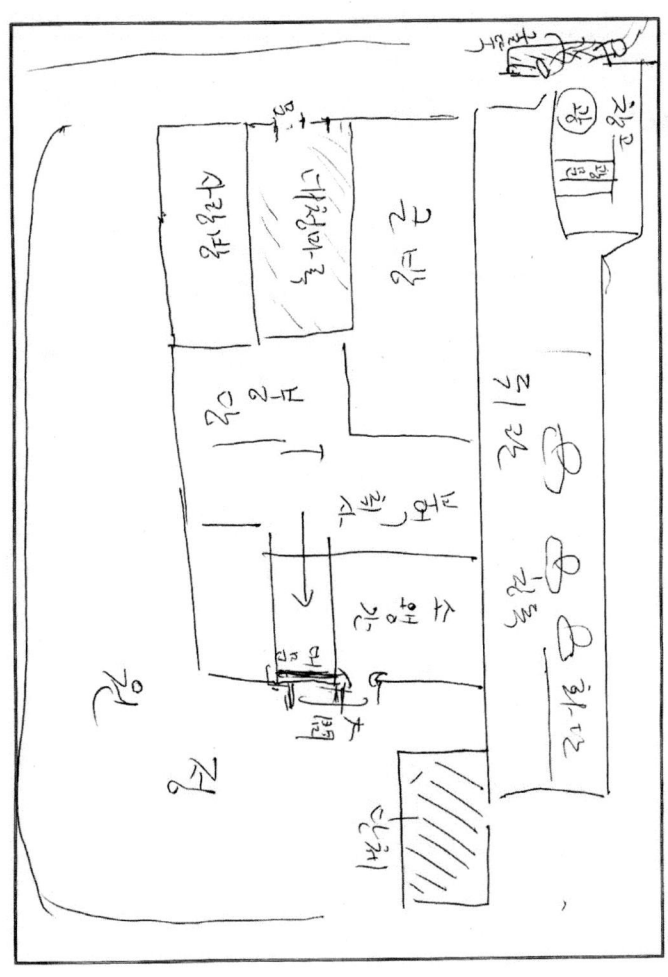

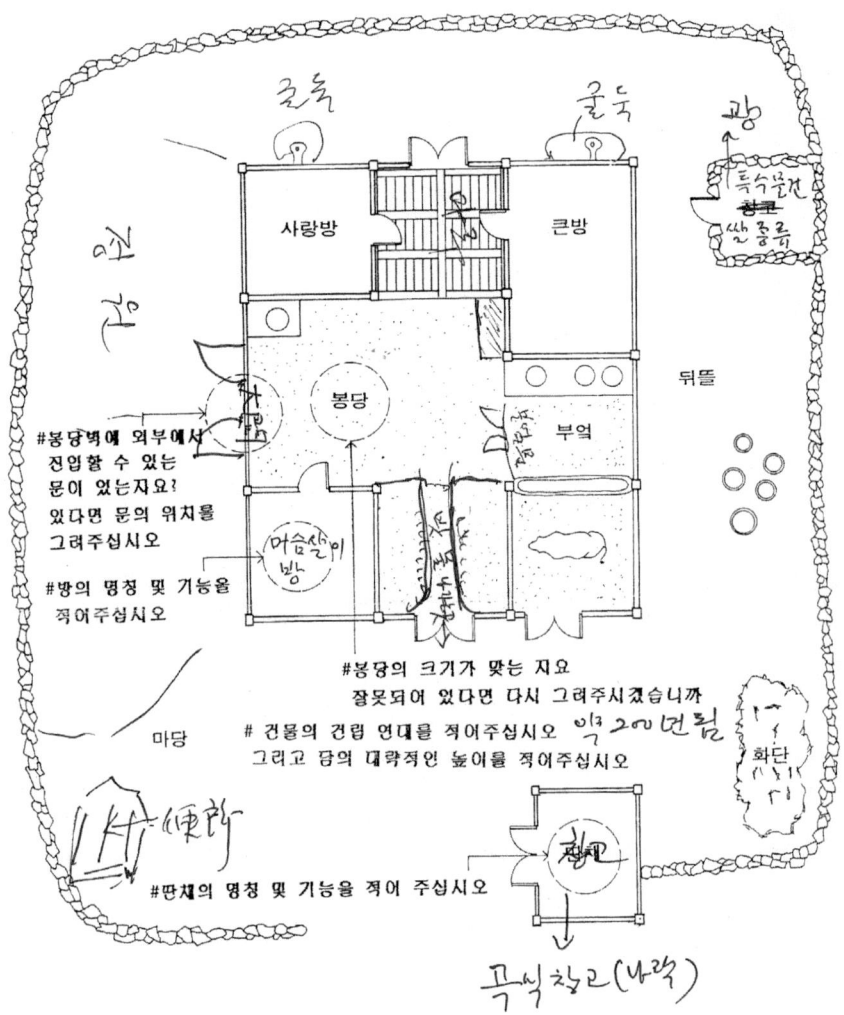

굴뚝

굴뚝

광

특수물건
항아리
쌀 종류

사랑방

큰방

뒤뜰

봉당

#봉당벽에 외부에서
진입할 수 있는
문이 있는지요?
있다면 문의 위치를
그려주십시오

#방의 명칭 및 기능을
적어주십시오

머슴살이
방

부엌

#봉당의 크기가 맞는 지요
잘못되어 있다면 다시 그려주시겠습니까

마당

건물의 건립 연대를 적어주십시오 약 200년됨
그리고 담의 대략적인 높이를 적어주십시오

화단

便所

#딴채의 명칭 및 기능을 적어 주십시오

곡식창고 (나락)

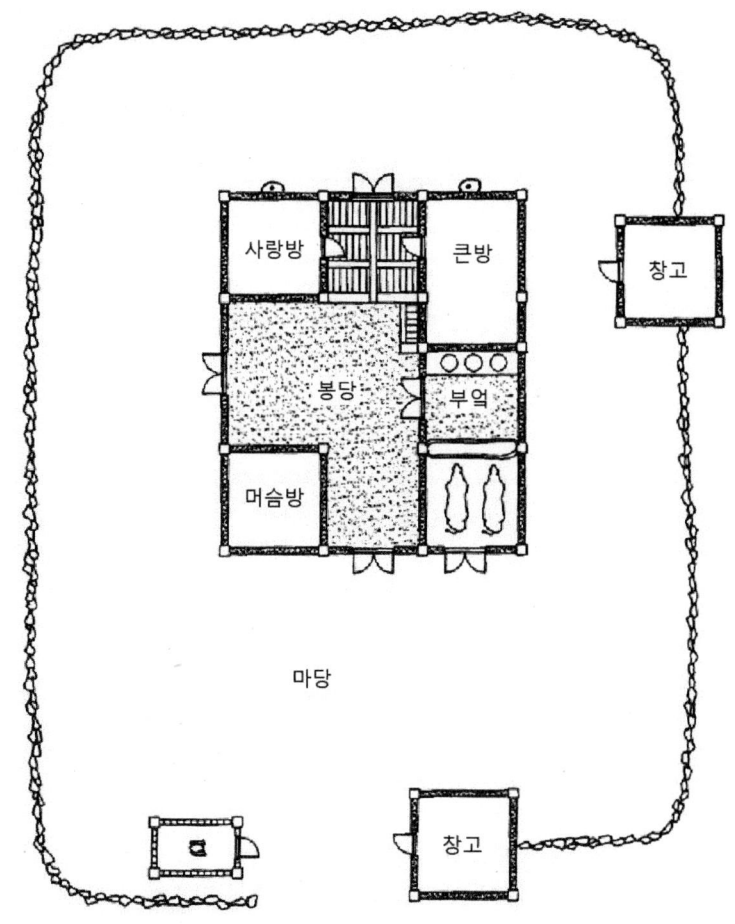

3. 연백군 안보영 씨 댁

- 성명: 안보영(1937년생)
- 주소: 황해도 연백군 화성면 송천리
- 가족: 8인, 조모, 부모, 형제
- 경제: 농업, 중류계층, 논 6,000평, 밭 2,000평
- 마을: 평야지대 면소재지, 200호
- 주택: 1930년대, 튼 ㅁ자집, 초가지붕

ㄷ자형 살림채와 ㅡ자형 대문채의 결합

이 집은 연백군 화성면 송천리에 소재했던 집이다. 연백군은 황해도 동남부에 위치한 평야지대로서 곡창지대인 연백평야가 펼쳐진 곳이다. 이 집이 소재한 마을이 면소재지는 아니지만 200호 정도의 규모를 갖는 큰 농촌마을이었다. 자료제공자의 가정은 논 6,000평, 밭 2,000평을 경작하는 농가로서 중류계층이었다고 기재했다.

이 집은 1930년대에 건립된 것으로 기억한다. ㄷ자형 살림채와 일자형 대문채가 ㅁ자형으로 결합된 튼 ㅁ자집이다. 두 건물의 지붕은 초가지붕으로서 분리되어 있었다. 진입부분의 앞마당은 개방되고 건물 옆에만 담장을 쌓았다. 동쪽에 있는 뒷동산에 기대에 건물을 배치하였기에 서향집이 되었다고 한다. 앞마당에서 1m 정도 높이의 석축을 쌓아 대문채를 세웠고, 다시 안마당에서 1자정도 높이로 바닥을 조성했는데 이러한 석축을 '툇돌'이라고 기록했다.

이 주택은 아래채(대문채)와 안채의 축이 다르다는 점에서 특이하다. 대문채는 서향이나 안방은 남향으로 배치하였다. 안방의 채광을 고려한 것이 아닌가 생각된다. 본래 대청이 있어야 할 자리는 빈칸으로 두었고 "추수 때 곡식 가마를 쌓아두는 곳이며 평상시에는 각종 일을 하는 장소로 사용한다"고 기록했다. 대청이 유행하기 이전의 형식이 아닌가 생각된다. 안방 뒷부분의 마당은 자연스럽게

뒤안(뒷마당)이 되었고, 그곳에는 장독대와 여자들이 사용하는 변소를 두었다.

■ 1차 도면

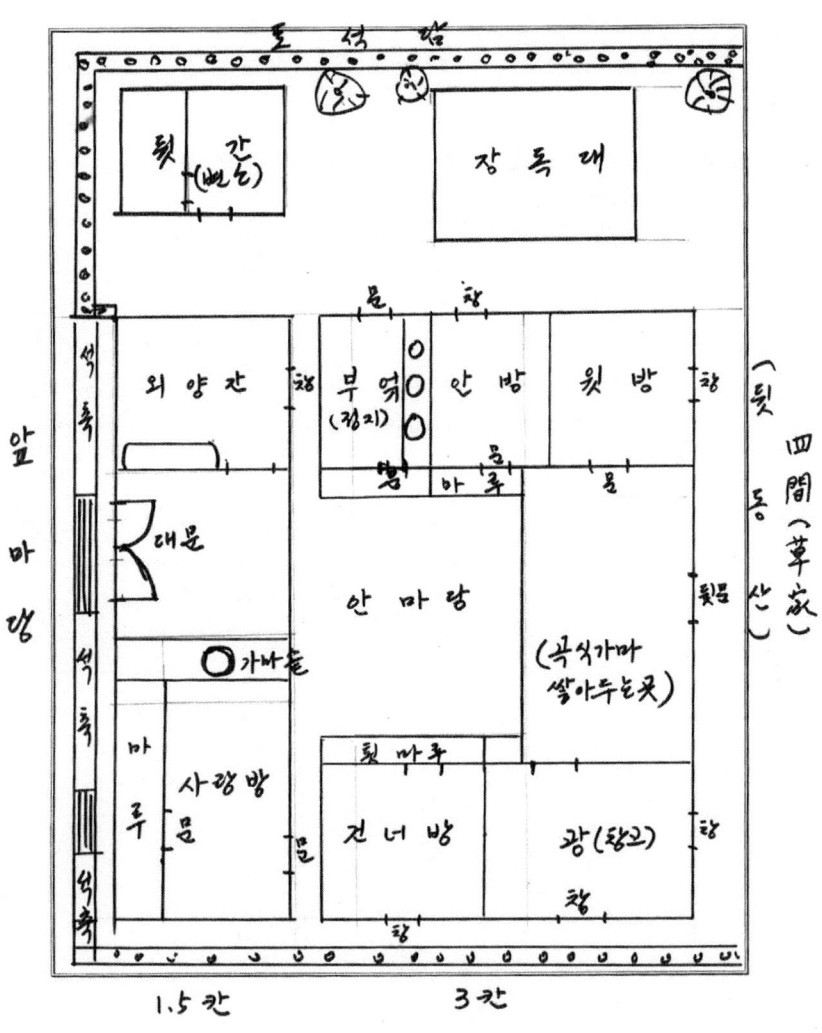

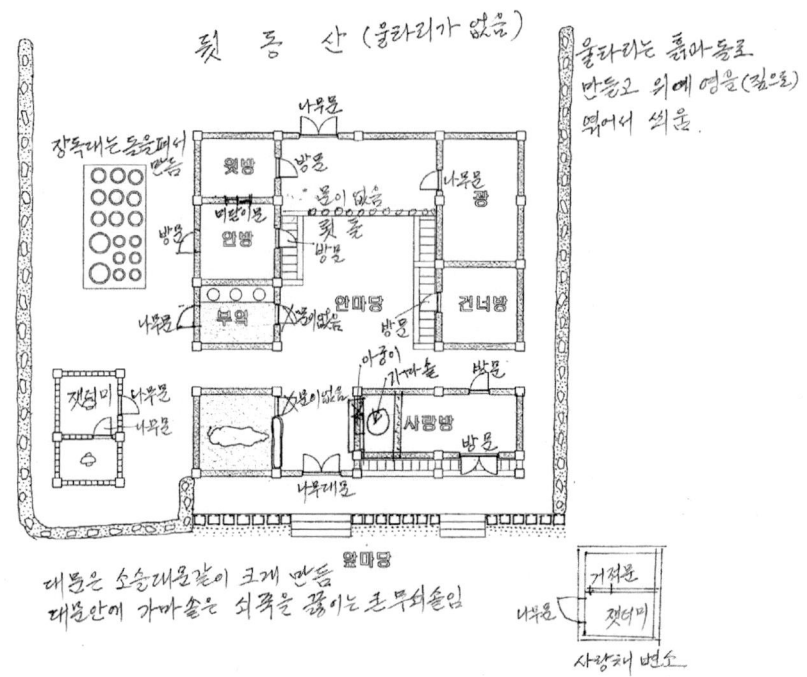

뒷 동 산 (울타리가 없음)

울타리는 흙과 돌로
만들고 위에 영을(짚으로)
엮어서 씌움.

장독대는 돌을 펴서 만듬

윗방　방문
안방(미닫이문)
방문
물이 없음
윗물
방문
나무광
나무문
부엌
낮이없음
안마당
방문
건너방
나무문

젯엄미
나무문
나무문

아궁이
가마솥
박문
낮이없음
사랑방
방문

나무대문

월마당

대문은 소슬대문같이 크게 만듬
대문안에 가마솥은 쇠죽을 끓이는 큰무쇠솥임

거적문
젯어미
나무문
사랑채 변소

1. 모든 문의 종류와 위치를 구체적으로 그려주세요. 방문은 재래식 살이 있는 창호지를 바른 문임
2. 부엌, 외양간, 광, 뒷간, 대문간, 곡석가마쌓아두는 곳 등의 벽체는 무엇입니까?
   (나무벽, 흙벽 등) 벽체는 수수깡을 엮어서 그위에 (나무문은 널판으로 만든 문임)
3. 곡석가마쌓아두는 곳의 바닥은 무엇입니까? 흙을 바름.
   (온돌, 나무바닥, 흙바닥)
4. 안마당과 곡식쌓아두는 곳이 트여있습니까? 트여 있음
   막혀있으면 문의 위치를 그려주세요.
5. 사랑채 앞에 있는 변소를 그려주세요.
6. 곡식가마쌓아두는 곳 옆에 있는 광의 바닥은 무엇입니까?
   (흙바닥, 온돌, 나무바닥)

※ 50년전에는 시멘트 또는 벽돌을 구경하기도 힘든 시절이엇으므로
벽체나 울타리는 흙을 이용하여 집을 지엇으며 지붕은 순수한
농촌이므로 짚으로 영을 엮어서 씌웠음.

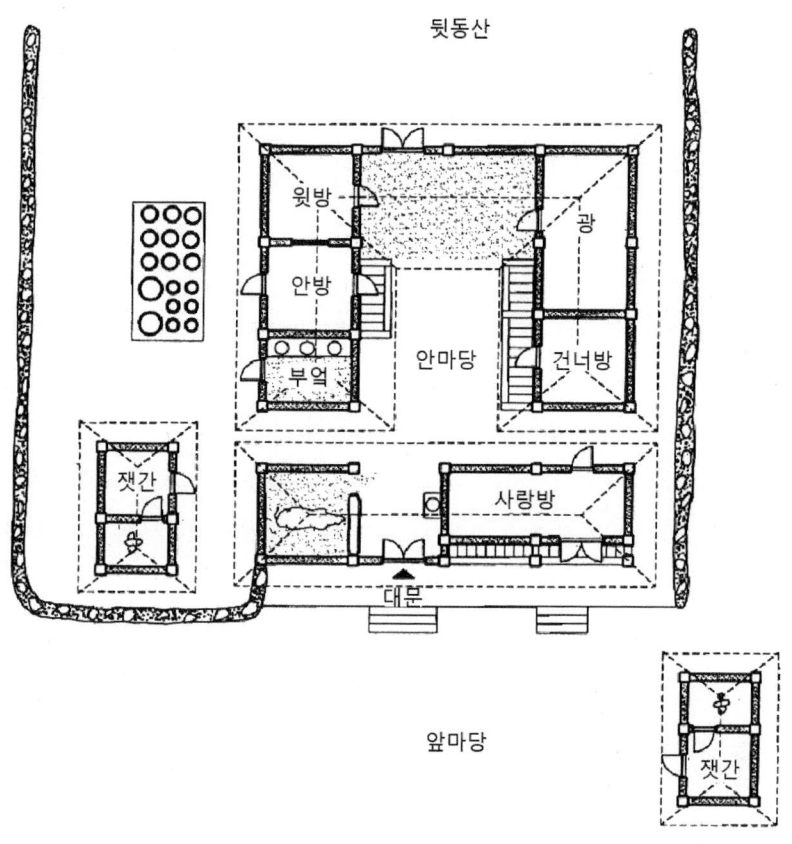

뒷동산

윗방

광

안방

안마당

건너방

부엌

잿간

사랑방

대문

앞마당

잿간

4. 연백군 신영희 씨 댁

- 성명: 신영희(1932년생)
- 주소: 황해도 연백군 해룡면 금산리
- 가족: 9인, 부모, 본인부부, 형제, 자녀
- 경제: 농업, 중류계층, 논 12,000평, 밭 2,300평
- 마을: 도시, 42호
- 주택: 1850년대, ㅁ자 똬리집, 초가지붕

19세기 ㅁ자 똬리집

이 집은 연백군 해룡면 금산리에 소재했던 집이다. 이 집에 있었던 마을은 도시라고 기재했는데 마을규모는 42호라고 기록했다. 아마도 면소재지 외곽의 농촌마을이었을 것으로 추정된다. 자료제공자의 가정은 논 12,000평, 밭 2,300평 정도를 경작하는 농가로서 중류계층이라고 기재했다. 경작규모로 보아 중상 정도의 경제력을 가졌다고 생각된다. 가족은 부모와 본인부부 및 자녀, 그리고 형제들을 합쳐 9인 정도가 동거했다고 한다.

주택은 조사 당시로부터 150년 전, 즉 1850년대에 건립되었다고 기억하지만 정확하지는 않다. 다만 조선 후기에 건축되었을 가능성은 높다. 주택형식은 초가지붕을 갖는 ㅁ자형 똬리집이다. 2차 수정도면에서 안마당에 지붕 처마선을 원형으로 그려주어 똬리집의 성격을 표현했다. 초가집이지만 주택규모를 24간이라고 기재한 것을 보면 중상류 정도의 형식임에 분명하다.

마당과 대문 등 진입부의 축으로 보면 남향집이나 안방과 뒷마당의 축으로 보면 서향집이다. 따라서 2개의 대문과 대문간을 갖는데 이러한 방식은 이 지역 ㅁ자집에서 흔히 나타나는 방식이다. 통상적인 배치는 동쪽 대문이 주출입구가 되어야 하나 이 집은 남쪽대문을 주 출입구로 사용했다. 쌀광과 김치광 등 수장공간이 큰 것은 이 집의 경제력을 반영하는 요소가 된다.

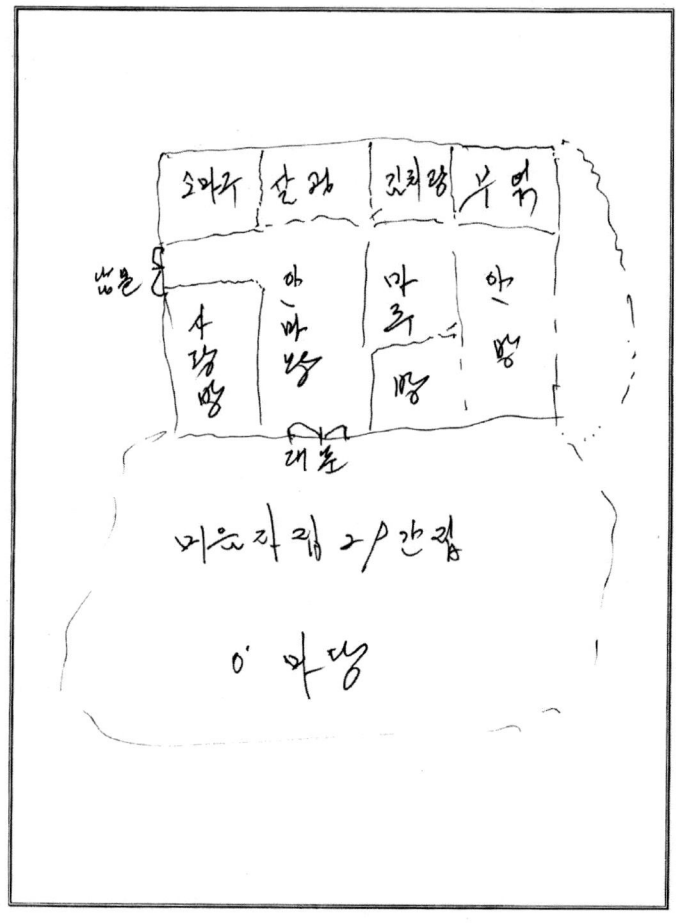

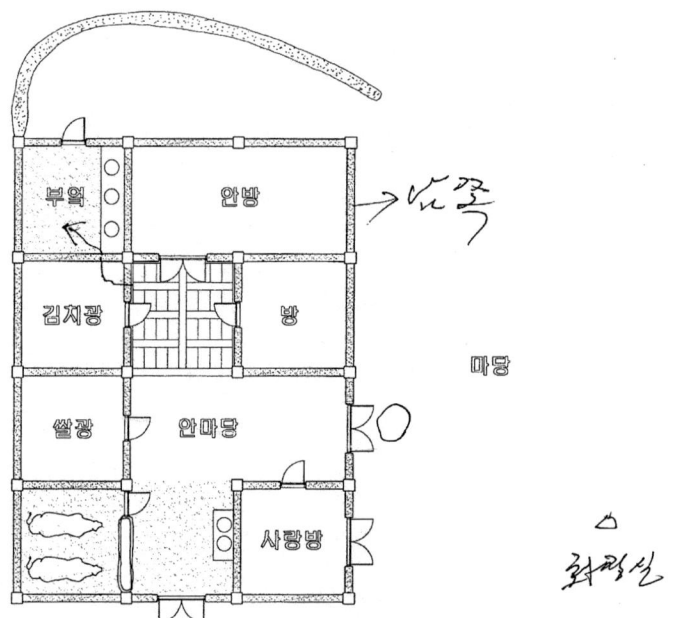

1. 구체적으로 문의 종류와 위치를 그려주세요.
2. 부엌, 소마구, 김치광, 찬광 등의 벽체가 무엇으로 되어있습니까?
   (나무판벽, 흙벽 등)
3. 마루에서 부엌으로 바로 들어갈 수 있습니까?
      있다면, 문을 그려주세요.
4. 부엌바닥, 마루바닥, 김치광의 높이가 같습니까?
5. 부엌, 마루, 김치광, 쌀광의 바닥은 무엇입니까?
   (나무널바닥, 흙바닥, 온돌)
6. 화장실은 어디에 있습니까?.
7. 주 된 대문은 어느 것입니까?
8. 방위(남쪽)를 표시하여주세요.
9. 담을 그려주세요.
10. 안마당에도 지붕이 덮혀있습니까?   안덮했습니다

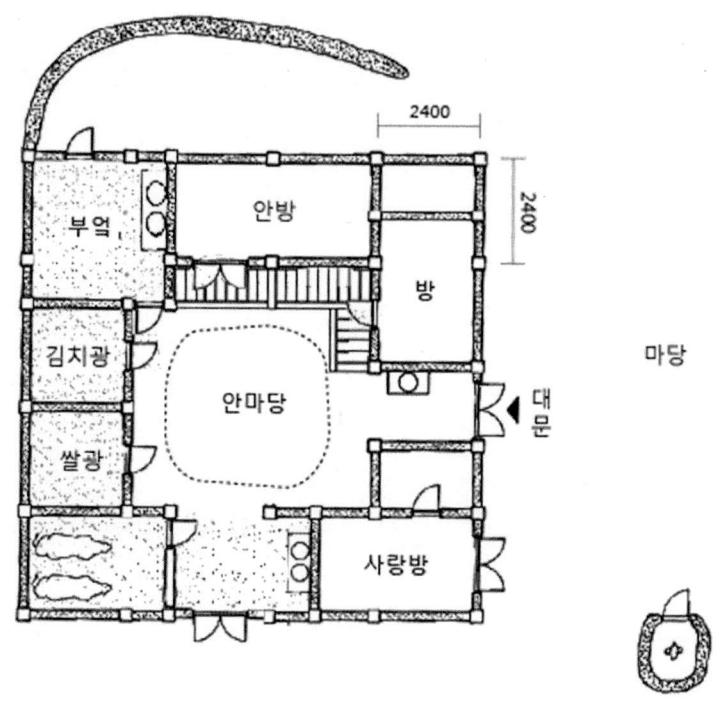

5. 연백군 차석권 씨 댁

- 성명: 차석권(1920년생)
- 주소: 황해도 연백군 용도면 발산리
- 가족: 4인, 부모, 처자
- 경제: 농업, 하류계층, 논 1,250평
- 마을: 해안가 농촌, 100호
- 주택: 1930년대, 튼 ㄷ자집, 함석지붕

대문채가 없는 튼 ㄷ자집

이 집은 연백군 용도면 발산리에 소재했던 집이다. 이 집이 있었던 마을은 해안가 농촌으로서 100호 정도의 규모라고 한다. 자료제공자의 가정도 농업에 종사했는데, 논 1,250평을 경영한다는 것으로 보아 소농계층이었다고 생각된다. 부모와 처자로 구성된 직계가족으로서 4인이 거주했다고 한다.

이 집은 1930년대에 건립된 것으로 기록했다. 지붕재료를 아연이라고 기재한 것을 보면 일제강점기에 지은 집이 분명하다. 주택형식은 ㄷ자집이지만 진입부에 판자벽으로 구획하여 ㅁ자집의 모습을 갖추었다. 주택의 규모나 형식으로 볼 때 완연히 소농주거의 모습이다. 대문 앞과 텃밭 사이에 개방된 마당을 두어 작업마당으로 사용했다. 2차 수정도면을 보내오지 않아 상세한 공간구성은 확인하기 어렵다.

대문간 좌우에 사랑방이나 외양간이 없다는 점도 소농주거의 특징을 반영한다. 살림채만 보면 ㄱ자형 꺾음집이다. 안방을 모서리로 꺾어지는 안방 꺾음형이다. 부엌과 창고가 연결되어 있지 않은 점이 독특하다. 안방 앞에 마루를 두어 건넌방과 격리시키는 방식은 이 지역의 보편적인 방식이다. 이 지역 ㅁ자집에서 대문채를 없애면 이와 같은 형식이 나타난다. 툇마루와 대청마루 앞에 유리문을 달았다는 점에서 일제강점기 근대적 재료의 사용을 보여주는 사례이다.

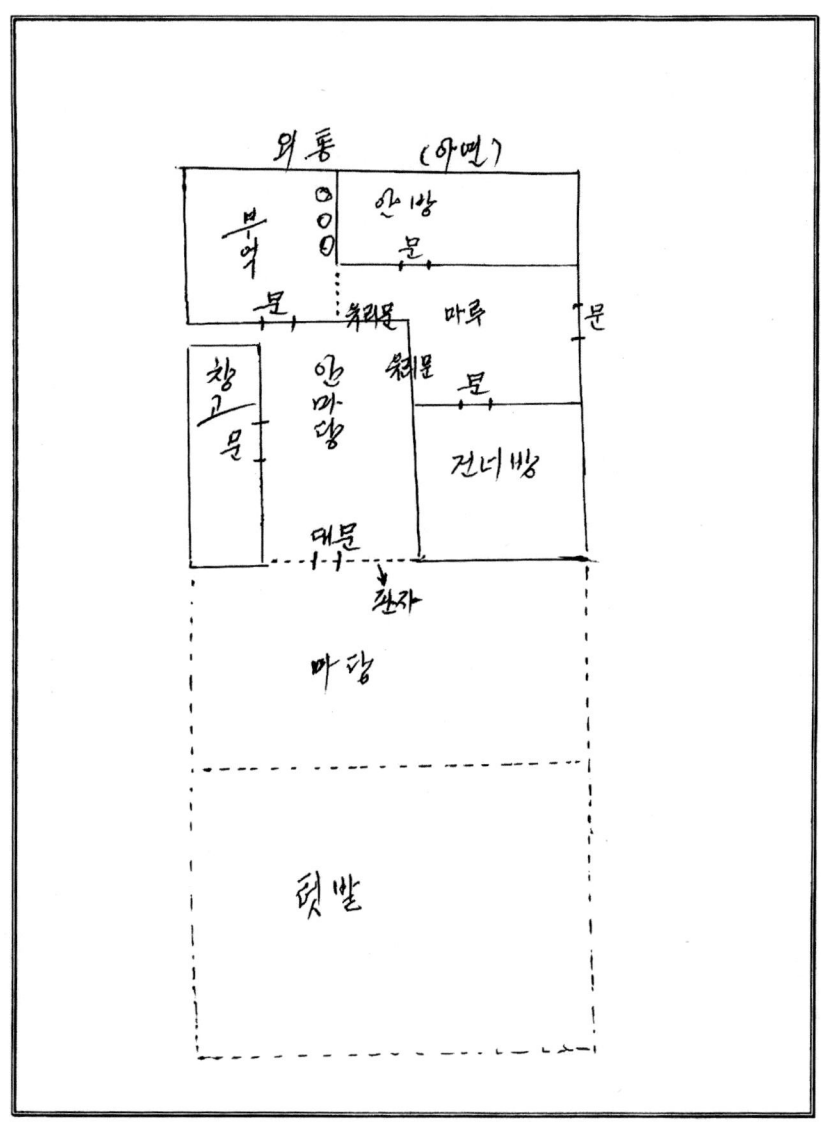

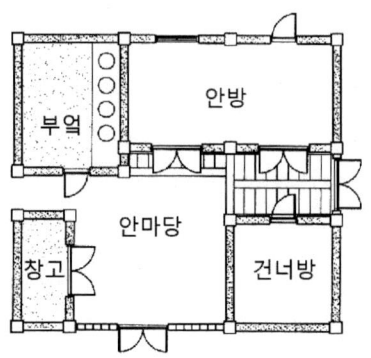

부엌

안방

창고

안마당

건너방

마당

텃밭

6. 연백군 차순용 씨 댁

● 성명: 차순용(1928년생)
● 주소: 황해도 연백군 운산면 우포리
● 가족: 5인, 모친, 부부+자녀, 형제
● 경제: 농업, 중류계층, 논 3,000평, 밭 800평
● 마을: 산지 농촌, 30호
● 주택: 연대미상, ㅁ자형 똬리집, 초가지붕

최소규모의 안마당을 갖는 ㅁ자형 똬리집

이 집은 연백군 운산면 우포리에 소재했던 집이다. 마을은 산지에 있는 농촌 마을이며 30호 정도가 모여 살았다고 한다. 자료제공자의 가정도 농업에 종사 했는데 논 3,000평, 밭 800평 정도를 경작하는 중농계층이었다고 한다. 가족은 삼대 직계가족으로서 미혼형제가 동거하는 형태를 취한다.

이 집이 언제 지어진 것인지는 기억하지 못한다. ㅁ자형 똬리집이라고 기록 한 것으로 보아 일제강점기 이전의 전통양식이었음이 분명하다. 안마당의 지 붕선 모서리를 사선으로 그려 똬리집임을 표현했고 '뚜아리 초가집'이라고 기 재했다. 안마당은 최소규모인 1칸에 불과하나 마루와 대문간이 있어 넓은 공간 감을 갖는다. ㅁ자형으로 지붕을 덮고 초가지붕이라는 점으로 보아 중농주거 의 계층성을 갖는다. 개방적인 안마당과 폐쇄적인 '뒤뜰안(뒷마당)'을 갖는 것 도 전형적인 이 지역 주거의 성격이다.

공간구성도 황해도 똬리집의 전형적인 구성이다. 대문간 양편에 사랑방과 외양간을 배치하는 것은 당연한 방식이나 그 위치가 바뀐 것이 차이가 있다. 대문간에서 안마당 쪽으로는 흙담을 쌓아 시선을 차단했다. 사랑방에서 앞마 당 쪽으로만 툇마루를 둔 것도 보편적이다. 살림채(안채)에 해당하는 부분은 ㄱ자형 꺾음집이며 안방과 건넌방 사이에 대청을 두었다. 부엌과 사랑방 사이

에는 광을 두었다. 지극히 표준적인 황해도 ㅁ자형 따리집을 대표하는 사례이다.

■ 1차 도면

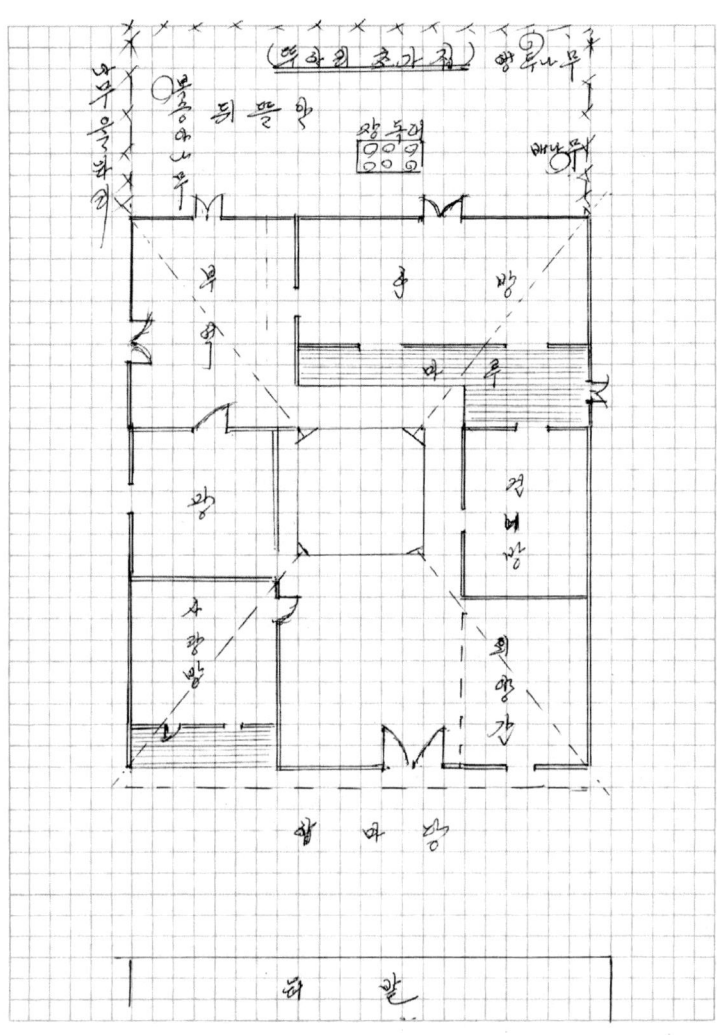

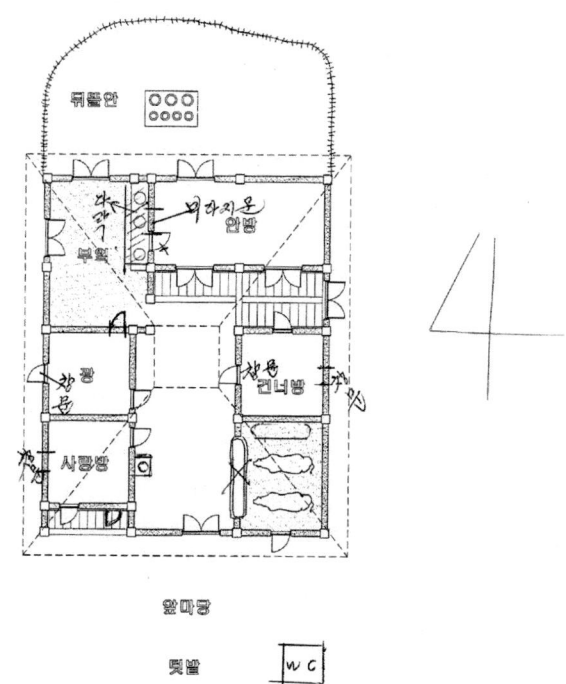

1. 모든 문의 종류와 위치를 구체적으로 그려주세요. *창살로 된 창호지문*
2. 부엌, 광, 외양간 등의 벽은 무엇입니까?
   (나무벽,(흙벽))
3. 부엌 중간에 기둥이 있습니까?
   있으면 그려주세요. *있음*
4. 부엌에 솥과 아궁이를 그려주세요.
5. 화장실은 어디에 있습니까?
6. 방위를 적어주세요.
7. 마루에 기둥이 있습니까?
   있으면, 그려주세요. *있음*

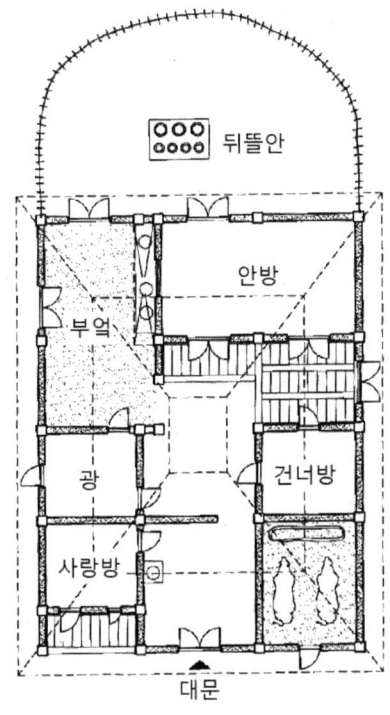

뒤뜰안

안방

부엌

광

건너방

사랑방

대문

앞마당

텃밭

7. 연백군 조희열 씨 댁

• 성명: 조희열(1932년생)
• 주소: 황해도 연백군 은천면 고읍리
• 가족: 6인, 조모, 모친, 부부+자녀, 형제
• 경제: 농업, 중류계층, 논 4,000평, 밭 2,000평
• 마을: 산지 농촌, 41호
• 주택: 1890년대, ㅁ자형 똬리집, 초가지붕

외양간을 내부에 둔 이유

이 집은 연백군 은천면 고읍리에 소재했던 집이다. 마을은 해발 650m의 치악산 산록에 위치한 자연취락이며 시야가 넓게 트여 연백평야가 펼쳐지는 곳에 위치한다고 했다. 마을은 전형적이고 전통적인 농촌마을인데 자료제공자의 가정도 논 4,000평, 밭 2,000평을 경작하는 중농계층이었다고 한다.

마을의 집들은 대부분 초가로 ㅁ자형, 또는 ㅇ자형 가옥들이었다고 설명한다. 초가지붕의 처마선에서 모서리부분을 둥글게 만든 똬리집을 'ㅇ자형 가옥'이라고 표현한 것이다. 이 집 역시 초가지붕의 똬리집인데 일제강점기 이전에 건립된 것으로 보아 전통양식을 그대로 보존한 사례라고 볼 수 있다. 윗방과 건넌방 사이에 마루가 없고, 건넌방과 사랑방 사이를 격리시키는 형식이다.

가옥의 공간은 대부분 안방, 윗방, 건넌방, 사랑방 등의 침실과 쌀독 김칫독으로 보관하는 헛간창고로 구성된다고 설명했다. 그리고 소를 한 마리 정도 키워 외양간이 있는데, 외양간은 대문간을 들어서면서 왼편에 두었다고 했다. 외양간을 대문간 옆에 두는 이유는 '도난방지 및 겨울철 보온 때문일 것'이라고 설명한다.

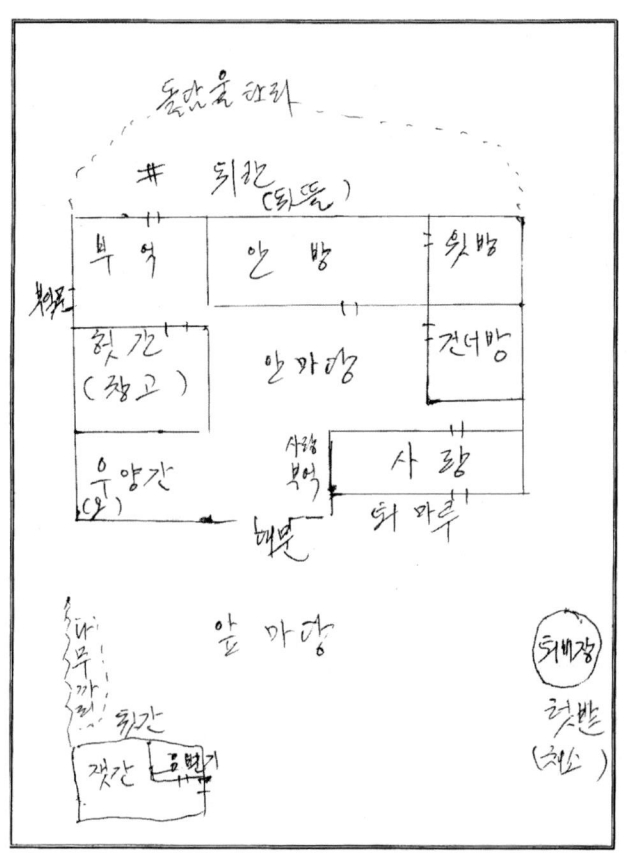

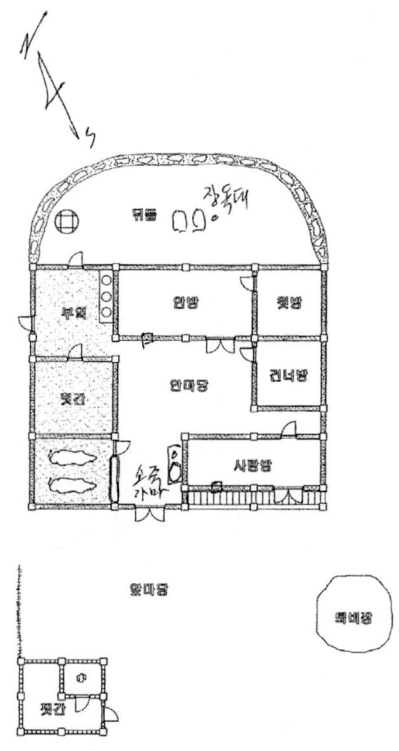

1. 구체적으로 문의 종류와 위치를 그려주세요.
2. 부엌, 헛간, 외양간, 변소, 젯간 등의 벽체가 무엇으로 되어있습니까?
   (나무판벽, 흙벽 등)
3. 부엌에 솥과 아궁이를 그려주세요.
4. 부엌, 헛간, 외양간이 모두 각각 1칸으로 되어있습니까? 1칸
5. 사랑방에서 툇마루 쪽으로 문이 하나밖에 없습니까? 작은 쪽문하나더있음(큰문은 안하고
   작은 내다보는용이)
6. 방위를 적어주세요.
7. 안마당에도 지붕이 덮혀있습니까? O자형으로 지붕없음

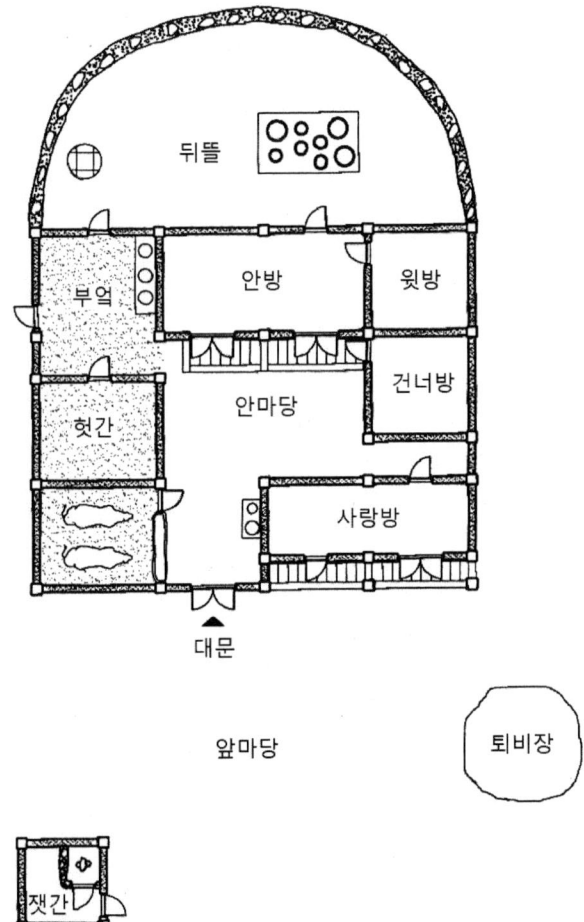

8. 연백군 이진태 씨 댁

- 성명: 이진태(1925년생)
- 주소: 황해도 연백군 괘궁면 생금리
- 가족: 6인, 부모, 본인부부, 자녀
- 경제: 교사, 중류계층, 논 12,000평, 밭 5,000평 소작임대
- 마을: 산지 농촌, 25호
- 주택: 1932년, ㅁ자형 똬리집, 초가지붕

황해도 똬리집의 발생배경

이 집은 연백군 괘궁면 생금리에 소재했던 집이다. 마을은 산지에 있는 농촌마을로서 25호 정도가 살았다고 한다. 자료제공자는 중학교 교사를 했는데 논 12,000평, 밭 5,000평의 토지를 소유하고 있어 일부는 소작에게 임대를 주었다고 한다. 중류계층이라고 기재했지만 상류계층이었음에 분명하다. 가족은 3대 직계가족으로만 구성되었는데 사랑방에는 머슴이 기거했다고 한다.

이 집은 1932년에 건립된 ㅁ자형 똬리집이다. 자료제공자는 이 지역 똬리집에 대해 다음과 같이 기술했다. "이 지역의 중상류주택은 초가집이나 기와집을 막론하고 대부분 똬리집이다. 하류층 집도 일자형이나 ㄱ자형이 없고 모두 ㅁ자형이다. 우리 동네에서 방 2칸과 부엌의 헛간으로만 이루어진 극빈자 집도 전부 ㅁ자형이라 대문만 닫으면 침입이 불가하다. 영호남지방에 가면 일자형이나 ㄱ자형에 사립문이 있는데 너무 허전하다. 황해도지방에 ㅁ자형이 유행된 것은 추운 지방이라 방풍의 목적이 있고, 예부터 청나라, 몽고군이 침입할 때 이 지역이 통로가 되었기에 외침방비를 위한 것이라고 생각된다."

이 집의 공간구성도 ㅁ자형 똬리집의 전형에서 벗어나지 않는다. 안뜰을 '비눈 내리는 똬리공간'이라고 표현한 점이 흥미롭다. 다만 주택규모가 크고 벽체 상부에 회벽을 했다는 점에서 고급성을 보여준다. 자료제공자는 정면도까지

그려주었는데 벽체의 하부는 자연석과 회반죽으로 마감했고 상부는 회칠로 마감했다. 상부벽에 사랑방의 창문이 있었다는 사실도 그려졌다.

■ 1차 도면

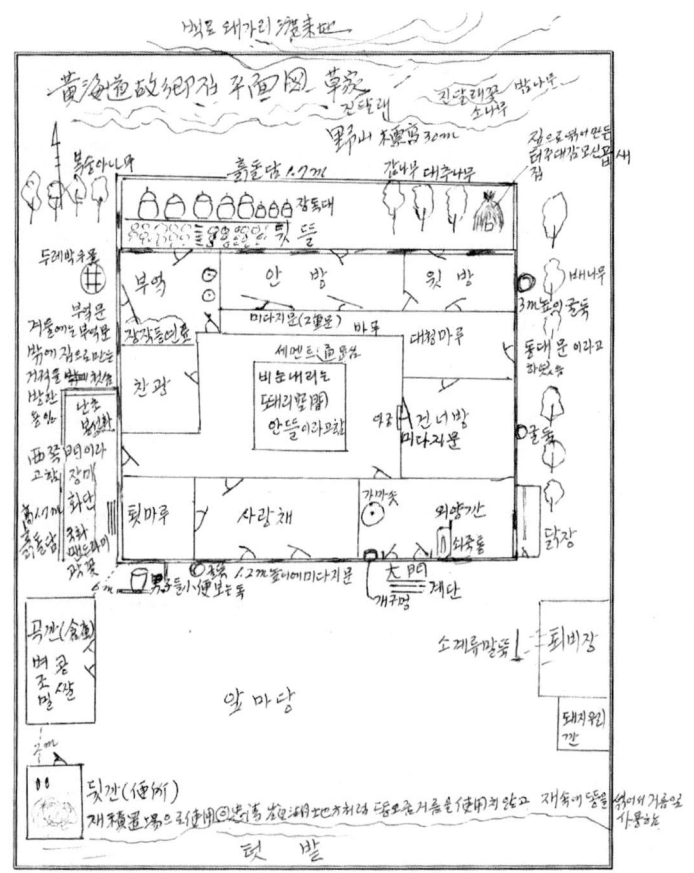

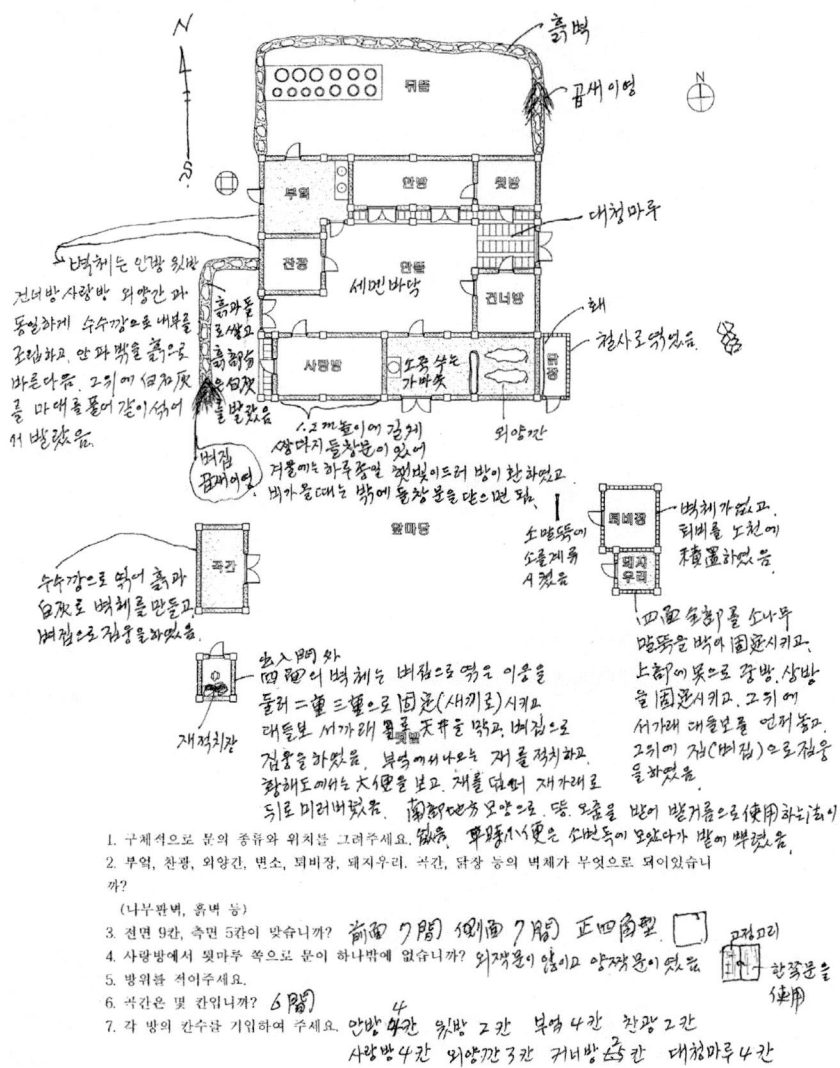

N

→ 흙벽

→ 꼼새이영

대청마루

해
청사로덕었음.

N

흙파돌
로쌓고
흙을쑤수
깡사이로
흙발랐음

건너방 사랑방 외양간 과
동일하게 수수깡으로 내부를
고름하고, 안 과 밖을 흙으로
바른다음. 그리에 石灰 灰
를 마애를 풀어 갈이섞어
서 발랐음.

벽혀도 안랑 윗방

버집
꼼새이영

.소끼놀이며 김제
상마지 들창문이 있어
겨울에는 하루종일 햇빛이드러 방이 한했었고
비가올때는 밖에 들창 문을 닫으면 돼.

소맡둑에
소를계류
시켰음

독비장
돼지
우리

벽처가 없고
뒤벼를 노천에
積置했음

수수깡으로 엮어 흙과
白灰로 벽체를 만들고
벼집으로 집을짜했음.

죽간

재척치장

出入門 와
四圍의 벽체는 벼집으로 엮은 이엉을
둘러 二重 三重으로 固定(새끼로)시키고
대들보 서까래 鹿井을 맞고, 벼집으로
집웅을 하짰음. 북역에서나으루 져를 정치하고
황해도에서도 大便을 보고, 재를 덮어 재거로
뒤로 미러버렸음. 南部大方 모양으로. 땅. 모음을 받어 밭거름으로 使用하는法이
없음. 북쪽小便은 소면독의 모양다가 밭에 뿌렸음.

四圍 全체로를 소나무
맑둑을 박어 固定시키고.
上部의 뭇으로 광방. 상방
을 固定시키고. 그리에
서까래 대룰보를 언저놓고.
그리에 집(벼집)으로 집웅
을 하짰음.

고정고리

한쪽문을
使用

1. 구체적으로 문의 종유와 위치를 그려주세요.
2. 부엌, 찬광, 외양간, 변소, 퇴비장, 돼지우리, 곡간, 닭장 등의 벽체가 무엇으로 되어있습니까?
   (나무판벽, 흙벽 등)
3. 전면 9칸, 측면 5칸이 맞습니까? 前面 7間 側面 7間 正四角型
4. 사랑방에서 뒷마루 쪽으로 문이 하나밖에 없습니까? 외쪽문이 앖이고 양쪽문이 있었음
5. 방위를 써이주세요.
6. 곡간은 몇 칸입니까? 6間
7. 각 방의 칸수를 기입하여 주세요. 안방 4칸 윗방 2칸 부엌 4칸 찬광 2칸
   사랑방 4칸 외양깐 3칸 커너방 2칸 대청마루 4칸

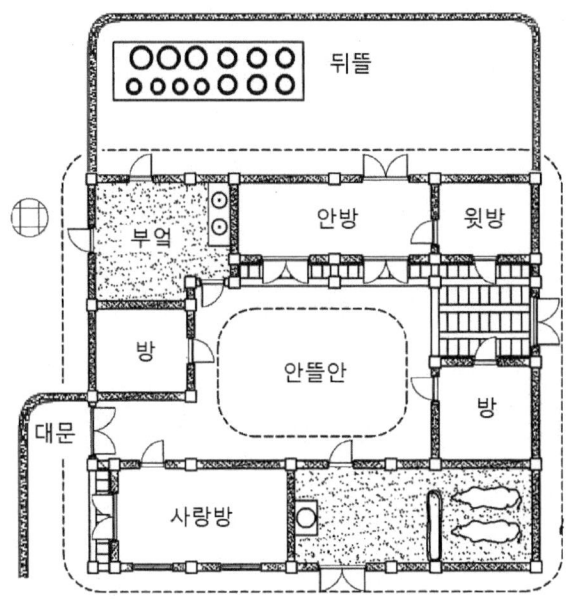

마당

9. 옹진군 이원환 씨 댁

- 성명: 이원환(1923년생)
- 주소: 황해도 옹진군 서면 읍저리
- 가족: 4인, 부부, 자녀
- 경제: 공무원+농업, 하류계층, 밭 1,000평
- 마을: 해안가 면소재지, 300호
- 주택: 1920년대, ㅁ자형 똬리집, 초가

중앙대청형 똬리집

옹진군은 황해도 서남단 서해안에 접하는 지역이다. 읍저리는 서면의 면소 재지가 있었던 마을로서 300호 규모라고 한다. 일제강점기부터는 도회지의 성 격을 가졌으리라 생각된다. 자료제공자도 우체국에 근무하는 공무원으로서 약 간의 농토를 가지고 있었다고 기록했다. 경제적으로는 하류계층이라고 기재했 고 당시에는 부부와 자녀만으로 이루어진 핵가족으로 살고 있었다.

이 집은 1920년대에 건립된 것으로 기억한다. 자료제공자는 이 집의 형식을 ㅁ자형 폐쇄집(똬리집)이라고 표현했다. 지붕은 비록 초가지붕이나 폐쇄집은 잘사는 사람들의 집형식이라고 설명했다. 이 지역에서 집 전체를 두르는 담장 은 세우지 않는다고 설명했음에도 이 집은 집 주변 전체에 흙돌담을 쌓았다. 도시화에 따라 이웃집과의 경계가 필요해진 것이 아닌가 생각된다. 앞마당에 는 방앗간, 농기구창고, 변소 등 농사관련시설이 있고 뒷마당에는 우물이 있다.

주택형식은 가로가 긴 장방형의 ㅁ자집이다. 대문간 좌우에 외양간과 사랑 방을 배치한 것은 전형적인 모습이다. 그러나 안채부분에 안방과 건넌방 사이 에 중앙대청을 둔 것은 황해도에서 드문 방식이다. 이러한 방식은 오히려 경기 도나 서울 지역에서 흔히 나타나며 황해도 주택에서 대청은 보통 꺾인 부분에 두기 때문이다. 원래 대청이 있어야 할 자리에 동쪽 문으로 통하는 빈 공간을 만든 것은 건넌방의 환경조건을 고려한 것으로 보인다.

■ 1차 도면

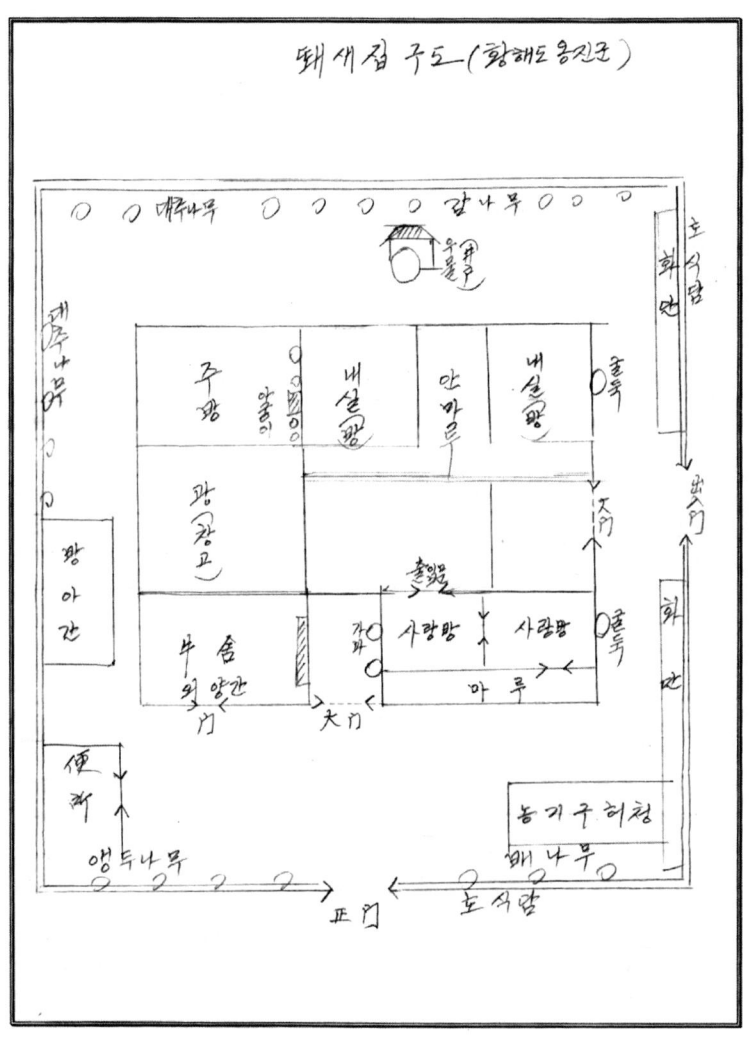

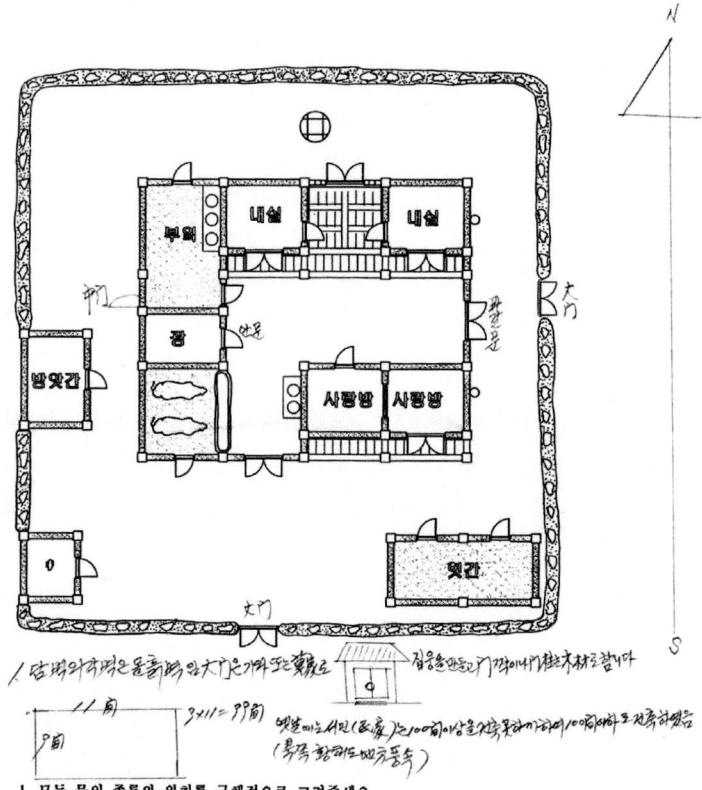

/ 담벽과 축대는 돌돌이며, 앞大門은 기와로만든 大門으로   집웅은 만들고 門 각에서 柱材로 하였음니다
      _11 面_   3×11=?9面   옛분에는 서민(庶民)은 10여間 이상을 짓죳못하기여 10여間이하로 건축하였음
   9面   (특히 황해도에로 동속)

1. 모든 문의 종류와 위치를 구체적으로 그려주세요.
2. 부엌, 광, 외양간, 방앗간, 변소, 농기구헛간 등의 벽체는 무엇입니까? 흙벽
   (나무판벽, 흙벽 등)
3. 광은 몇 칸으로 되어있습니까? 두칸
4. 안마당에서 부엌으로 들어가는 문이 있습니까? 中門이있음니다
   있으면 그려주세요.
5. 사랑방에서 툇마루로 나가는 문이 한 쪽부분에만 있습니까? 내성과 연결하기위하여 문이하나만있습니다
                                            아래ㅅ방은ㅅ 왕이고 위ㅅ방은 거슴하기되겠음니다
6. 방위를 표시하여 주세요.
7. 건설경험이 있습니까? 없음니다
   있으면 무엇을 하셨는지 적어주세요.

황해도 지방ㅅ하層엔ㅅ너와ㅅ돌로 집웅을 하면 너와 퍼집이라하고 기와로 집웅을하면 기와집이라고하였으며 마른ㅎ집으로 집웅을 하면
때ㅅ새집 이라고 하였음

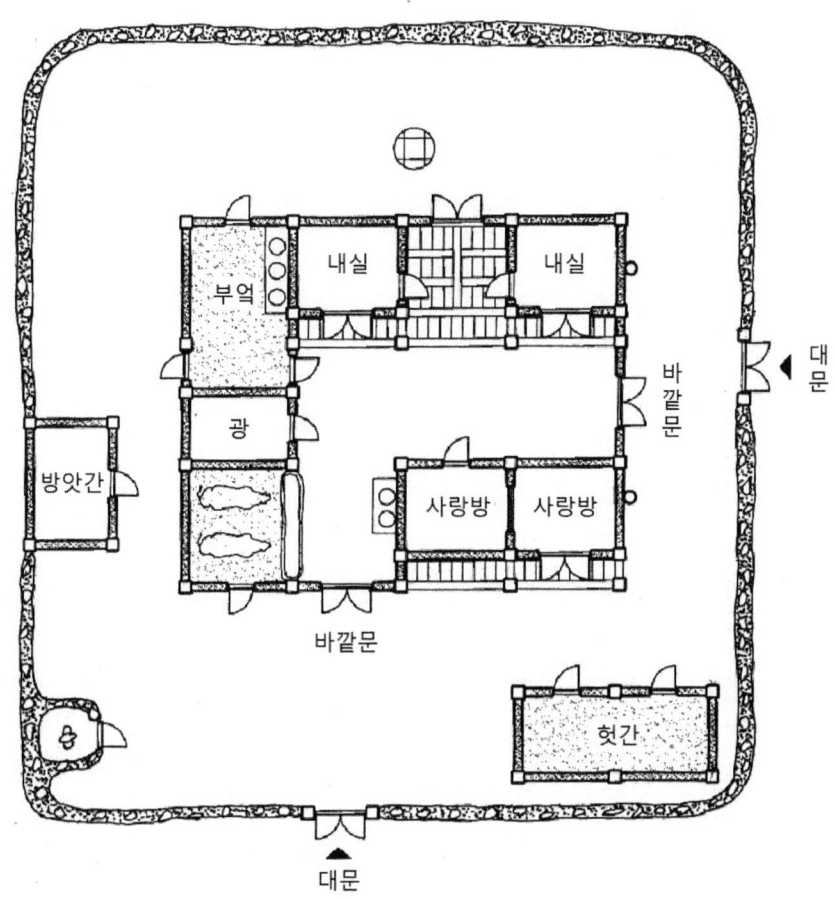

10. 옹진군 변영문 씨 댁

- 성명: 변영문(1926년생)
- 주소: 황해도 옹진군 동남면 송강리
- 가족: 10인, 부모, 형제
- 경제: 농업, 하류계층, 논 1,000평, 밭 2,000평
- 마을: 해안가 농촌, 140호
- 주택: 1930년대, 一자 양통집, 초가

외양간이 분리된 일자 양통집

이 집은 옹진군 동남면에 있었던 집이다. 마을은 해안가에 있는 농촌마을인데 140호 정도의 규모였다고 한다. 자료제공자의 가정도 농업에 종사했는데 논 1,000평, 밭 2,000평 정도를 경작하는 소농계층이었다. 가족은 직계가족으로서 10여 명이 동거했다고 한다.

건물 주변으로는 울타리를 둘러 세웠다. 외부공간이 거의 없을 정도로 건물 가까이에 울타리를 세웠는데, 방어나 경계표시라고 보기는 어렵고 방풍의 목적이 아니었나 생각된다. 양통집은 집중형 주거이기에 담장을 세우지 않는 것이 보통이기 때문이다. 봉당으로 출입하는 문을 대문이라 부르는 것도 이러한 영역인식을 보여준다.

이 주택은 1930년대에 건립된 것으로 기억한다. 주택형식은 외채 일자형 양통집이다. 주 건물 옆에 변소와 외양간을 둔 부속채가 있기는 하나, 주거건물로 보기는 어렵다. 지붕도 초가지붕이라는 점에서 이 지역 소농계층 주거의 전형적인 형식이라고 할 수 있다. 수정도면을 보내지는 않았다.

건물 안의 공간이 두 줄로 배열된 양통집이다. 대문을 들어서면 봉당이 있고 봉당 좌우에 곡간과 사랑방을 두었다. 원래 곡간자리에 외양간을 두기도 하나 악취나 해충 때문에 외부로 독립시킨 것이라고 볼 수 있다. 부엌과 안방, 골방,

사랑방을 ㄱ자형으로 배열하는 방법도 지극히 전형적인 방식이다.

■ 1차 도면

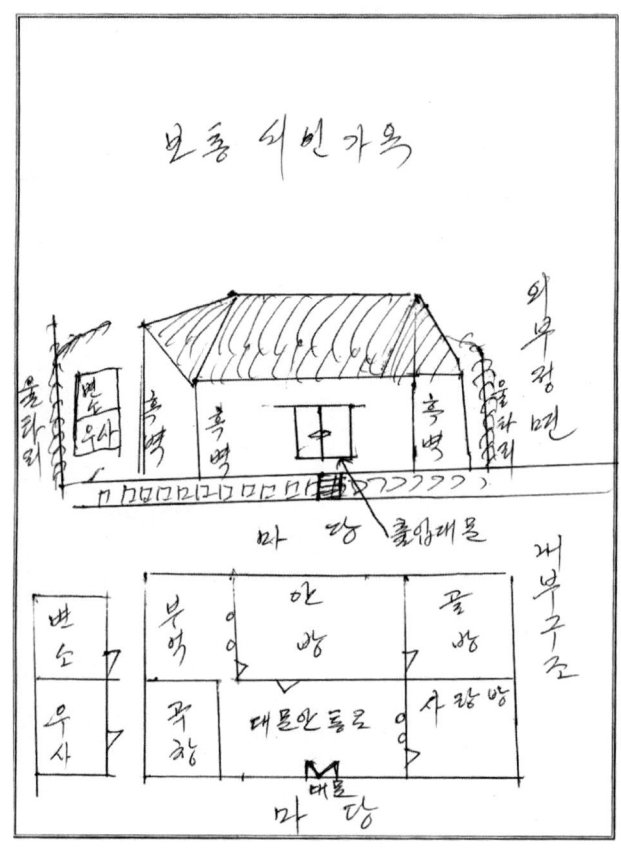

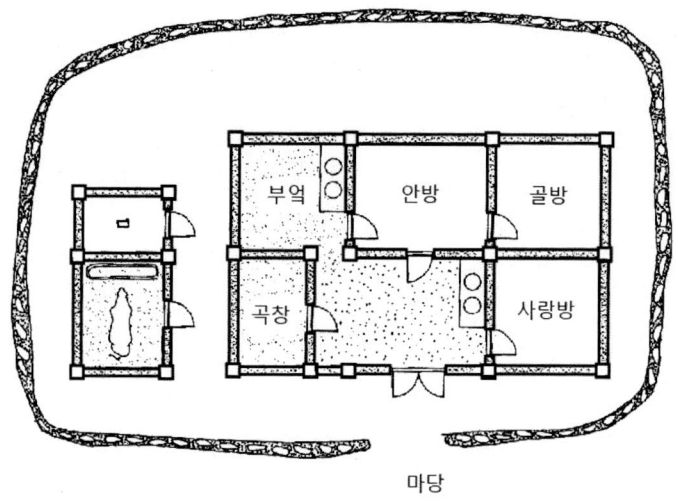

마당

II. 옹진군 곽봉석 씨 댁

- 성명: 곽봉석(1927년생)
- 주소: 황해도 옹진군 옹진읍 구계리
- 가족: 6인, 부모, 형제
- 경제: 농업, 중류계층, 논 2,000평, 밭 1,500평
- 마을: 평야지대 농촌, 30호
- 주택: 1940년대, 세 겹 양통집 초가

세 겹 양통집

이 집은 옹진군 옹진읍에 있었던 집이다. 마을은 평야지대에 있는 농촌마을인데 30호 정도가 사는 작은 마을이었다. 자료제공자의 가정은 논 2,000평, 밭 1,500평을 경작하는 중류계층이라고 기재했다. 주택의 형식으로 보면 초가집이며 양통집으로서 소농계층의 주택이다. 그러나 정면 3칸, 측면 3칸으로 구성된 세 겹(석줄백이) 양통집으로서 두 겹 양통집에 비해서는 큰 규모의 집이다.

이 주택은 1940년대에 지은 것으로 기억한다. 형식은 외채 일자형 양통집이다. 건물 앞에는 변소와 퇴비장이 있다고 기록했다. 건물 뒤에만 울타리를 둘러 뒷마당을 만들었고 여기에 우물과 작은 창고를 두었다. 건물 내부는 안마당이 없이 봉당을 거쳐 출입한다. 봉당 좌우에 찬광과 건넌방을 두었는데, "찬광은 외양간으로 쓰는 집도 있다"고 기록했다.

안방과 건넌방은 2칸을 통간으로 사용하는 장방이다. 침실이 단 2개라는 점에서 양통집 중에서 방 수가 가장 적은 사례이나 각 침실이 2칸 규모이기 때문에 결코 작은 규모는 아니다. 안방의 앞과 뒤에 툇마루를 둔 것이 특이하다. 남향집이기는 하나 지붕이 덮인 폐쇄적인 집이라 봉당과 안방은 대단히 어둡고 환기가 어려웠을 것으로 보인다.

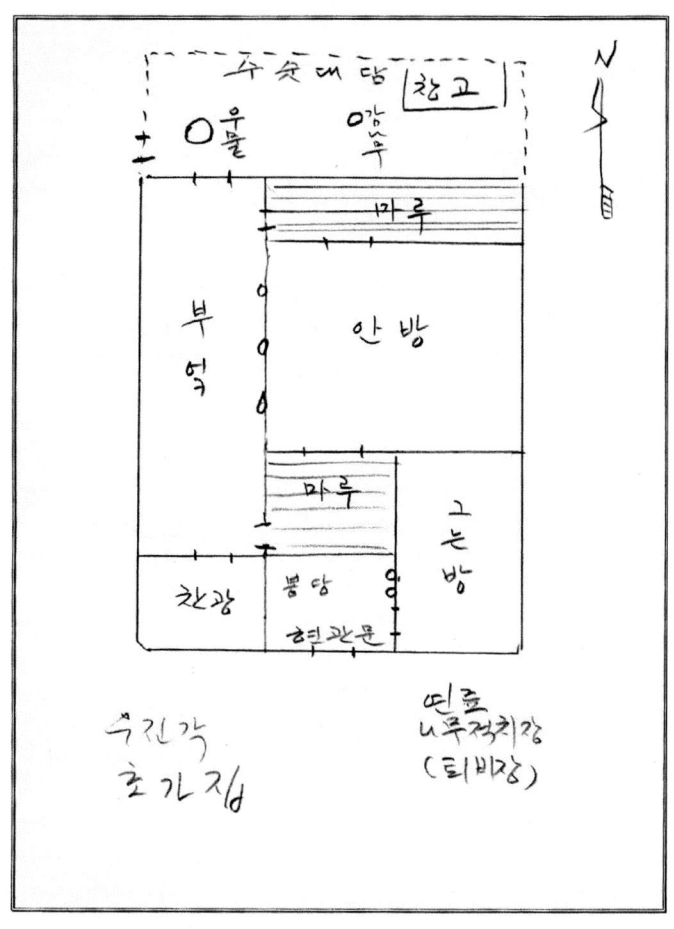

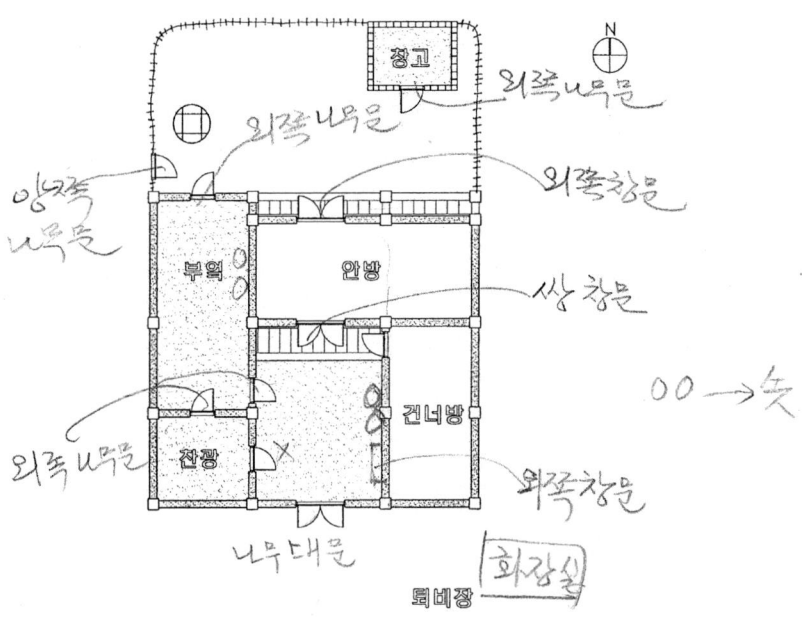

1. 구체적으로 문의 종류와 위치를 그려주세요.
2. 부엌, 봉당, 찬광, 변소, 창고 등의 벽체가 무엇으로 되어있습니까?   흙벽
   (나무판벽, 흙벽 등)   외벽은 ////
3. 안방은 몇 칸입니까? 3 칸
4. 마루는 무엇으로 되어있습니까? 목재
   (나무널마루, 흙마루)
5. 화장실은 어디에 있습니까? 따로 별채
6. 광과 사랑방사이에도 지붕이 연결 되어있습니까? 창고는 별채 임

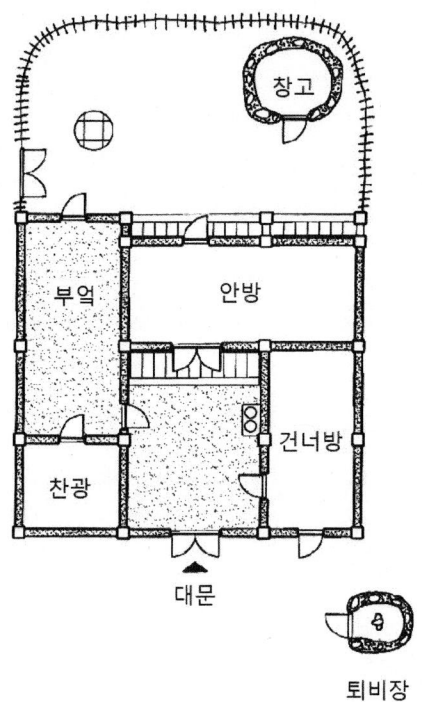

12. 옹진군 이연하 씨 댁

- 성명: 이연하(1929년생), 대목 경험
- 주소: 황해도 옹진군 부민면 내동리
- 가족: 12인, 조모, 부모, 형제, 기타 3
- 경제: 농업, 중류계층
- 마을: 평야지대 농촌, 60호
- 주택: 연대미상, ㅁ자형 똬리집, 초가

황해도 똬리집의 표본

이 집은 옹진군 부민면에 있었던 집이다. 마을은 평야지대에 있는 농촌마을인데 60호 정도가 사는 마을이었다. 자료제공자의 가정은 농사를 짓는 중류계층이라고 했지만 경작규모는 기재하지 않았다. 가족구성은 조모와 부모, 본인 부부, 형제를 포함하여 13인이라고 기록했다. 3대 직계가족으로서 결혼 전 형제들이 동거하는 형식이다.

주택은 언제 지은 것인지 알 수 없으나 형식상으로는 해방 이전 전통양식의 집이다. 개방적인 앞마당과 폐쇄적인 뒤뜰을 가지고 있으며 건물은 안뜰을 중심으로 ㅁ자형으로 배치된 똬리집이다. 이연하 씨는 대목일을 한 경험이 있다고 하는데, 1차 도면부터 대단히 정교하게 작도해주었다. 2차 수정도면을 보내지는 않았으나 배치도와 평면도는 비교적 신뢰할 만한 도면이다.

주택건물은 비록 초가집이지만 가로 4칸, 세로 4칸에 이르는 비교적 큰 주택이다. 대문간을 봉당이라고 하고 좌우에 외양간과 사랑방을 배치했다. 안방을 2칸 장방으로 사용하거나, 안방과 직교하도록 대청을 배치하는 형식도 황해도 똬리집의 전형적인 수법이다. 시대적 전통성, 황해도 지역성, 중농이라는 계층성을 대표할 만한 사례라고 할 수 있다.

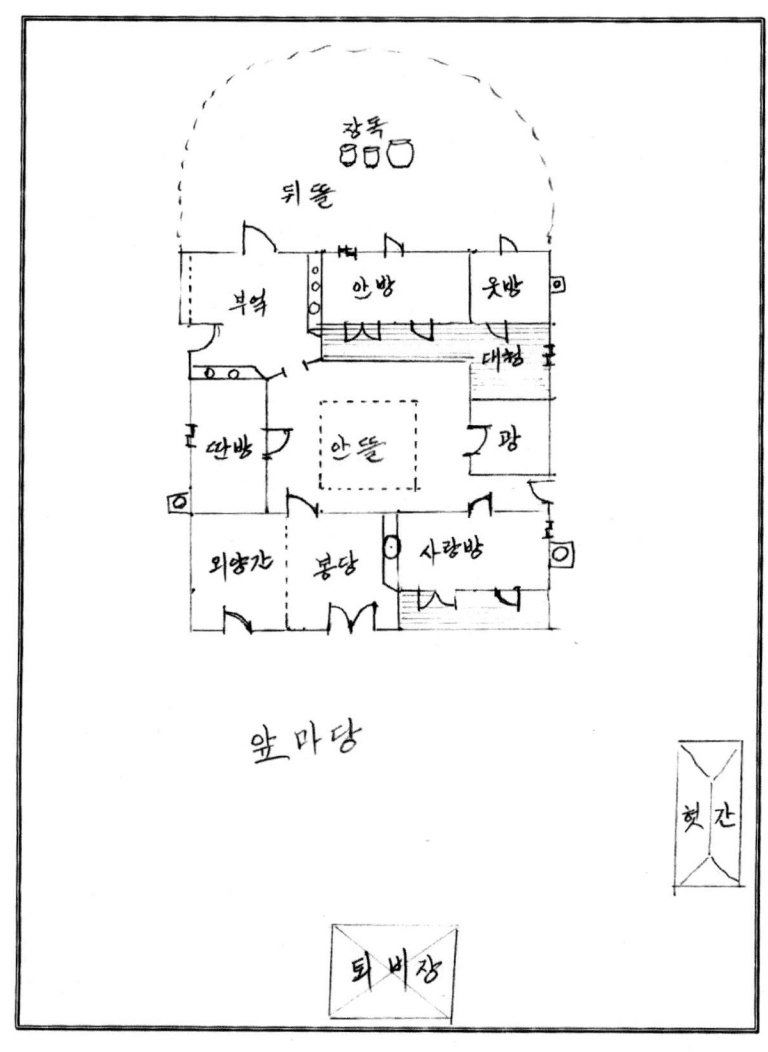

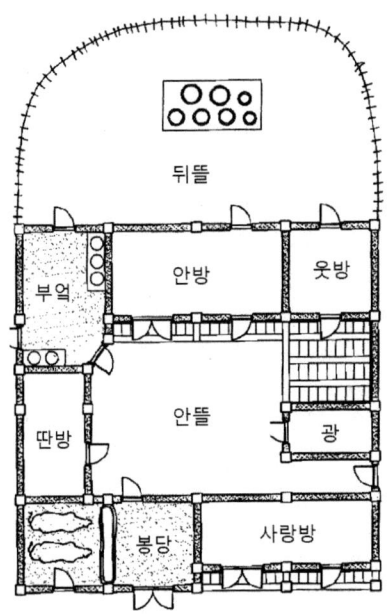

뒤뜰

부엌

안방

웃방

안뜰

딴방

광

봉당

사랑방

앞마당

헛간

퇴비장

13. 옹진군 정재관 씨 댁

- 성명: 정재관(1937년생), 잡일 경험
- 주소: 황해도 옹진군 봉구면 장수리
- 가족: 10인, 조부, 부모, 형제, 기타 2
- 경제: 농업, 상류계층, 논 6,000평, 밭 8,000평
- 마을: 평야지대 농촌, 250호
- 주택: 1935년, ㅁ자집, 너와지붕

부농계층의 ㅁ자 너와집

이 집은 옹진군 봉구면에 있었던 집이다. 마을은 농촌이라고 했지만 장수리는 봉구면의 면소재지로서 250호라는 규모로 보아 어느 정도 도시화가 진행된 지역으로 보인다. 하지만 자료제공자의 가정은 논 6,000평, 밭 8,000평 등 대규모의 토지를 경작하는 부농가정으로서 상류계층이라고 기재했다. 가족은 미혼의 형제들이 동거하는 3대 직계가족으로서 10인 정도가 살았다고 한다.

이 집은 일제 말기인 1935년에 지은 것이라고 한다. 양식상으로는 전통양식과 크게 다르지 않다. 부농답게 대지 면적이 대단히 넓다. 건물 밖 마당에 5칸짜리 부속채와 창고, 그리고 연자방앗간을 별도로 두었다. 부속채 뒤에는 노적가리를 쌓아두는 곳과 퇴비장이 있어 경영규모를 짐작하게 한다. 2차 수정도면을 보내오지는 않았으나 1차 도면이 대단히 정교하여 신뢰할 만하다.

주 건물은 ㅁ자집으로서 너와지붕을 덮었다. 대문을 들어서면 넓은 대문간을 봉당으로 사용하고 그 양 옆에 외양간과 사랑방을 두었다. 봉당과 안뜰 사이에도 칸막이와 현관문을 두어 프라이버시를 강화했다. 안뜰에 면한 침실들 앞에는 모두 툇마루를 두어 안뜰과 직접 연결되도록 만들었다. 대청 위치에 광을 둔 것은 수장공간에 대한 요구가 더 많았음을 짐작하게 한다.

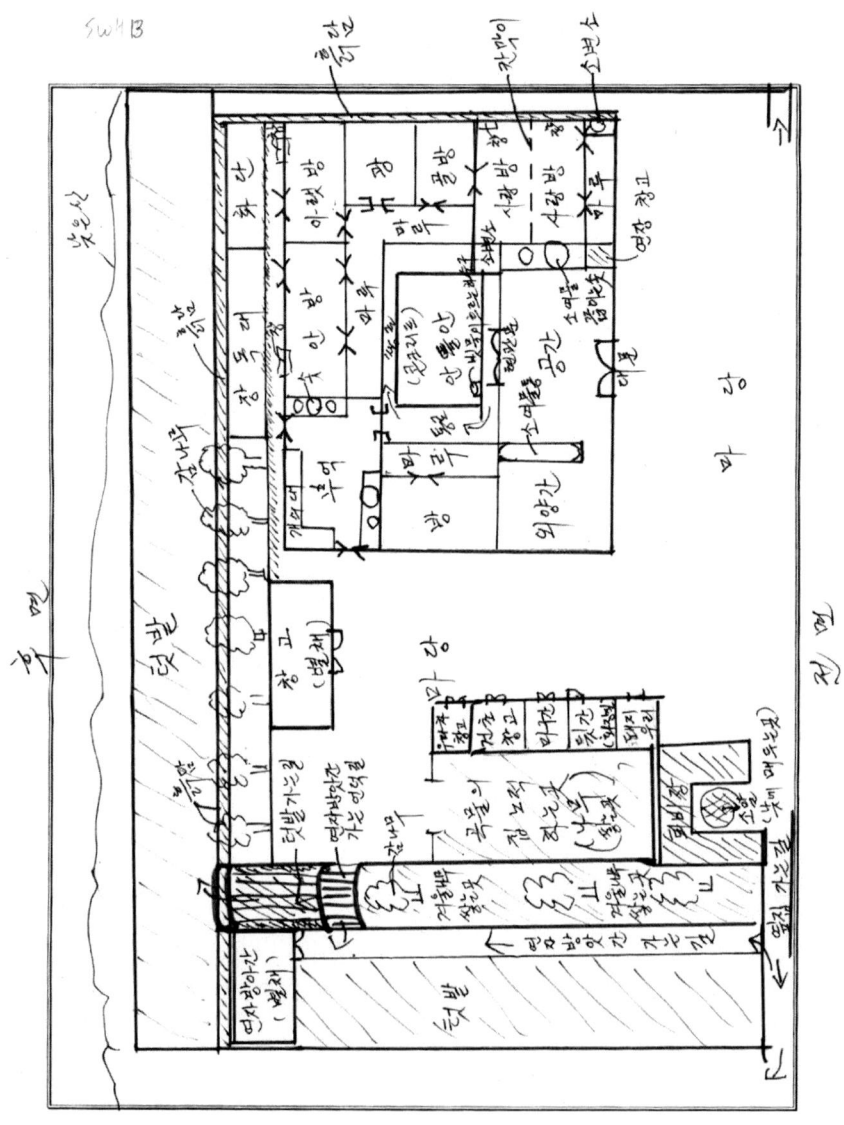

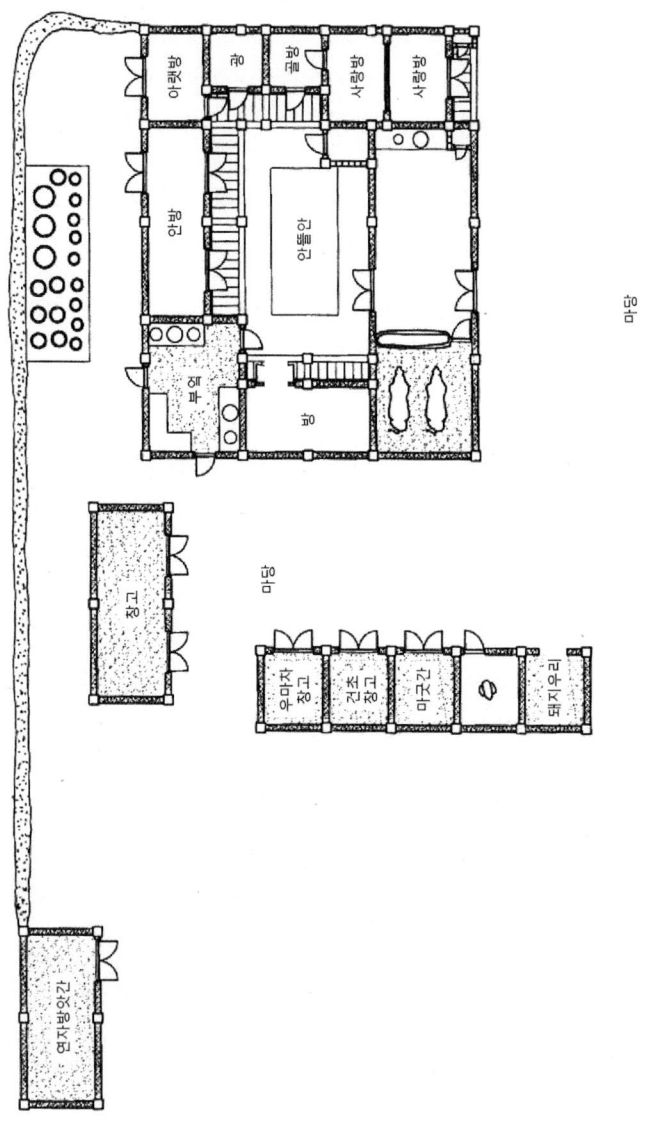

14. 옹진군 최경모 씨 댁

- 성명: 최경모(1924년생), 감독 경험
- 주소: 황해도 옹진군 동남면 어화도리
- 가족: 9인, 조모, 부모, 형제
- 경제: 농업+수산업, 중류계층, 논 3만 평, 밭 4만 평
- 마을: 도서지방 어촌, 300호
- 주택: 1935년, 二자집, 초가지붕

섬지방의 二자집

이 집은 옹진군 동남면 어화도리에 소재했던 집이다. 어화도는 옹진군의 섬으로서 300호가 모여 사는 단일마을의 어촌이었다고 한다. 자료제공자의 가정은 수산업과 농업을 겸했다고 하는데 부속건물로 해태건조장이 있었던 것으로 보아 김양식장을 경영한 것으로 생각된다. 농토의 경작규모는 논 3만 평, 밭 4만 평이라고 기재했으나 중류계층이라고 했고, 주택의 모습도 상류계층의 것으로 보이지는 않는다.

주택은 1935년도에 건립된 것으로 기억한다. 그 이전에는 왜쇄집에서 살았다고 한다. 주택형식은 황해도에서는 보기 드물게 살림채와 아래채가 병렬로 배치된 이자집이다. 이자집은 평안도 서민주거의 전형이나 이 집은 아래채를 대문채로 사용하지 않고, 살림채와 아래채 사이가 멀고 개방적이다. 즉, 안뜰을 둘러싸는 담장이 없으며, 살림채 뒤에만 담장을 두어 뒤안을 만들었다는 점에서 차이가 있다. 뒤안에는 장독대와 사당이 있었다고 한다. 또한 살림채 평면이 두 줄 양통집이라는 점도 평안도와 다른 점이다.

살림채와 아래채는 모두 초가집이다. 아래채는 화장실과 외양간, 광 등 생산공간만으로 구성되었다. 아래채와 살림채는 이자형을 갖추도록 일부러 길이를 맞춘 것처럼 보인다. 살림채는 전통적인 이 지역의 양통집인데 봉당 앞에 유리

미서기문을 달았다. 유리창을 이용해 봉당의 채광조건을 개선한 것으로 보인다. 일제강점기 근대재료의 사용이라는 시대적 성격, 중류계층이라는 계층적 성격을 갖는 사례이다.

■ 1차 도면

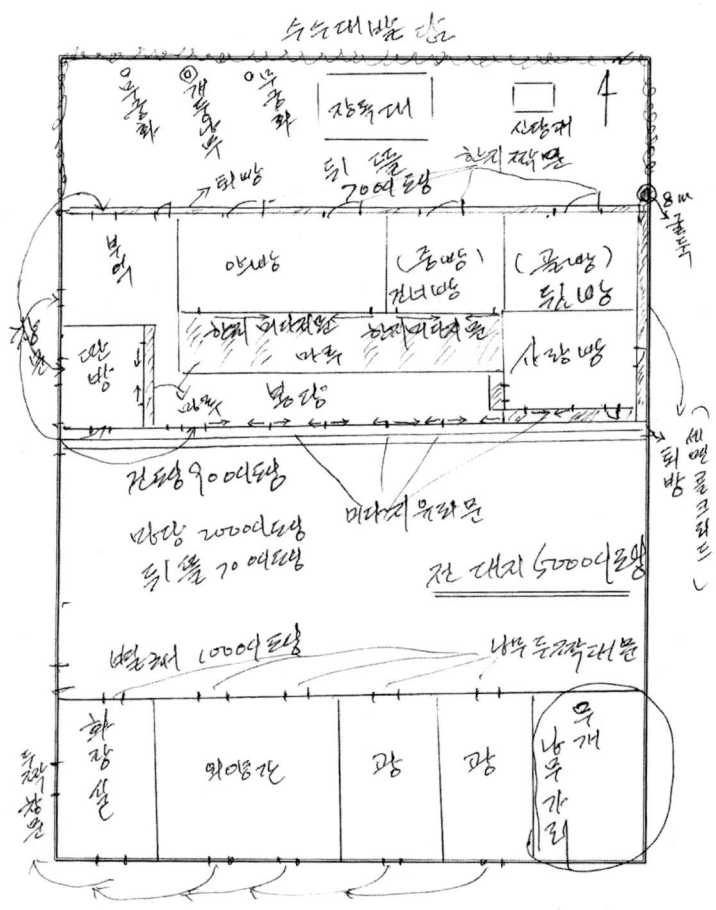

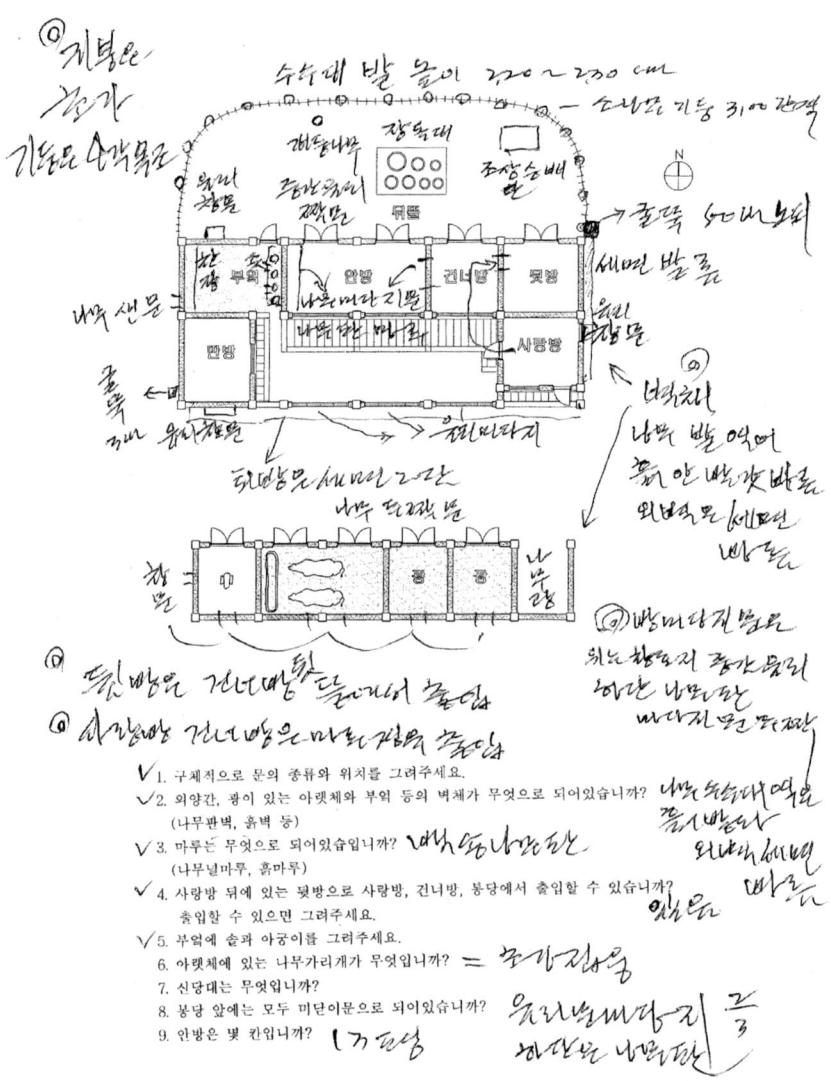

1. 구체적으로 문의 종류와 위치를 그려주세요.
2. 외양간, 광이 있는 아랫체와 부엌 등의 벽체가 무엇으로 되어있습니까?
   (나무판벽, 흙벽 등)
3. 마루는 무엇으로 되어있습니까?
   (나무널마루, 흙마루)
4. 사랑방 뒤에 있는 뒷방으로 사랑방, 건너방, 봉당에서 출입할 수 있습니까?
   출입할 수 있으면 그려주세요.
5. 부엌에 솥과 아궁이를 그려주세요.
6. 아랫체에 있는 나무가리개가 무엇입니까?
7. 신당대는 무엇입니까?
8. 봉당 앞에는 모두 미닫이문으로 되어있습니까?
9. 안방은 몇 칸입니까?

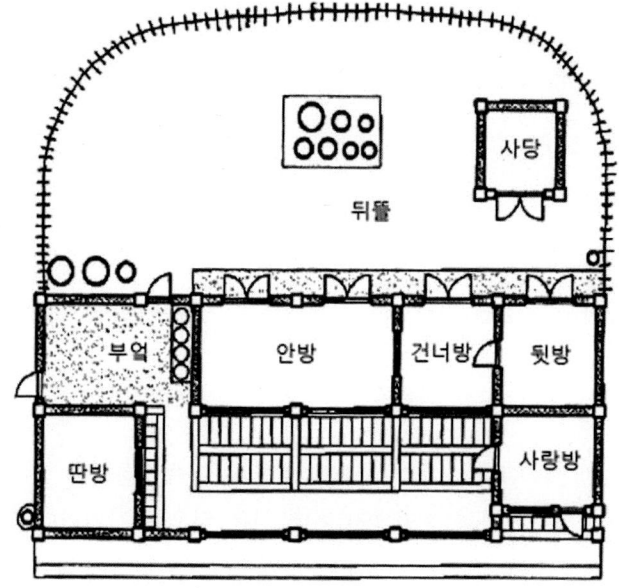

뒤뜰

| 부엌 | 안방 | 건너방 | 뒷방 |

| 딴방 | | 사랑방 |

마당

| ○ | | 광 | 광 | 나무광 |

15. 옹진군 이춘호 씨 댁

- 성명: 이춘호(1934년생), 토역 경험
- 주소: 황해도 옹진군 교정면 월암리
- 가족: 10인, 조모, 부모, 형님부부, 형제
- 경제: 농업, 중류계층, 논 4,000평, 밭 6,000평
- 마을: 산지 농촌, 30호
- 주택: 1905년, ㅁ자집(폐쇄집), 초가지붕

중농계층의 ㅁ자집

이 집은 옹진군 교정면 월암리에 소재했던 집이다. 마을은 산지의 농촌으로서 30호 규모의 작은 마을이었다고 한다. 자료제공자의 가정도 농업에 종사했는데 논 4,000평, 밭 6,000평을 경작하는 중농계층이라고 기재했다. 가족은 3대 직계가족으로서 형님부부와 함께 10인 정도의 가족이 동거했다.

이 주택은 일제강점기 이전인 1905년에 지은 것으로 기억한다. 자료제공자는 토역일을 해본 경험이 있다고 했다. 주택은 전형적인 ㅁ자집인데 자료제공자도 일명 폐쇄집이라고 설명했다. 건물 앞마당은 담장이 없으나 헛간이나 뒷간 등의 부속건물이 있다. 건물 뒷부분은 울타리를 둘러 뒤안을 만들고 장독대와 신당을 두었다. 신당은 그 표현방식으로 보아 짚으로 엮은 주저리였던 것으로 보인다.

주거규모는 가로 5칸, 세로 4칸 정도의 큰 건물이나 초가지붕이라는 점에서 중류계층의 계층성을 반영한다. 사랑방을 2칸이나 두었는데 사랑방은 조부님, 사랑아랫방은 부모님이 기거하고 딴방은 형님 내외가 사용했다고 한다. 뒷방을 사당으로 사용했다는 점이 특이하며, 부엌이 ㄱ자형이라는 점은 정확한 기억인지 신뢰하기 어렵다.

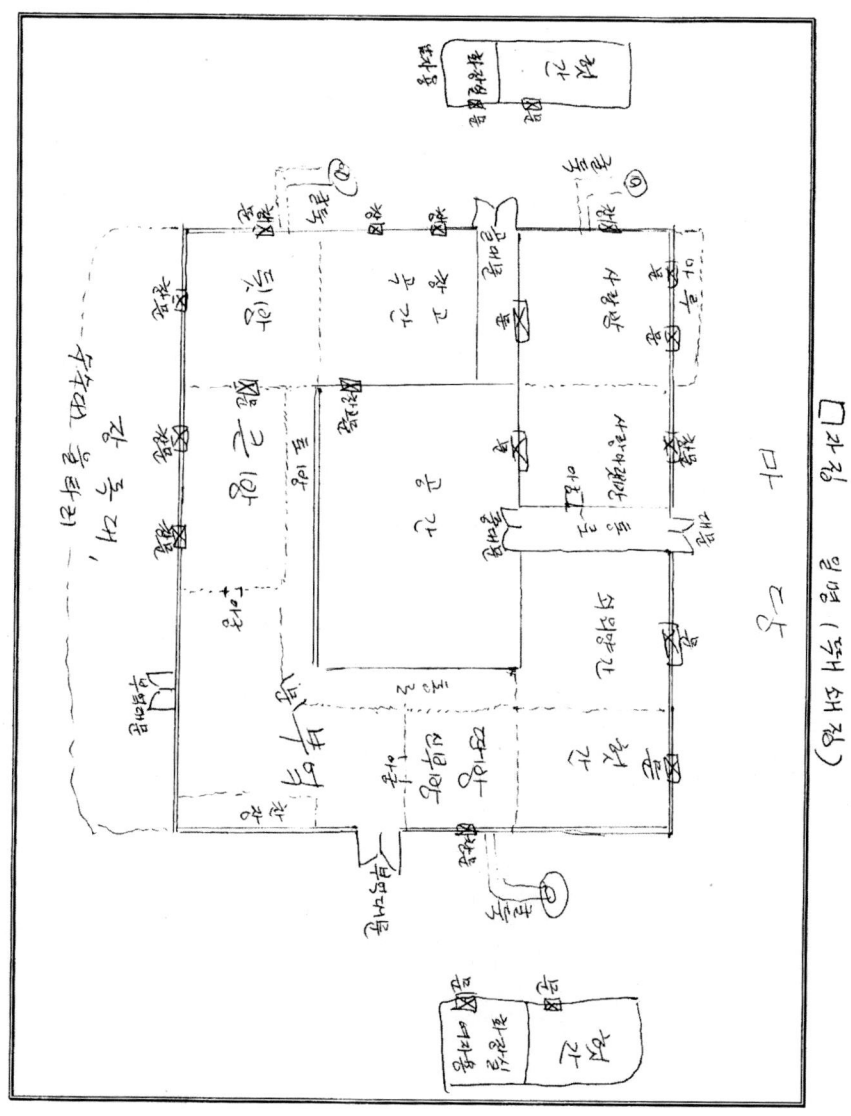

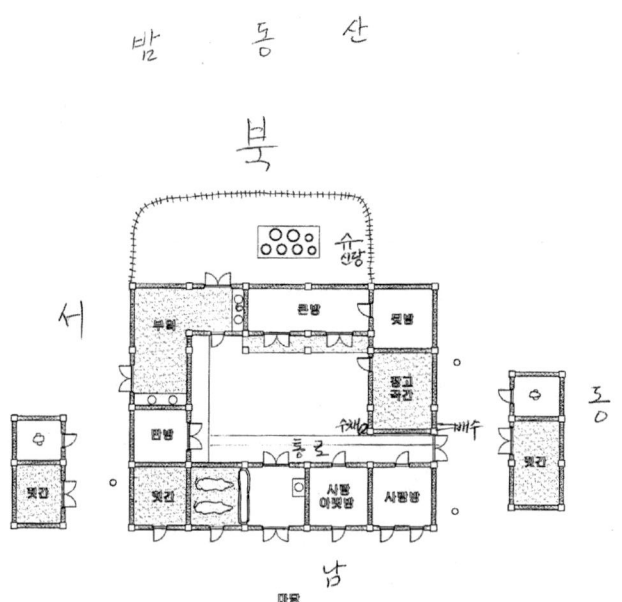

밭 동 산

북

서

동

남

마당

낙후물조 흙벽

1. 구체적으로 문의 종류와 위치를 그려주세요.
2. 부엌, 창고 헛간, 화장실 등의 벽체를 무엇으로 되어있습니까? → 헛간,화장실은 반 토담
   (나무판벽, 흙벽 등)   반 숫당(나자로됨
                                                              지붕은 벼 집
3. 큰방 앞에 있는 토방에 기둥이 있습니까? → 없읍니다
4. 딴방, 신부방 앞에 있는 통로는 어떻게 되어있습니까? → 흙 바닥
   (토방처럼 되어있습니까?)
5. 사랑방은 몇 칸입니까? → 6칸
6. 사랑방과 사랑아랫방은 막혀 있습니까? → 막혀 있읍니다
7. 큰방은 몇 칸입니까? → 6칸
8. 대문이 있는 통로의 폭은 어정도 됩니까? → 2m 정도 됩니다
9. 방위(남쪽)를 표시하여주세요.
10. 창고와 사랑방사이에 지붕이 연결되었습니까? → 완전히 연결 되어 있습니다.
11. 마루에 기둥이 있습니까? - 없읍니다
    있으면, 그려주세요.

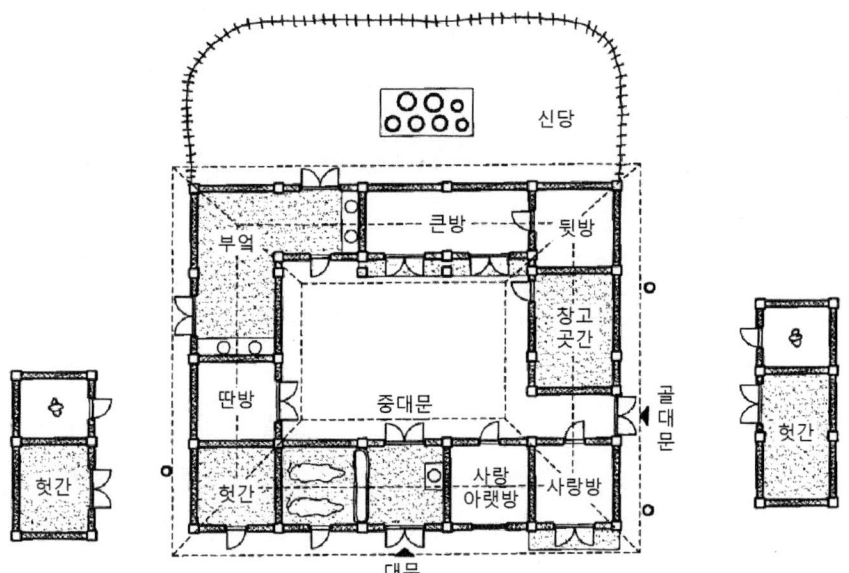

마당

16. 옹진군 조종목 씨 댁

- 성명: 조종목(1926년생), 잡일 경험
- 주소: 황해도 옹진군 용인면 송학리
- 가족: 8인, 조부, 모, 형제, 기타 6
- 경제: 농업, 중류계층, 논 4,000평, 밭 5,000평
- 마을: 평야지대 농촌, 200호
- 주택: 연대미상, 세 겹 양통집, 초가지붕

중농계층의 세 겹 양통집

이 집은 옹진군 용인면 송학리에 소재했던 집이다. 마을은 평야지대 농촌으로서 200호 규모의 큰 마을이었다고 한다. 규모로 보아 면소재지로 추정된다. 자료제공자의 가정은 농업에 종사했는데 논 4,000평, 밭 5,000평을 경작하는 중농계층이라고 기재했다. 가족은 3대 직계가족으로서 형님부부와 함께 8인 정도의 가족이 동거했다.

이 주택을 언제 지었는지는 기억이 없다. 형식으로 보아 전통적인 서민주거라고 할 수 있다. 집은 2채의 건물로 이루어지는데 아래채는 가축사육과 곡물수장을 위한 부속채이다. 본채(살림채) 앞에는 담장이 없고 뒷부분에만 울타리를 둘러 뒷마당을 만들었다. 살림채의 평면형식은 보기 드문 석줄백이 양통집이다. 공간이 석 줄 겹으로 배열될 경우 중앙은 지붕이 없이 뜰을 두기 때문에 ㅁ자형 따리집이 된다.

살림채는 가로 3칸, 세로 3칸 규모로 이루어진다. 진입부분은 중앙에 대문간으로 사용되는 봉당을 두고 좌우에 외양간과 사랑방을 두었다. 원래 외양간으로 사용하다가 아래채로 옮기고 난 후 이곳은 곡간으로 사용했다고 기록했다. 중앙 열은 넓은 봉당으로 두어 안채부분과 대문채부분을 격리시켰다. 이 지역에서 석줄백이 양통집이 있었음을 보여주는 귀중한 사례이다.

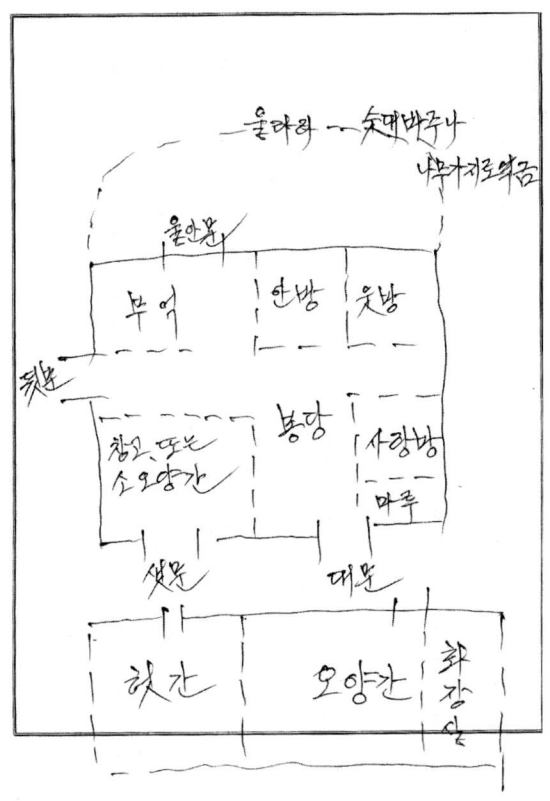

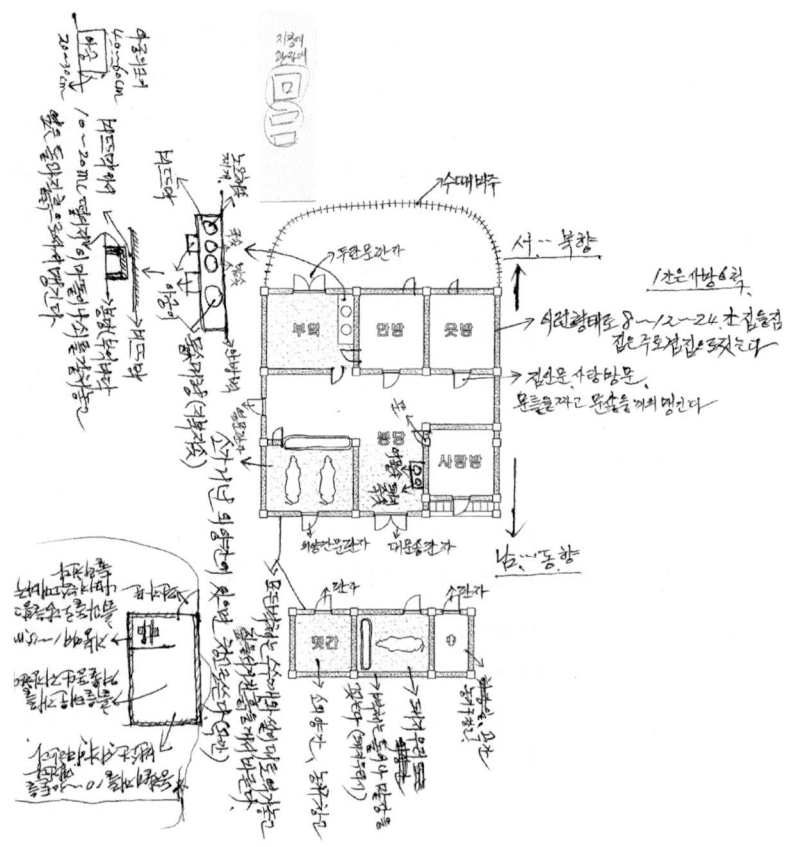

1. 모든 문의 종류와 위치를 구체적으로 그려주세요.
2. 부엌, 창고, 외양간, 헛간, 화장실 등의 벽체는 무엇입니까?
   (나무벽, 흙벽 등) (수대나 싸리나무로 외틀 남고 집흙으로 진흙 왼쪽에서바른벽이 된다)
3. 부엌에 솥과 아궁이를 그려주세요.
4. 봉당 옆에 있는 외양간과 헛간 옆에 있는 외양간의 차이점은 무엇입니까? 소가 나가겠으면 곡간이 된다?
   소가 산에 있을때는 벽을 하나 더하여 곡간(쌀광)을 맹긴다

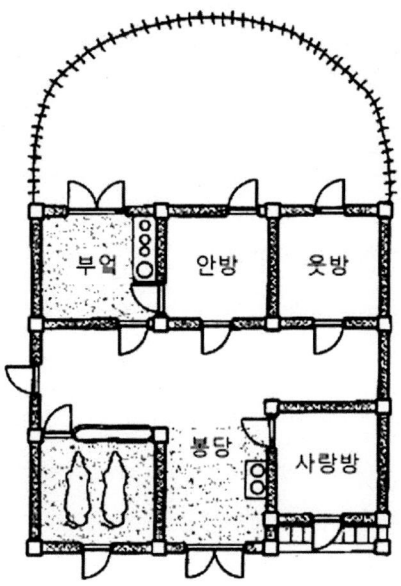

마당

17. 옹진군 박태형 씨 댁

- 성명: 박태형(1928년생), 토역 경험
- 주소: 황해도 옹진군 용천면 포산외리
- 가족: 6인, 모친, 형제

- 경제: 농업, 중류계층, 논 3,200평, 밭 4,500평
- 마을: 산지 농촌, 45호
- 주택: 1930년대, 두 겹 양통집, 초가지붕

소농계층의 전형적인 양통집

이 집은 옹진군 용천면 포산외리에 소재했던 집이다. 자료제공자는 마을에 대해 다음과 같이 서술해주었다. "마을에는 45호 중 웃몰에 김해 김씨가 10여호 가운데몰에 박촌이라 하여 밀양 박씨가 25호, 아랫몰에는 양촌이라 하여 양씨가 4호 기타 6호가 살았다. 8~12km 거리에 해변에서 굴, 바지락, 낙지, 해삼, 홍합 등 수산물을 잡아 생업에 보태기도 했다." 바닷가 인근의 마을로서 반농반어의 생업형태를 보여준다.

주택은 1930년대에 지은 것으로 기억한다. 외채 양통집으로서 초가지붕을 갖는 전형적인 소농주거의 형식이다. 건물 앞에는 담장이 없지만 '마당'이라고 부르는 외부공간을 두었고 건물 뒤에는 수수 바자울타리를 둘러 '우란'(뒷마당의 사투리)을 만들었다. 마당에는 닭 집이나 돈사, 변소와 같은 부속시설이 있어 사유화된 공간임을 알 수 있다.

살림채는 가로 3칸, 세로 2칸을 갖는 2열(두줄백이) 양통집이다. 공간구성도 전형적인 양통집의 형식을 갖는다. 앞 열은 봉당 좌우에 외양간과 사랑방을 배치했고 뒤 열은 부엌, 안방, 윗방으로 구성된다. 사랑방 앞에는 툇마루라고 기재했지만 툇마루 바닥은 석축 위에 흙바닥이라고 설명했다. 안방의 규모는 8~10자, 윗방은 4~6자라고 하여 윗방을 작게 만들었다는 설명도 덧붙였다.

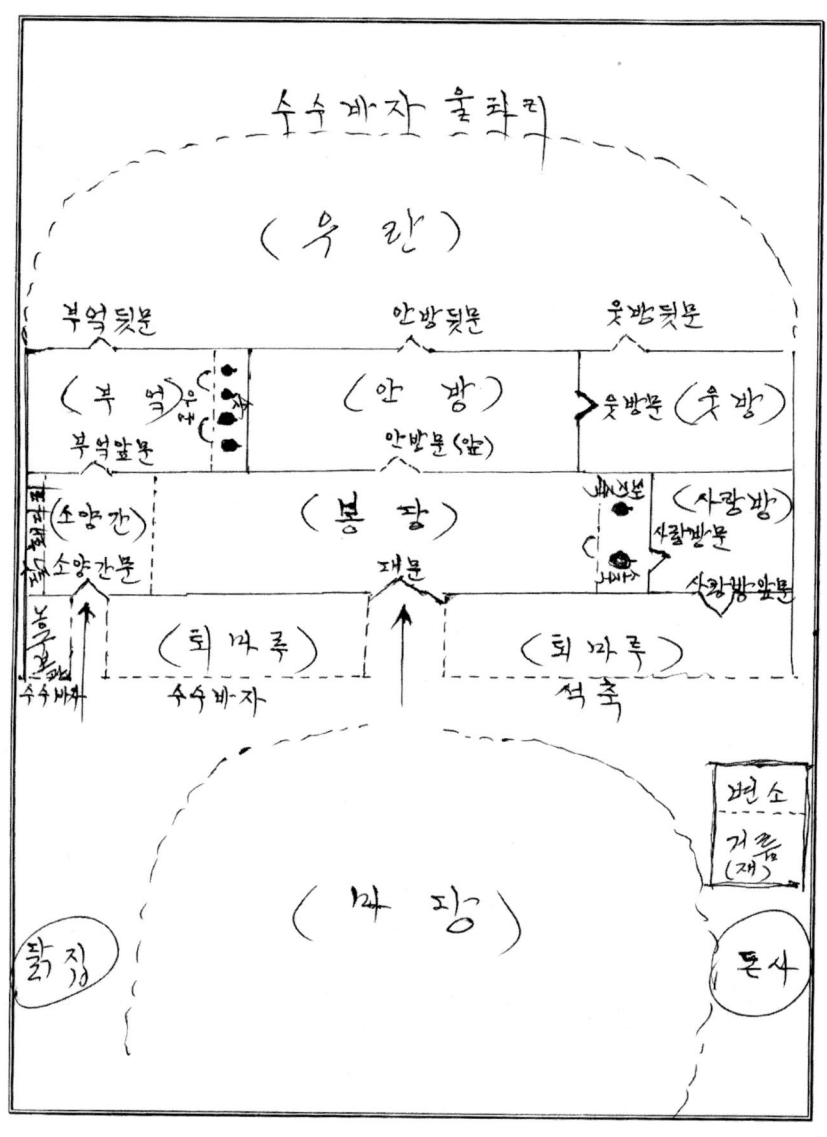

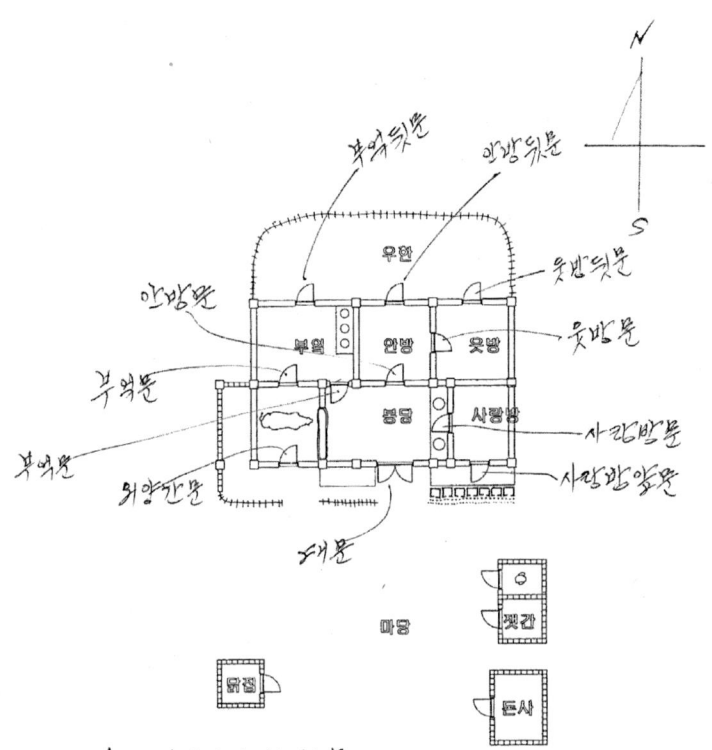

1. 도면표시와 흡즈함

2. 물기 없게 함

3. 있음(부역에서 식상을 가지고 봉당을 통하여 안방으로)

4. 봉당 옆에 사랑방 불때는 아궁이 있고 아궁위에 소쿠리 및 돼지죽 솥을 거리고 개도 기거하고 있음. 반면 뒷마루는 사랑방에서 잦음진 손님이 아침에 세수과 면긴경을 관방하기도함. 뜨대로는 곡식을 없어 쌓수거도함

5. 재문를 통과해서 뒷마루로 나올수 밖게 없음.

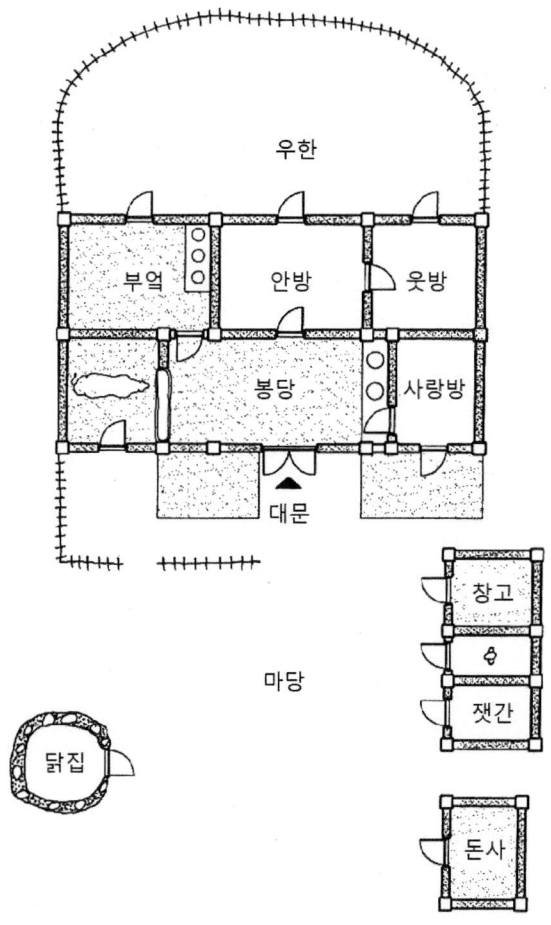

18. 옹진군 강신교 씨 댁

● 성명: 강신교(1926년생)
● 주소: 황해도 옹진군 가천면 장현리
● 가족: 4인, 모친 형제
● 경제: 농업, 중류계층
● 마을: 평야지대 면소재지, 212호
● 주택: 1880년대, ㅁ자형 똬리집, 팔작 기와지붕

19세기 부농주거

이 집은 옹진군 가천면 장현리에 소재했던 집이다. 자료제공자가 제공한 지도에 의하면 장현리 터꼴은 212호 규모의 면소재지였다. 가정은 농업에 종사하는 중류계층이라고 기재했지만 주택형식으로 보면 결코 중류계층이 아니다. 몸종과 머슴이 기거하는 침실도 두었다. 이 집을 건립할 당시에는 사회적으로나 경제적으로 상류계층이었음에 틀림이 없다.

이 집은 면소재지에 소재하고 있었으나 1880년대에 건립된 전통주택이다. 19세기 이 지역 상류주거의 모습을 볼 수 있는 귀한 사례이다. 주택형식은 외채 ㅁ자집으로서 앞마당은 개방되고 뒤뜰은 폐쇄적으로 구성된 배치형식의 전형을 보여준다. 안채부분에만 담장을 둘러 대문채와 안채의 영역을 완전히 구분하였다. 뒤뜰을 향해 쪽마루를 둔 것은 뒤뜰의 사용빈도가 높았음을 보여준다.

주택은 가로 5칸, 세로 6칸 정도를 갖는 대규모 저택이다. 봉당에는 안뜰로 통하는 부분에 안대문을 달아 사생활이 노출되지 않도록 하였다. 사랑방은 2칸 장방으로 규모가 클 뿐만 아니라 폭 12자 정도의 넓은 사랑대청을 가지며 머슴이 기거하는 골방까지 두었다. 안채 중앙에 대청마루를 둔 것도 이 지역에서는 잘 나타나지 않는 방식이다. 대청 한구석에 사당을 둔 것도 희귀한 사례이다.

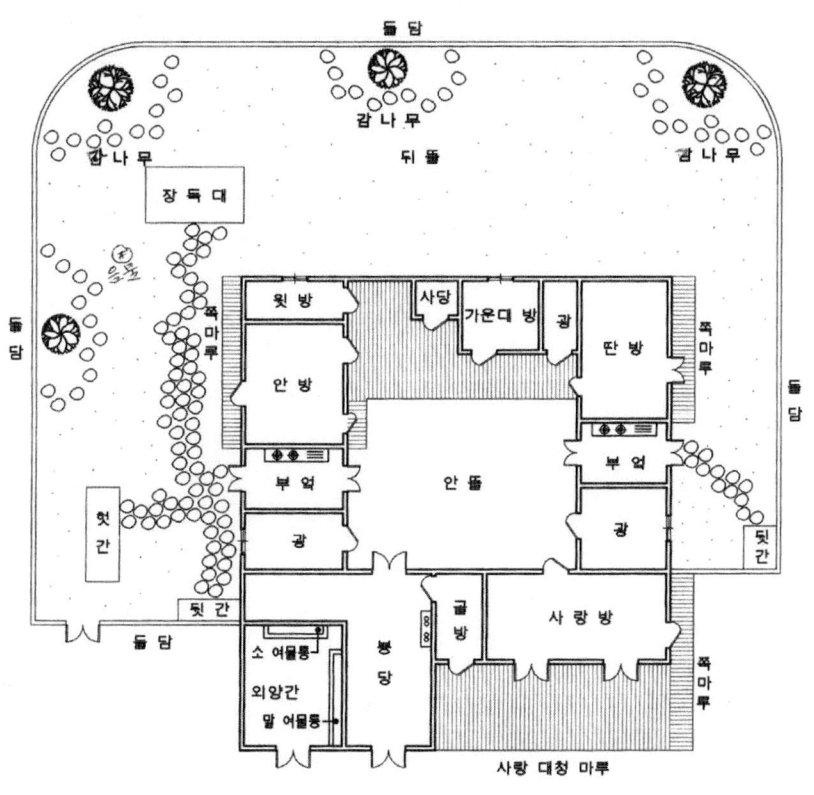

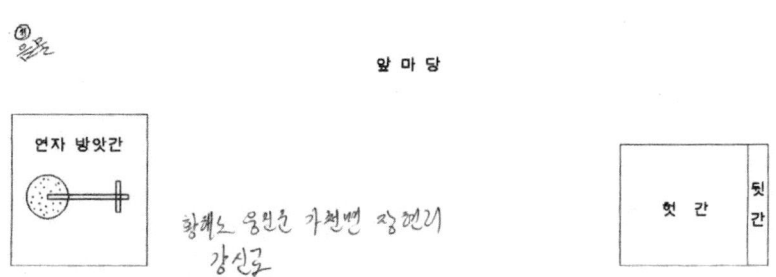

황해소 웅인슨 가천면 장연21
강선군

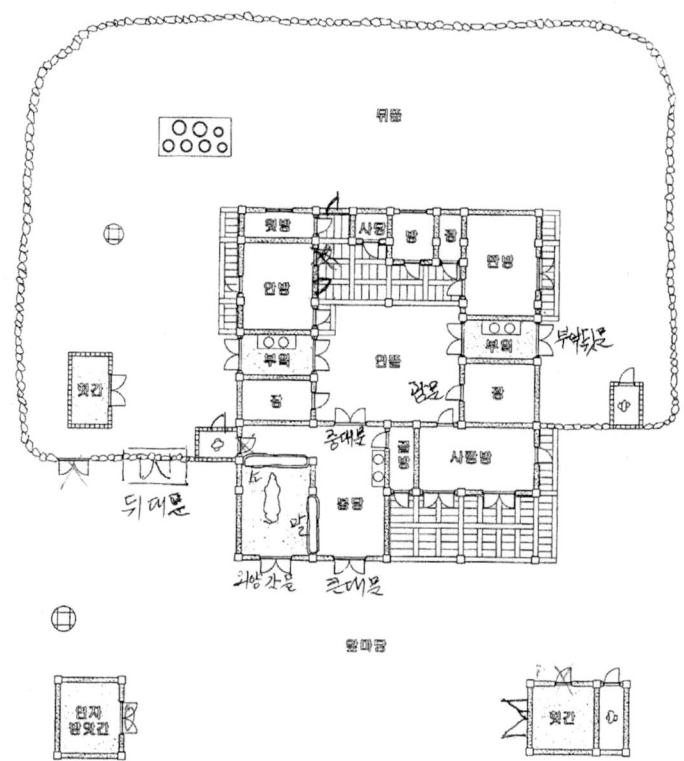

1. 모든 문의 종류와 위치를 구체적으로 그려주세요.
2. 부엌, 외양간, 봉당, 사당, 헛간, 연자방앗간, 변소 등의 벽체는 무엇입니까?
   (나무벽, 흙벽 등)
3. 봉당과 외양간사이에 막혀있습니까? 트여있습니까?

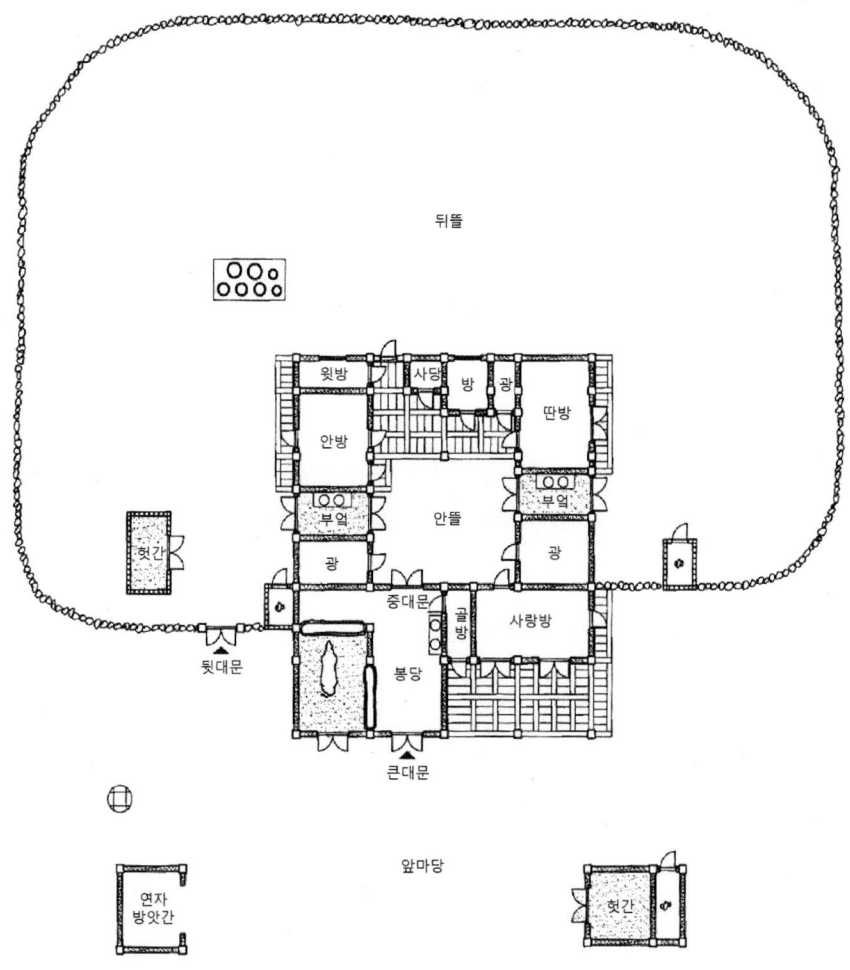

19. 은율군 정재원 씨 댁

- 성명: 정재원(1918년생)
- 주소: 황해도 은율군 남부면 봉암리
- 가족: 9인, 조모, 부모, 형제, 고모
- 경제: 농업, 중류계층, 논 6,000평, 밭 8,000평
- 마을: 평야지대 농촌, 10호
- 주택: 1910년대, 튼 ㅁ자집 , 안채 기와지붕, 사랑채 초가

안채가 ㄷ자형인 튼 ㅁ자집

은율군은 황해도 서북단 대동강 하구에서 서해와 면하는 지역이다. 이 집은 평야지대 농촌마을에 소재했는데 마을 규모는 10호 정도로 작은 마을이었다. 자료제공자의 가정도 농업에 종사한 것으로 보이는데 중류계층이라 했지만 논 6,000평, 밭 8,000평 정도를 경작하는 비교적 부유한 가정이었던 것으로 보인다. 당시 가족은 할머니와 부모 형제, 그리고 고모를 포함하여 9명이 동거하는 대가족이었다고 한다. 아래채에는 사랑방과 별도로 머슴방도 있었다.

이 집은 1910년대에 건립한 것으로 기억한다. ㄷ자형 살림채와 일자형 대문채가 결합하여 안마당을 둘러싸는 튼 ㅁ자형 배치를 이룬다. 대문채와 살림채가 서향을 바라보도록 배치한 것이 특이하다. 마을 배치도에서 대문채 앞에는 변소가 있는 헛간과 돼지우리를 그려 넣고 앞마당이라고 기재했다. 앞마당은 '마당'이라고 표현하고 안마당은 '앞뜰'이라고 표현한 것을 보면 뜰과 마당의 개념이 다르다는 것을 보여준다. 또한 살림채 뒤에만 흙돌담을 쌓아 폐쇄적인 뒤뜰을 만들었다.

대문채에는 중앙에 대문을 두고 북쪽에는 외양간, 남쪽에는 침실을 배치했다. 대문간 바로 옆에는 머슴방, 그 옆에는 사랑방으로서 손님방이라고 기재했다. 살림채를 ㄷ자형으로 구부려 만드는 사례는 그리 흔하지 않다. 보통 부엌

앞으로 침실을 배치하여 ㄱ자형 살림채를 만드는 것이 일반적이다. 이 집은 윗방 앞으로 곳간을 두어 ㄷ자형을 만든 것이 특이한 모습이다.

■ 1차 도면

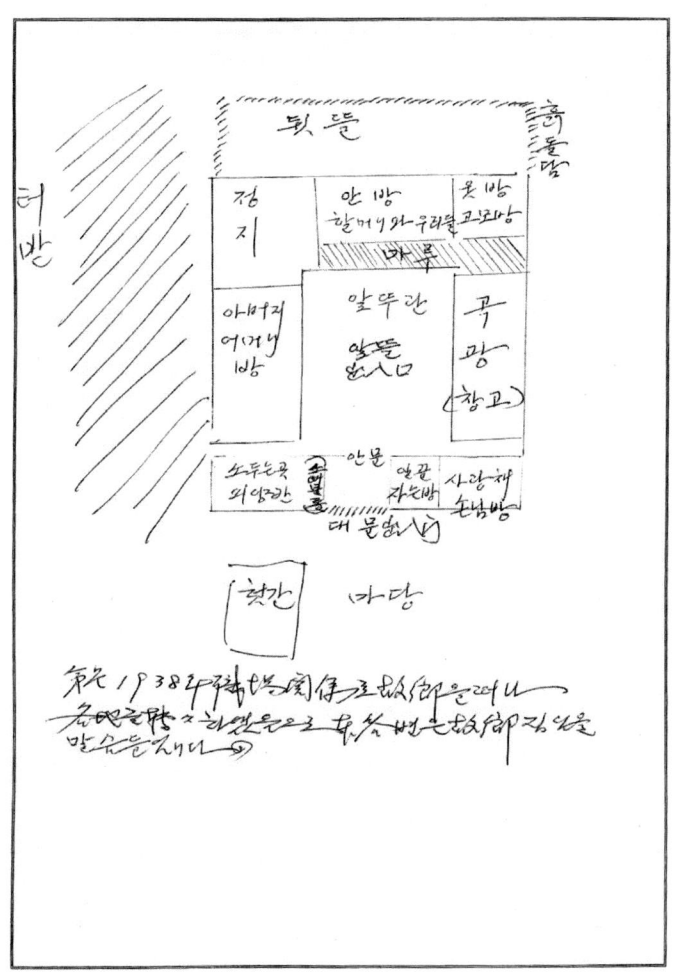

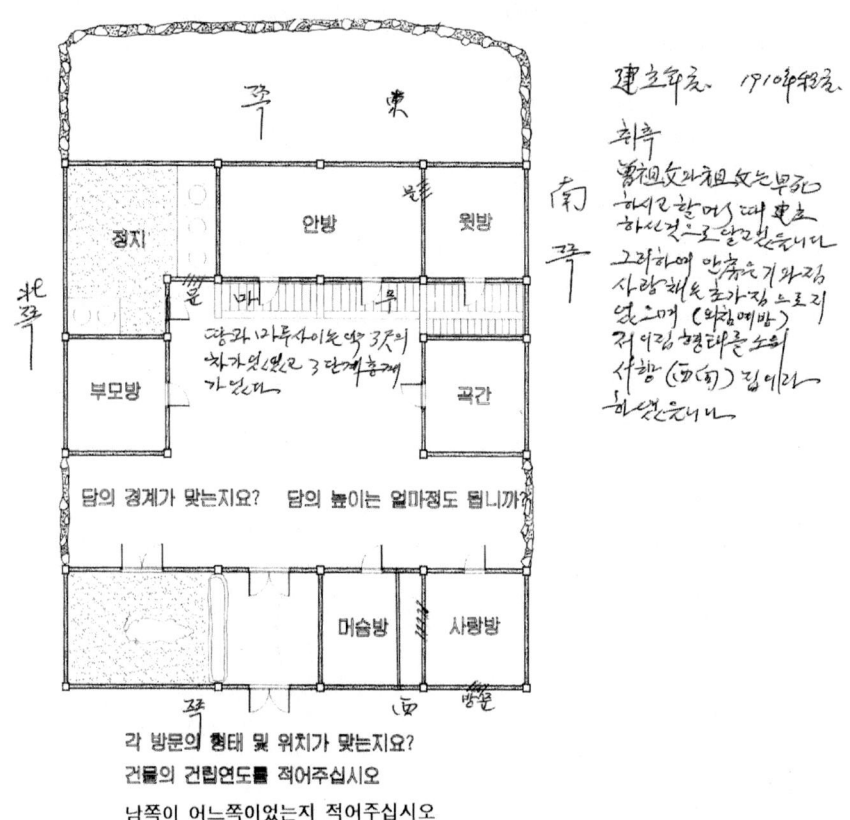

建立年度. 1910年경초.

최초
曾祖父와 祖父는 무고
하시라 할때 建立
하신것으로 알고 있읍니다
그러하여 안춘은 기와집
사랑채는 초가집 으로 지
었으며 (와가예방)
저의집 형태를 소위
사랑 (西向) 집이라
하였읍니다

정지　안방　웃방

부모방　곡간

장과 마루사이는 약 3尺의
차가 였었고 3단계층계
가 었다

담의 경계가 맞는지요?　담의 높이는 얼마정도 됩니까?

머슴방　사랑방

방문

각 방문의 형태 및 위치가 맞는지요?
건물의 건립연도를 적어주십시오
남쪽이 어느쪽이었는지 적어주십시오

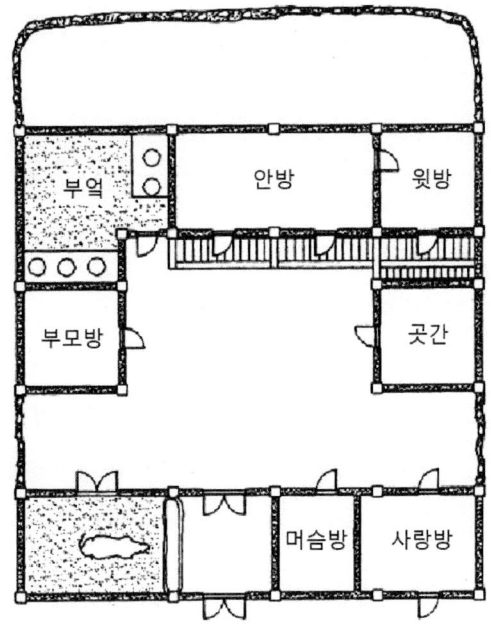

부엌

안방

윗방

부모방

곳간

머슴방

사랑방

20. 은율군 유락호 씨 댁

● 성명: 유락호(1935년생)
● 주소: 황해도 은율군 장련면 동부리
● 가족: 5인, 부모, 형제
● 경제: 농업, 중류계층, 소지주
● 마을: 평야지대 농촌, 150호
● 주택: 건립연대 미상, ㄷ자집, 기와지붕

도시의 ㄷ자집

은율군은 현재 황해남도의 서북쪽 끝 대동강 하구에 접한 지역이다. 이 집은 장련면 면소재지에 있었는데 마을은 평야지대의 농촌이었다. 자료제공자의 가정도 농업을 생업으로 삼았고 토지개혁 이전에는 소지주였다고 한다. 가족은 부모 형제만으로 이루어진 직계가족으로서 5인이 동거했었다.

이 집이 언제 지어졌는지는 기억하지 못한다. 주택의 형식으로 보아 전통양식에서 크게 벗어나지는 않는다. 다만 개량기와를 사용했다는 점에서 일제강점기에 신축, 혹은 개축이 이루어진 것으로 추정된다. 앞마당은 없으며 안뜰의 한 변이 트인 개방적인 집이다. 규모는 작은 편이나 당시 면소재지에 있는 집으로는 큰 편이었다고 기록했다.

주택은 ㄱ자형 살림채와 일자형 헛간채가 ㄷ자형 배치를 이룬다. 헛간은 초가지붕의 부속건물이니 실제로는 ㄱ자집이라고 보아야 한다. 안방을 중심으로 보면 서향집이지만 대문은 북쪽에서 출입한다. 즉, 안방과 대문의 축이 직각으로 꺾여 있다. 모든 공간이 안뜰을 향하고 있다는 점에서 도시주거의 내향적 성격을 가지고 있다.

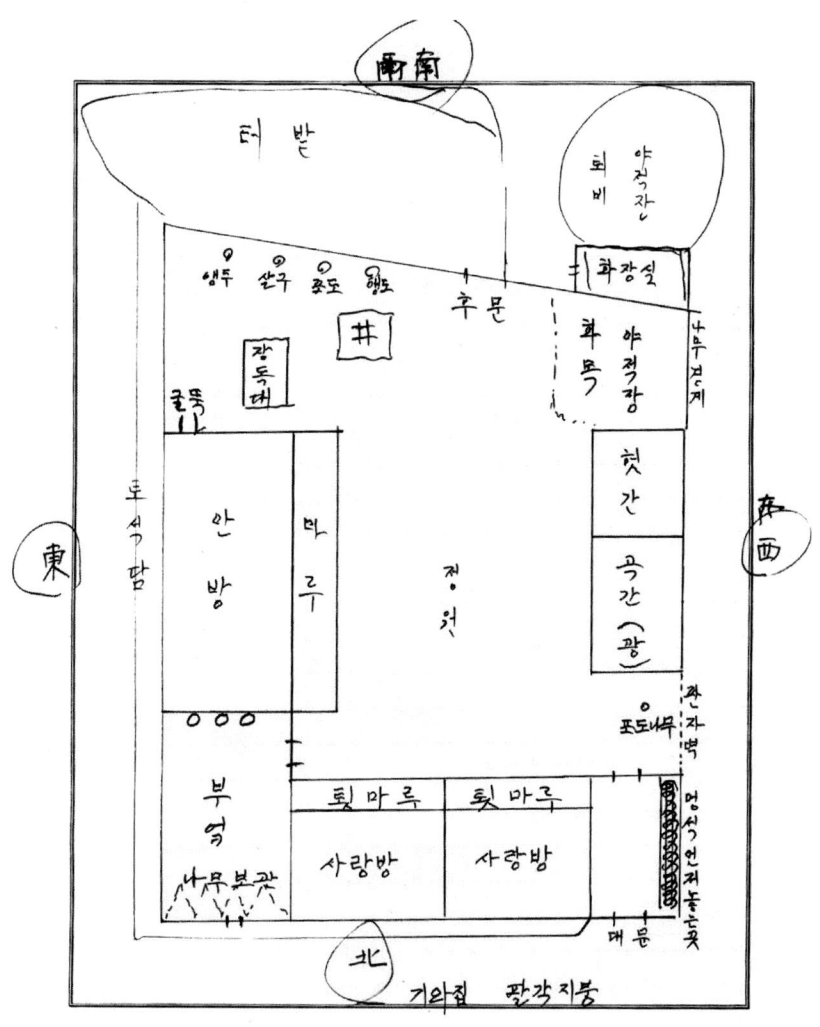

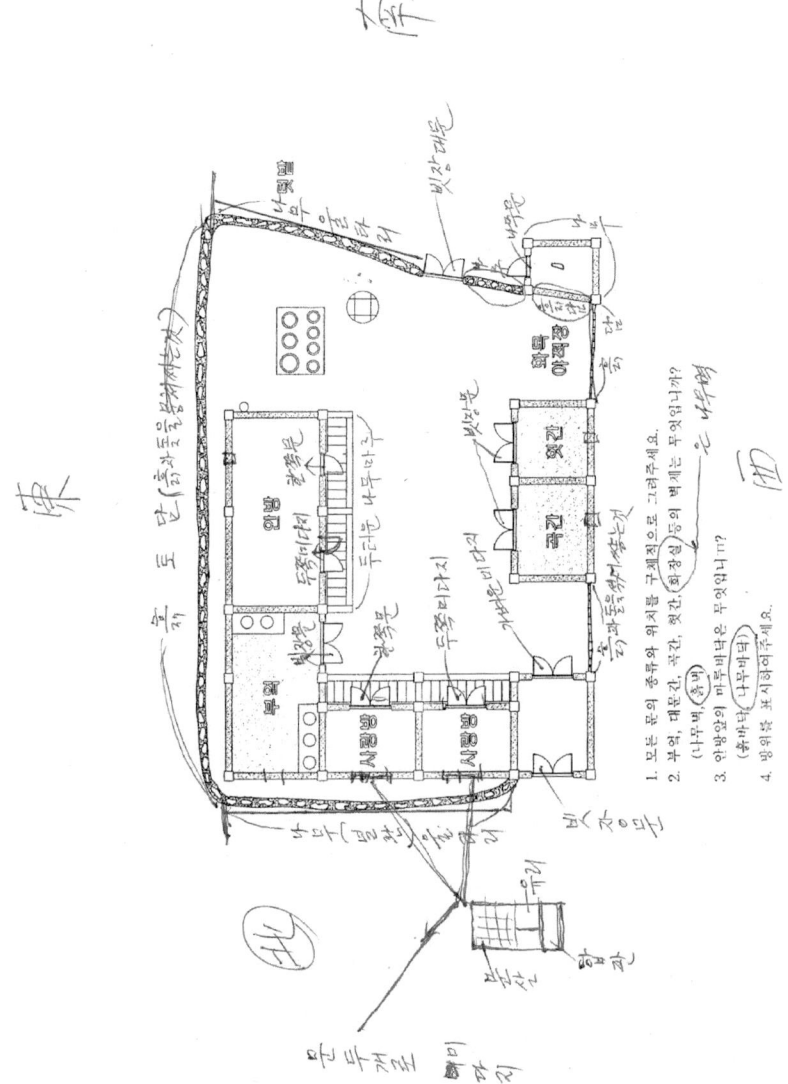

■ 보정 도면

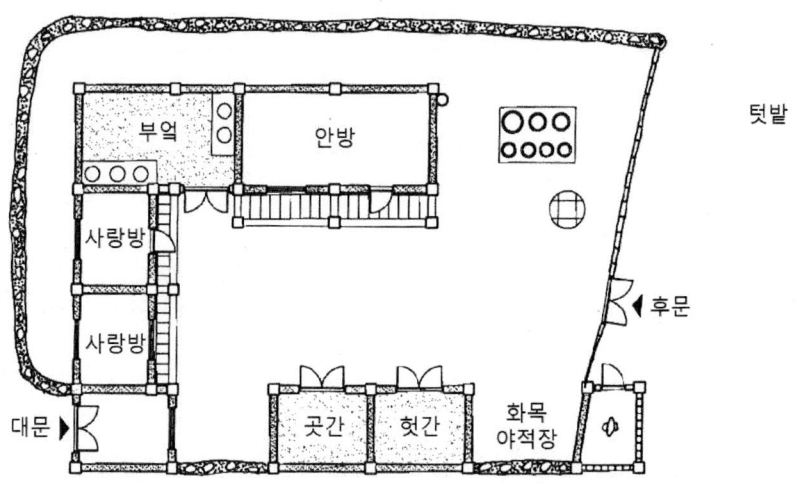

부엌

안방

사랑방

사랑방

텃밭

후문

대문

곳간

헛간

화목
야적장

21. 은율군 장철웅 씨 댁

- 성명: 장철웅(1927년생)
- 주소: 황해도 은율군 일도면 누리
- 가족: 8인, 부모, 부부, 형제
- 경제: 농업, 중류계층, 논 1,000평, 밭 12,000평, 임야 3만 평
- 마을: 산지 농촌, 39호
- 주택: 1890년대, ㅁ자형 똬리집, 초가지붕

중농계층의 똬리집

이 집은 은율군 일도면 누리에 소재했던 집이다. 누리 또한 면소재지였으나 마을이 39호 규모의 산지 농촌이라고 기재한 것을 보면 농촌마을이었음에 분명하다. 자료제공자의 가정도 농업에 종사하는 농민가정이었는데 논 1,000평, 밭 12,000평, 임야 3만 평을 경영했다고 한다. 자신을 중류계층이라고 했지만 경제적으로 여유 있는 가정이었다. 가족은 3대 직계가족의 형태를 이루고 있었다.

이 집은 일제강점기 이전에 지어진 것으로 기억한다. 황해도 똬리집의 전통적 양식을 온전히 가지고 있다. 개방적인 앞마당과 폐쇄적인 안뜰과 뒤뜰을 가지고 있다. 집 주변에 사과나무 70주 정도의 과수원과 텃밭을 가지고 있었다. 그럼에도 건물 뒷부분에 담장을 쌓아 폐쇄적인 뒤뜰을 만든 것이다. 앞마당은 퇴비장과 변소로 사용되는 부속건물이 있어 개방된 작업공간으로 사용된다는 사실을 알 수 있다.

이 집의 평면도 황해도 똬리집의 전형적인 공간구성을 가지고 있다. 대문 양옆에 사랑방과 외양간을 둔 것은 일반적인 대문채의 구성이다. 안뜰 방향으로 벽과 중문을 두었는데 이를 방한용이라고 기록했다. ㄷ자형의 살림채 공간구성도 전형적인 방식이다. 윗목방과 건넌방 사이에 툇마루 폭이 좁은 것이 이 집의 특성인지 표현의 미숙함인지 확인되지 않았다.

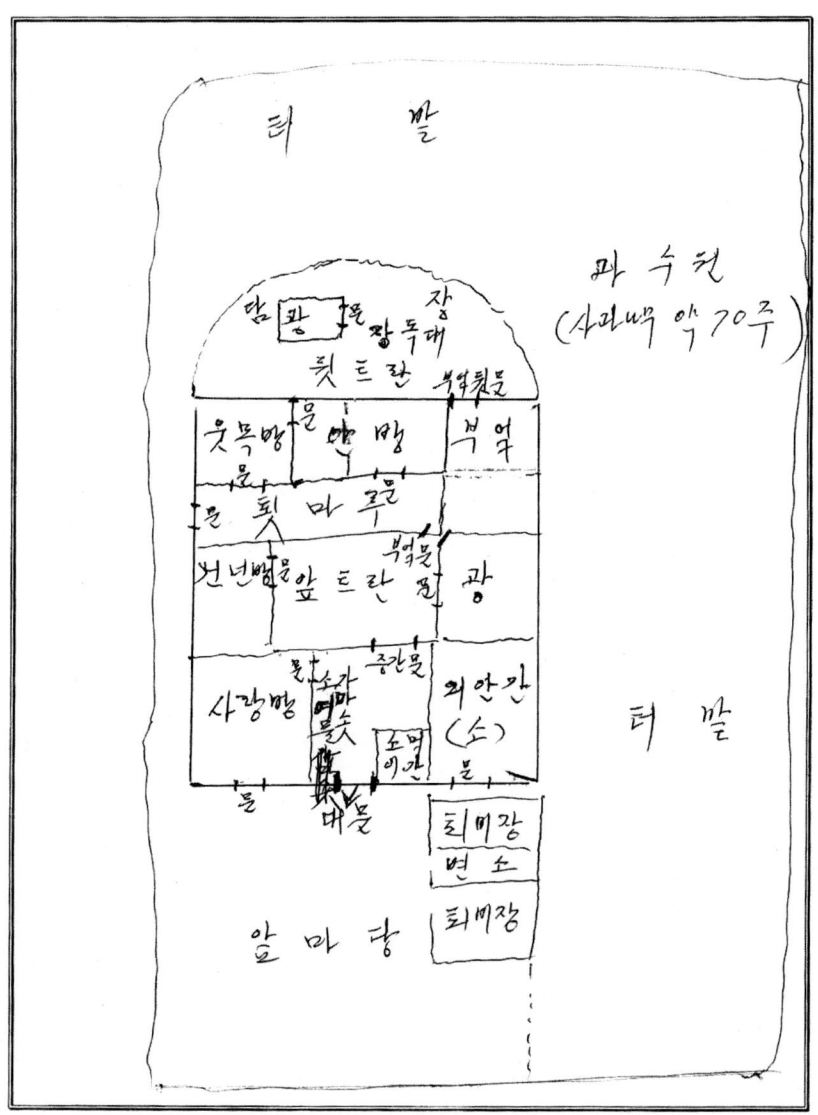

남

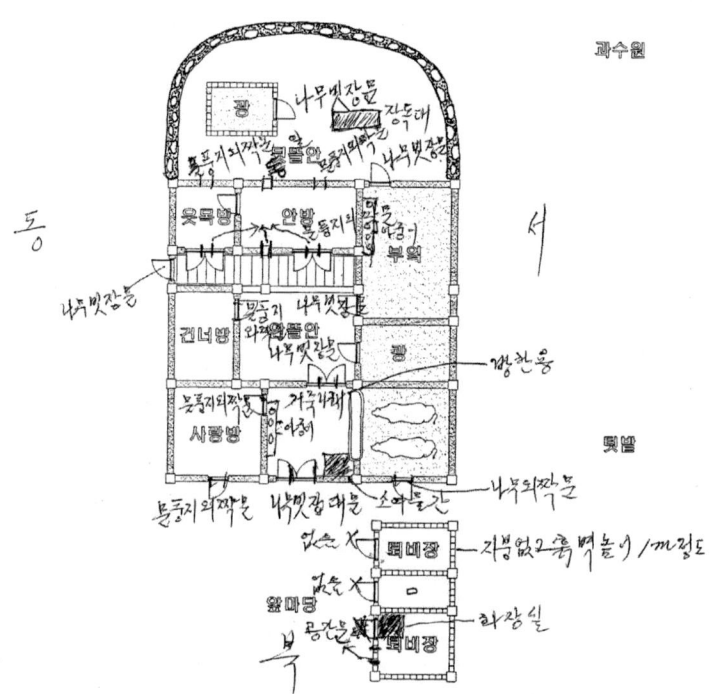

1. 모든 문의 종류와 위치를 구체적으로 그려주세요.
2. 부엌, 대문간, 광, 외양간, 화장실, 퇴비장 등의 벽체는 무엇입니까? 흙벽
   (나무벽, 흙벽)
3. 앞뜰안에서 부엌으로 들어가는 문을 자세히 그려주세요.
4. 부엌에 솥과 아궁이를 그려주세요.
5. 방위를 표시하여주세요.
6. 안뜰안이 지붕으로 덮혀 있습니까? 덮혀져 있지 않음

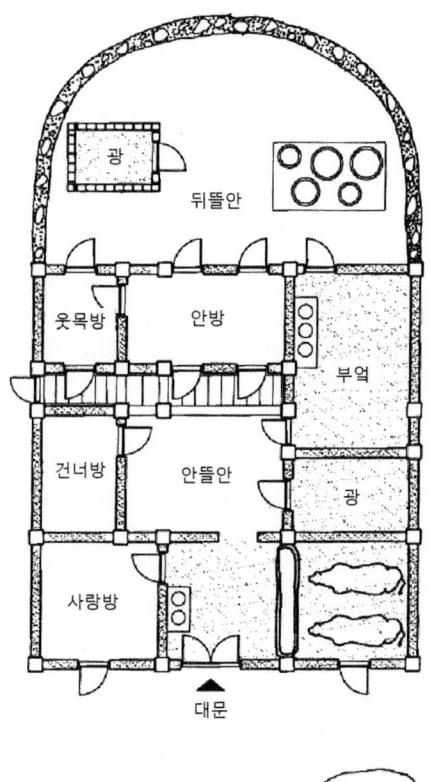

과수원

텃밭

광
뒤뜰안

웃목방
안방

부엌

건너방
안뜰안

광

사랑방

대문

텃밭

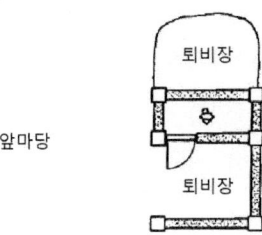

퇴비장

퇴비장

앞마당

22. 벽성군 오세춘 씨 댁

- 성명: 오세춘(1925년생)
- 주소: 황해도 벽성군 내성면 팔학리
- 가족: 6인, 모친, 부부, 자녀, 일꾼 1
- 경제: 농업, 중류계층, 논 4,000평, 밭 1만 평
- 마을: 평야지대 농촌, 12호
- 주택: 1920년대, ㅁ자집, 초가

큰 규모의 똬리집

벽성군은 황해도 중남부 해안에 위치한 지역이다. 이 집은 12호 정도 규모의 평야지대 작은 농촌마을에 소재했다. 자료제공자의 가정도 농가로서 논 4,000 평, 밭 1만 평을 경작하는 중농계층이었다고 한다. 동거하는 가족은 본인 가족 이외에 일꾼 1명을 기재한 것으로 보면 비교적 경제력이 높은 자영농계층이었 다고 추정된다.

이 집은 1920년대에 지은 것으로 기억한다. 정방형 안마당을 둔 정형의 ㅁ자 집이다. 자료제공자도 건물 이름란에 똬리집이라고 기록했다. 안마당에도 원형 의 처마선에 따라 원형의 배수로가 있었다고 그렸다. ㅁ자형 똬리집 중에서도 정면 5칸, 측면 5칸으로 이루어진 비교적 큰 규모의 똬리집이다. 지붕은 초가 이지만 공간구성은 상류계층의 요소를 가지고 있다.

비록 초가집이지만 규모는 큰 편이며 대문채와 살림채의 구분이 명확하다. 대문채는 사랑방은 안마당을 등지고 앞마당을 향하도록 배치하여 안마당의 생 활행위가 노출되지 않도록 하였다. 안마당은 지극히 폐쇄적이지만 윗방 앞으 로 대청마루를 두어 약간의 틈을 만들었다. 안방을 2칸 장방으로 만든 것이나 폐쇄적인 뒤안을 두는 방식은 이 지역 주거의 전통적인 방식이다.

집 짓는 순서와 건축방법

1. 대지를 정지한 후 물을 부어 적신 후 큰 돌을 동아줄로 묶어 수십 명이 네 줄로 나누어 줄을 잡는다. 소리에 맞추어 들었다 놨다 하여 지정을 다 진다.

2. 목재를 준비하여 설계에 따라 재단한 후 대자귀, 톱, 끌 등으로 다듬고 먹 줄을 놓아 세부를 재단한다. 사괘를 맞추어 조립하는데 못은 사용하지 않 는다.

3. 기둥, 보, 중방이 조립되면 서까래를 건다. 서까래는 쇠못으로 고정시킨다.

4. 서까래가 설치되면 잘게 쪼갠 장작이나 가는 나뭇가지로 산자를 만들어 서까래 위에 발을 엮고 그 위에 흙을 덮는다.

5. 벽은 중방을 설치하고 외를 엮어 벽심을 만들고 흙을 발라 벽을 만든다.

6. 흙담은 뒤안 장독대 있는 곳 한 곳에만 설치하며, 설치방법은 기초를 정지 하고 판장을 양쪽에 대고 흙을 이겨 판장 안에 넣고 다져서 보통 2단으로 쌓는다. 두께는 약 1.5척(45cm) 높이 120cm 정도며 그 위에 볏짚으로 곰새 를 틀어 씌운다.

7. 앞마당은 농산물을 추수하여 모아 간수할 수 있을 정도(약 100평)로 하고, 집은 높게 지어 앞마당 지면에서 툇마루까지는 3단 계단으로 출입계단을 설치하고 그 이외의 부분은 석축을 쌓아 마당과 경계를 만든다.

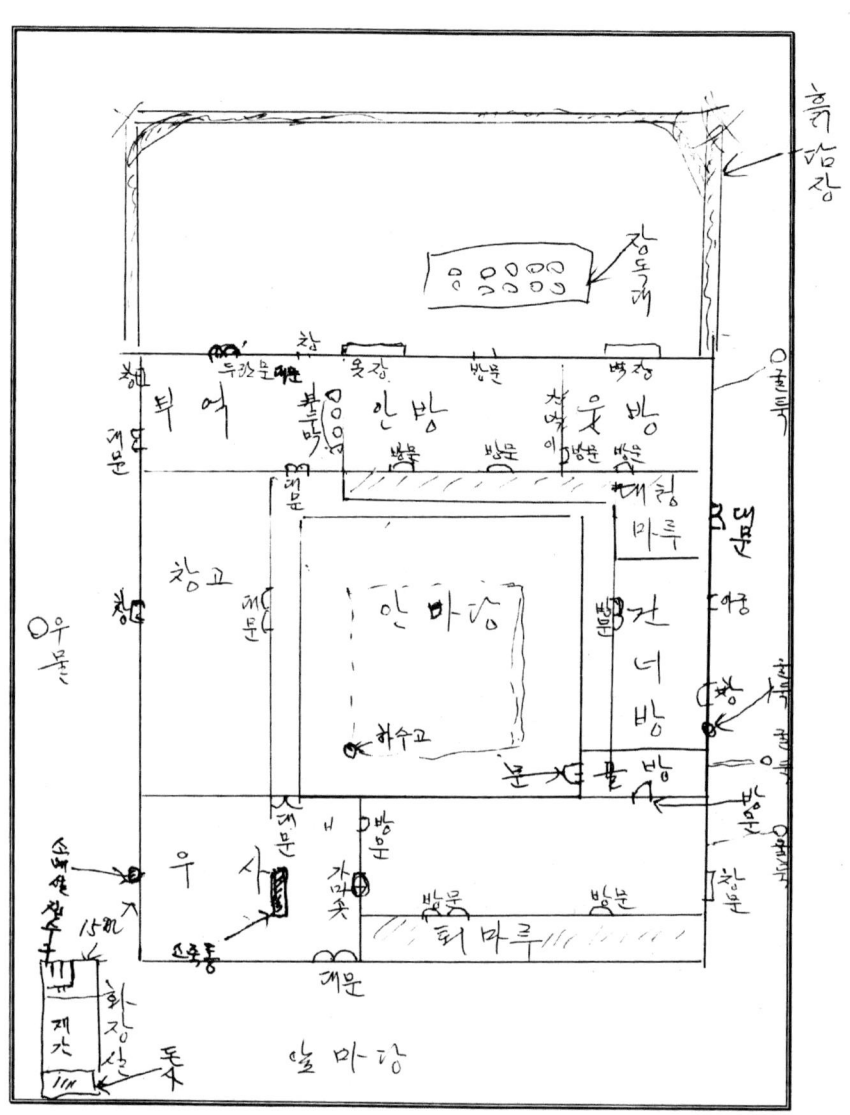

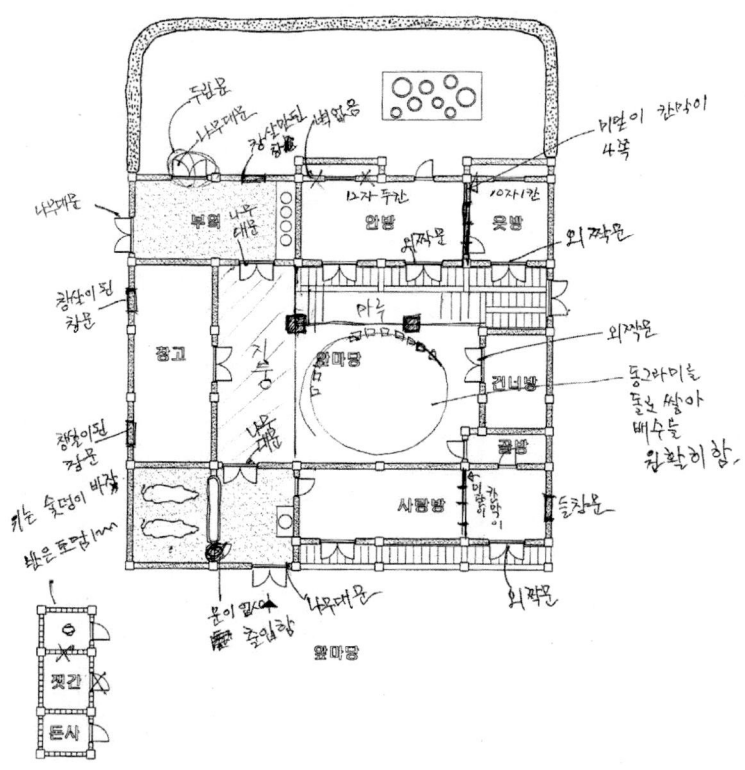

1. 모든 문의 종류와 위치를 구체적으로 그려주세요.
2. 부엌, 우사, 화장실, 잿간, 돈사 등의 벽체가 무엇인지 설명하여주세요.
   (나무판벽, 흙벽 등)   잿간과 돈사를 제외한 벽은 모두 흙
3. 부엌에 있는 두란문은 무엇입니까?
4. 안방과 웃방사이에 있는 칸막이는 무엇으로 되어 있습니까?
   (흙벽, 나무판벽 등)
5. 대청마루에서 대문쪽의 벽체가 나무판벽입니까? 흙벽입니까? 흙
6. 안방이 몇칸으로 되어 있습니까?
7. 사랑방과 창고는 각각 몇 칸으로 되어있습니까? 2칸씩
8. 외양간으로 들어가는 문은 어디에 있습니까?
9. 마루에 기둥이 있습니까?
   있으면, 그려주세요.   ■→기둥표시

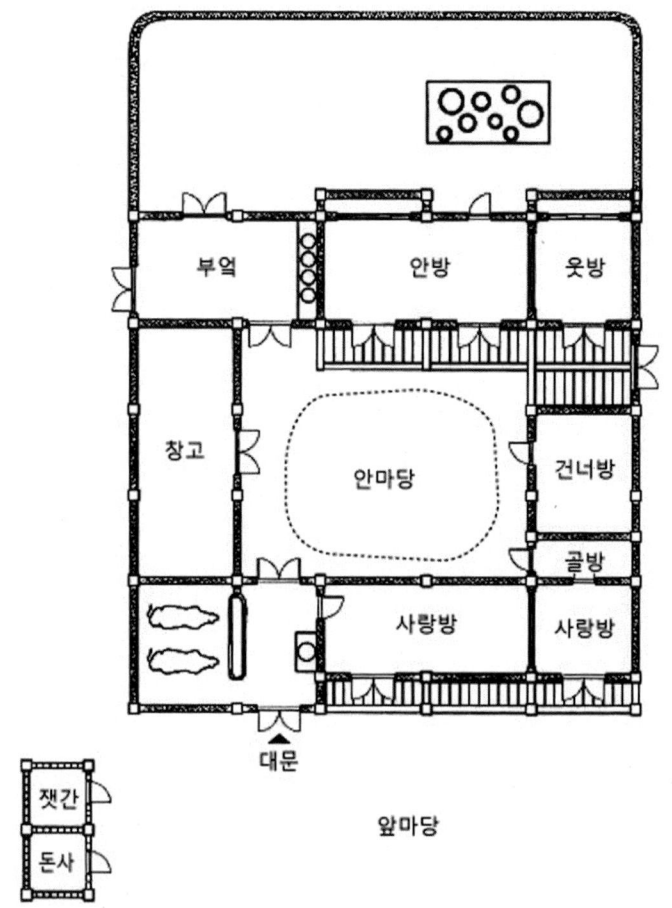

부엌

안방

웃방

창고

안마당

건너방

골방

사랑방

사랑방

대문

잿간

돈사

앞마당

23. 벽성군 조세선 씨 댁

- 성명: 조세선(1929년생)
- 주소: 황해도 벽성군 내성면 팔학리
- 가족: 6인, 부모, 형제
- 경제: 농업, 중류계층, 논 3,000평, 밭 5,000평
- 마을: 해안가 농촌, 30호
- 주택: 1920년대, ㄱ자 양통집, 초가

황해도 ㄱ자 양통집

앞의 사례와 같은 지역에 소재한 사례이다. 다만 30호 규모의 해안가 농촌마을이었다고 기재했다. 자료제공자의 가정도 농업에 종사했는데 논 3,000평, 밭 5,000평을 경작하는 중농계층이었다고 한다. 가족은 직계가족으로서 부모와 형제 3인을 합쳐 6인이 동거했던 것으로 기록했다.

이 집은 조사 당시로부터 64년 전 일제강점기에 건립되었다고 한다. 집 주변에는 농경지가 있었고 담장 없이 1동의 건물을 세웠다. 집의 형식은 황해도지역에서 보기 드문 ㄱ자 양통집이다. 살림채부분은 두 줄로 공간을 배열한 일자형 양통집이나 여기에 헛간을 두어 사랑방 2칸을 돌출시켰다. 담장이나 마루도 없는 초가집이라는 점에서 소농주거에 가까운 모습이다.

ㄱ자형 양통집은 함경남도에서 보편적인 주거형식이다. 살림채 안에 외양간을 두고 봉당으로 출입하는 모습도 함경남도나 강원도 민가형식과 다름이 없다. 다만 함경도에서는 외양간이 돌출하는데 이 집은 사랑방이 돌출한다는 점이 다른 점이다. 이러한 양통집은 함경남도로부터 서해안으로 뻗어 내린 멸악산맥 일대와 도서지방에서 흔히 나타나는 것으로 알려진다. 함경도의 양통집이 난방과 방어에 유리한 주거형식이라는 점에서 이와 유사한 기후와 지형조건을 갖는 지역을 따라 전파된 것이 아닌가 생각된다.

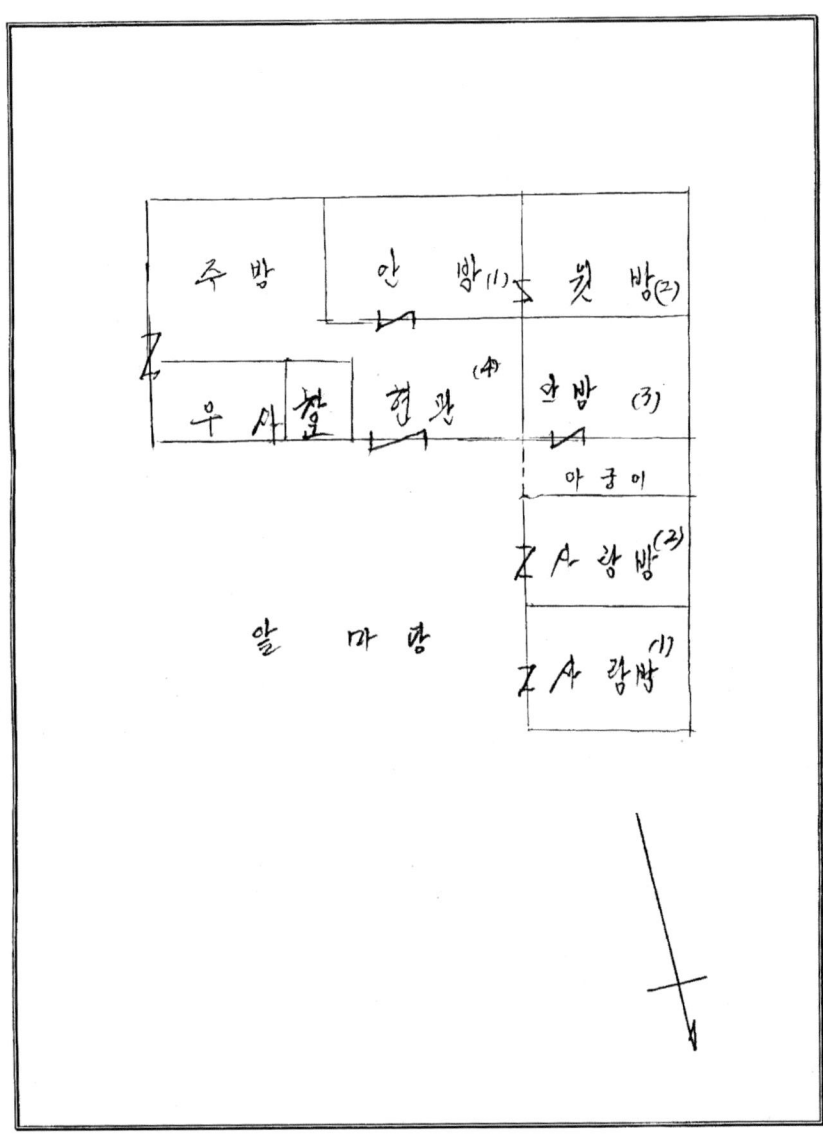

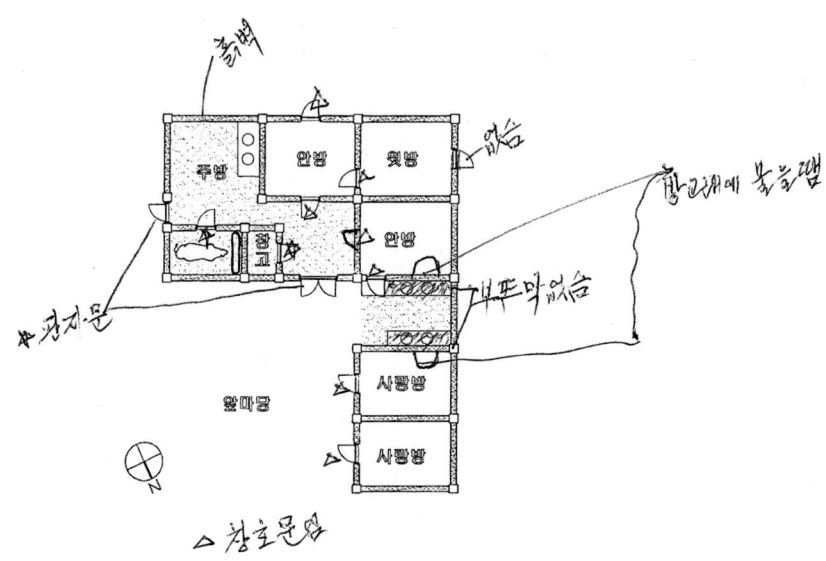

1. 모든 문의 종류와 위치를 구체적으로 그려주세요.
2. 부엌, 우사, 창고, 현관 등의 벽체가 무엇인지 설명하여주세요.
   (나무판벽, 흙벽 등)
3. 부엌에 솥과 아궁이를 그려주세요. ~그림그대로
4. 아궁이 옆에 있는 안방은 현관에서 바로 들어갈 수 있는 문이 없습니까? 없슴
   있으면 그려주세요.
5. 안방과 사랑방사이에 있는 아궁이의 구조는 어떻게 되어있습니까?
   (아궁이를 그려주세요.)

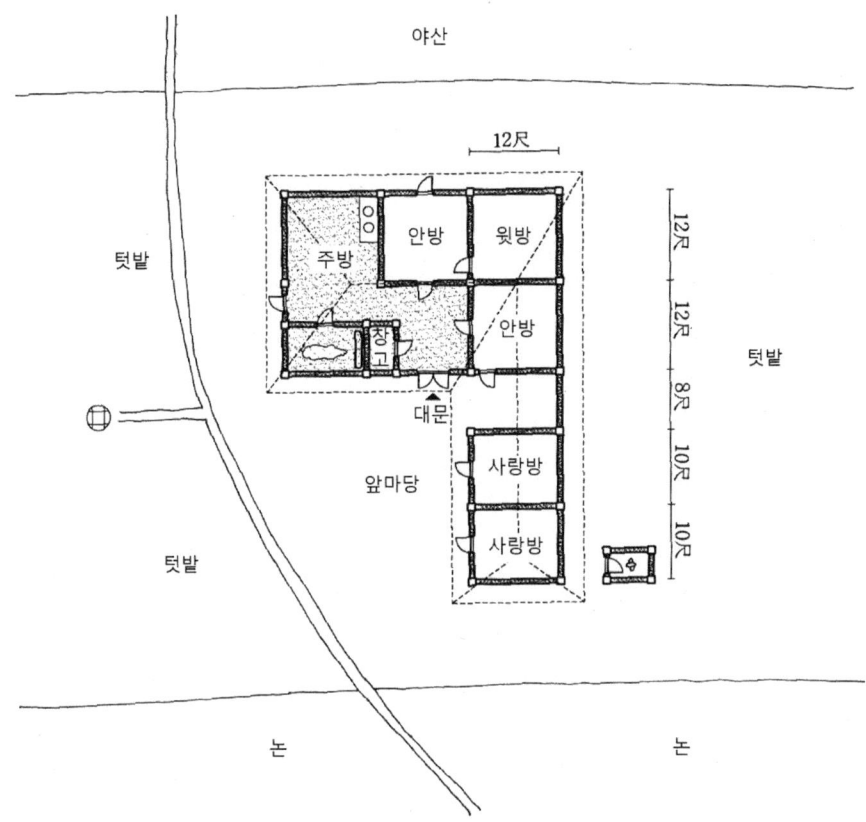

야산

12尺

텃밭

주방

안방   윗방

안방

장고

대문

앞마당

사랑방

사랑방

텃밭

텃밭

12尺   12尺   8尺   10尺   10尺

논   논

24. 벽성군 민규식 씨 댁

● 성명: 민규식(1931년생)
● 주소: 황해도 벽성군 내성면 오봉리
● 가족: 7인, 부모, 형제
● 경제: 농업, 중류계층, 논 3,000평, 밭 3,000평
● 마을: 평야지대 농촌, 7호
● 주택: 1930년대, 일자 양통집, 초가

황해도 일자 양통집

앞의 사례와 같은 지역에 소재한 사례이다. 마을은 평야지대 농촌으로서 7호 정도의 작은 마을이었다. 그나마 마을에서 멀리 떨어진 외딴집이었다고 한다. 자료제공자의 가정은 농업에 종사하는 농민이었는데 논 3,000평, 밭 3,000평 정도를 경작하는 중농계층이었다고 한다. 가족은 직계가족으로서 부모, 형제를 합쳐 7명이 동거했다.

이 집은 일제강점기인 1930년대에 지은 것으로 기억한다. 농경지 가운데 울타리도 없이 1동의 건물로 지었다. 벽체는 흙벽이며 지붕은 초가지붕으로서 소농주거에 가깝다. 향은 남향집으로 배치했다. 자료제공자도 "황해도지방에서 잘산다는 집은 기와집이나 퇫집이고, 보통사람은 일자집 또는 기역자집을 짓는다"고 기록하여 자신의 집이 하류주거임을 설명했다. 여기서 '퇫집'이란 '뼷집', 즉 따리집을 의미하는 것으로 보인다.

평면은 일자형 양통집으로서 공간이 두 줄로 배열되었다. 전형적인 황해도 양통집의 형식이다. 앞 줄 중앙에는 대문간으로 사용하는 '헛간'(보통 봉당이라고 부름)이 있고 좌우에 외양간과 사랑방을 배치했다. 뒷줄에는 부엌과 안방, 그리고 안방에서만 출입이 가능한 골방을 두었다. 부엌에만 부뚜막을 설치하고 사랑방에는 아궁이만 둔다고 한다.

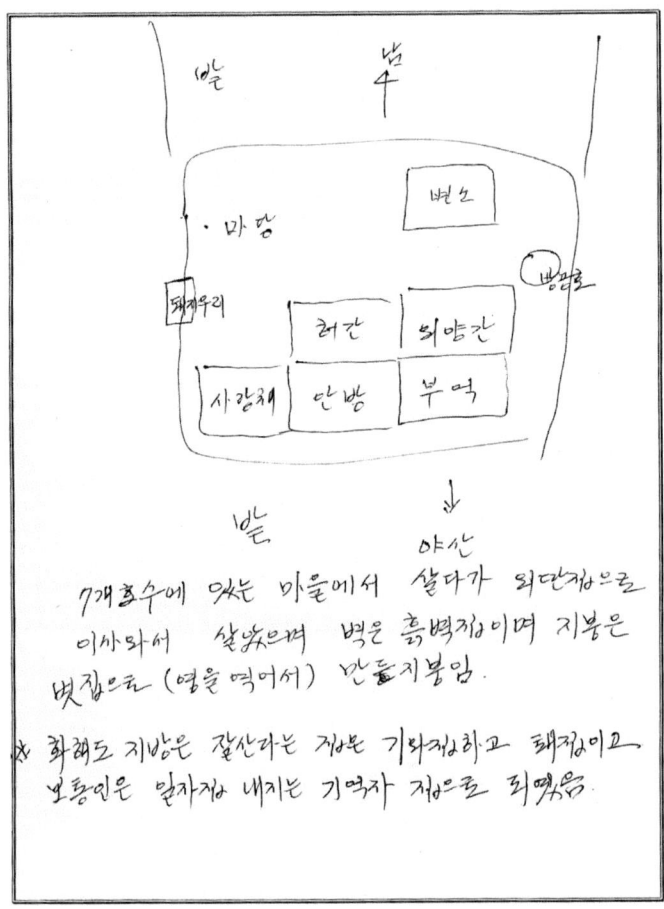

7개호수에 있는 마을에서 살다가 외딴집으로 이사와서 살았으며 벽은 흙벽집이며 지붕은 볏짚으로 (영을 먹여서) 만든 지붕임.

※ 황해도 지방은 잘산다는 집부는 기와집하고 돼집이고 보통집은 말자집과 내지는 기억자 집으로 되었음.

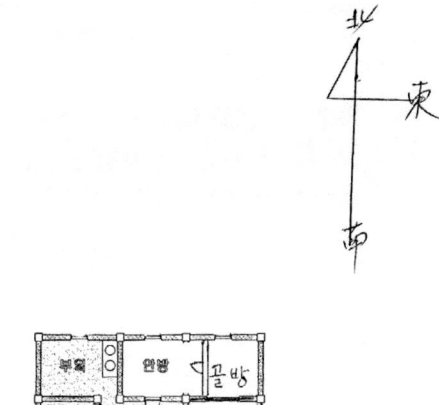

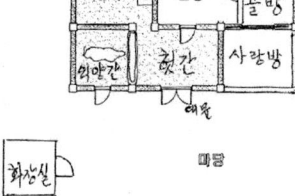

1. 구체적으로 문의 종류와 위치를 그려주세요.
2. 부엌, 헛간, 외양간, 화장실, 돼지우리 등의 벽체가 무엇으로 되어있습니까?
   (나무판벽, 흙벽 등)
3. 부엌에 솥과 아궁이를 그려주세요.
4. 방위를 표시하여주세요.
5. 대문을 그려주세요.
6. 울타리나 담장이 있다면 그려주세요.
7. 헛간은 어디에 있는지 그려주세요.

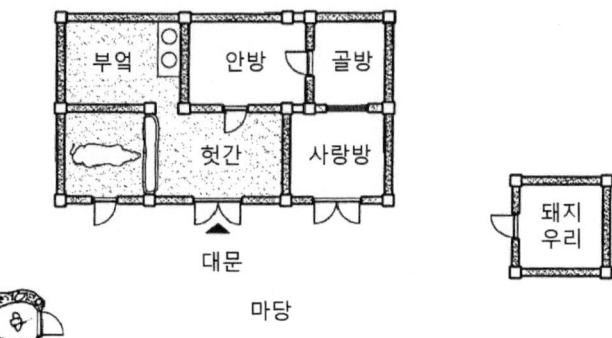

부엌

안방   골방

헛간   사랑방

돼지
우리

대문

마당

25. 벽성군 최광춘 씨 댁

- 성명: 최광춘(1935년생)
- 주소: 황해도 벽성군 내성면 팔학리
- 가족: 7인 부모, 형제
- 경제: 농업, 중류계층, 논 4,000평, 밭 8,000평
- 마을: 평야지대 농촌, 100여 호
- 주택: 1920년대, ㅁ자집, 초가

똬리집의 전형

이 집 역시 벽성군 내성면에 소재한 사례이다. 자료제공자는 마을의 지형과 모습에 대해 상세하게 기술해주었다. 마을은 구릉이 많은 평야지대에 있었으며 마을의 가호 수는 많지 않고 대부분 10호 내외의 마을로 산발적으로 형성되었다고 설명했다. 이를 '능지평야'라고 표현했다. 즉, 호수밀도가 낮은 산촌형(散村型) 취락임을 표현한 것이다. 자료제공자의 가정은 논 4,000평, 밭 8,000평을 경영하는 중류계층이었다고 기술했으며, 부모 형제로 구성된 7인 가족으로 기재했다.

이 집은 1920년대에 건립된 집이라고 한다. 집의 형식은 ㅁ자집인데 이러한 형식은 한 마을에 1호 정도가 있을 정도로 고급 집이었다. 다만 초가집이라는 점에서 중농계층의 계층성을 보여준다. 담장은 건물 뒤에만 둘러 뒤뜰을 만들었고, 안뜰이 완벽하게 폐쇄적인 '똬리집'이다.

이 집의 공간구성은 앞에서 살펴본 오세춘 씨 댁과 완벽하게 일치한다. 좌우가 바뀌었을 뿐이다. 규모의 차이가 약간 있을 뿐 각 기능공간의 위치가 동일하고, 툇마루나 대청의 위치도 일치한다. 둘 다 내성면 팔학리에 소재했다는 점에서 동일한 건축기술자에 의해 설계되었거나, 똬리집의 지역적 전형이 있었을 가능성이 높다.

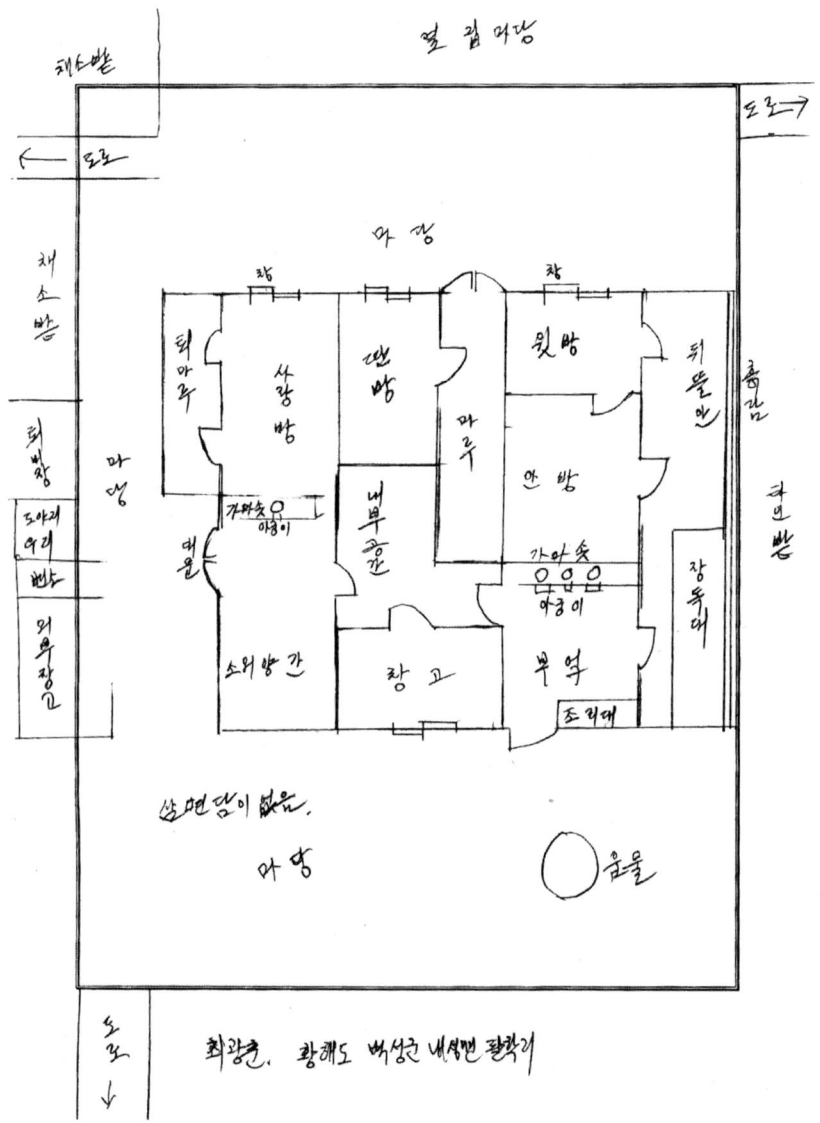

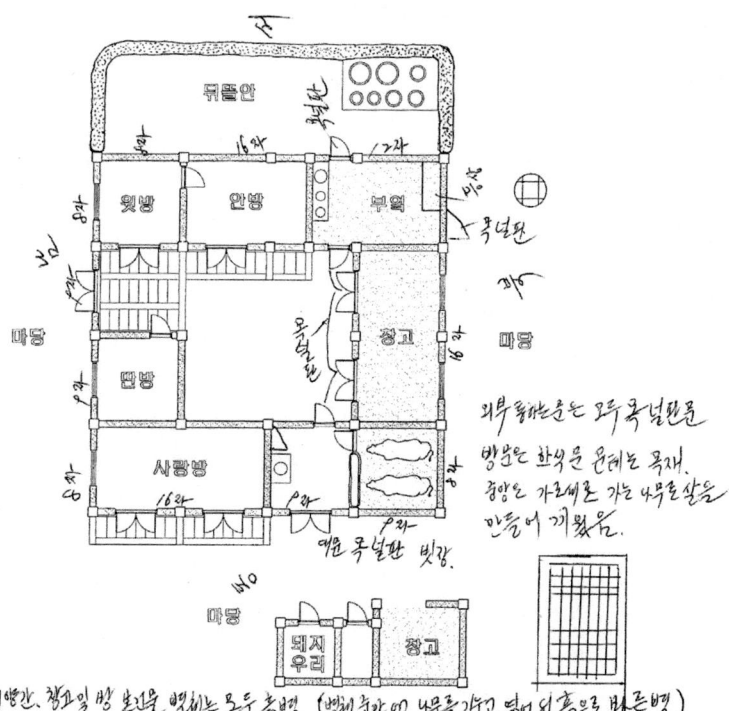

외부로마라는는 모두 목넉판큰

방문은 한쪽문 문래는 목재.
중앙으 가로세로 가는 나무를살을
만들어 기웠음.

1. 부엌. 디앙간. 창고잇 방 보간은 벽체는 모두 흙벽. (벽체 중간에 나무를가구고 덪어 더흙으로 바른벽)
2. 돼지우리 나무벽.
3. 화장실. 디벽창고. 흙벽.

1. 모든 문의 종류와 위치를 구체적으로 그려주세요.
2. 부엌, 외양간, 창고, 화장실, 돼지우리, 외부창고 등의 벽체가 무엇입니까?
   (나무판벽, 흙벽 등)
3. 동서남북의 방위를 적어주세요.
4. 측면과 정면이 각각 몇 칸입니까?
5. 뜬방과 위방사이의 마루의 폭은 어느정도가 됩니까?
6. 사랑방으로 들어갈 수 있는 문은 뒷마루에서밖에 없습니까?

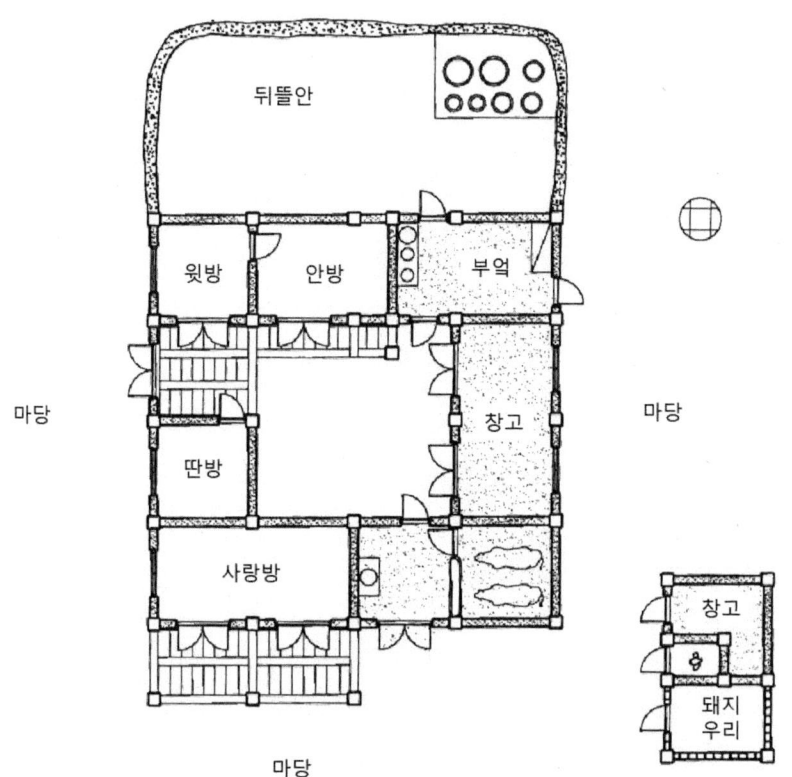

뒤뜰안

윗방 안방 부엌

마당 창고 마당

딴방

사랑방

창고

돼지
우리

마당

26. 벽성군 오세혁 씨 댁

- 성명: 오세혁(1934년생)
- 주소: 황해도 벽성군 내성면 팔학리
- 가족: 12인, 조부모, 부모, 형제
- 경제: 농업, 상류계층, 논 15만 평, 밭 15만 평
- 마을: 해안가 농촌, 10여 호
- 주택: 1940년대, ㅁ자집, 초가

상류계층의 똬리집

이 집 역시 벽성군 내성면에 소재한 사례이다. 마을은 해안가에 있는 농촌마을인데 6호 정도의 작은 마을이었다고 한다. 자료제공자의 가정은 농업을 경영하는 농가였지만 논 15만 평, 밭 15만 평을 경영하는 대지주로서 상류계층이었다. 가족도 3대가 동거하는 12명의 대가족이었다.

이 집은 1840년대에 건립된 것으로 기억한다. 비록 초가집이기는 하나 대단히 큰 규모의 ㅁ자집이다. 건물배치나 외부공간은 ㅁ자집의 일반적 형식을 그대로 따랐다. 건물 앞과 옆에는 담장으로 구획되지 않은 마당이 있는데 방앗간이나 변소, 돼지우리 등의 부속시설이 세워져 있다. 대문을 들어서면 폐쇄적인 안뜰이 있고, 후면에만 담장을 쌓아 뒤뜰을 만들었다.

자료제공자는 이 집의 형식을 '뙈집'이라고 기술했다. 뙈집은 똬리집의 또 다른 표현이다. 안뜰에 처마선을 원형으로 그리고 "이곳은 둥글게 되어 있으며 하늘을 볼 수 있다"고 기술했다. 똬리집 안뜰에서 보이는 처마선을 표현한 것이다. 공간구성은 앞의 똬리집 사례와 유사하다. 다만 사랑방의 규모가 크고, 수장공간이 많으며, 건넌방 양옆에 대청마루를 둔 것이 상류주택으로서의 고급성을 보여준다.

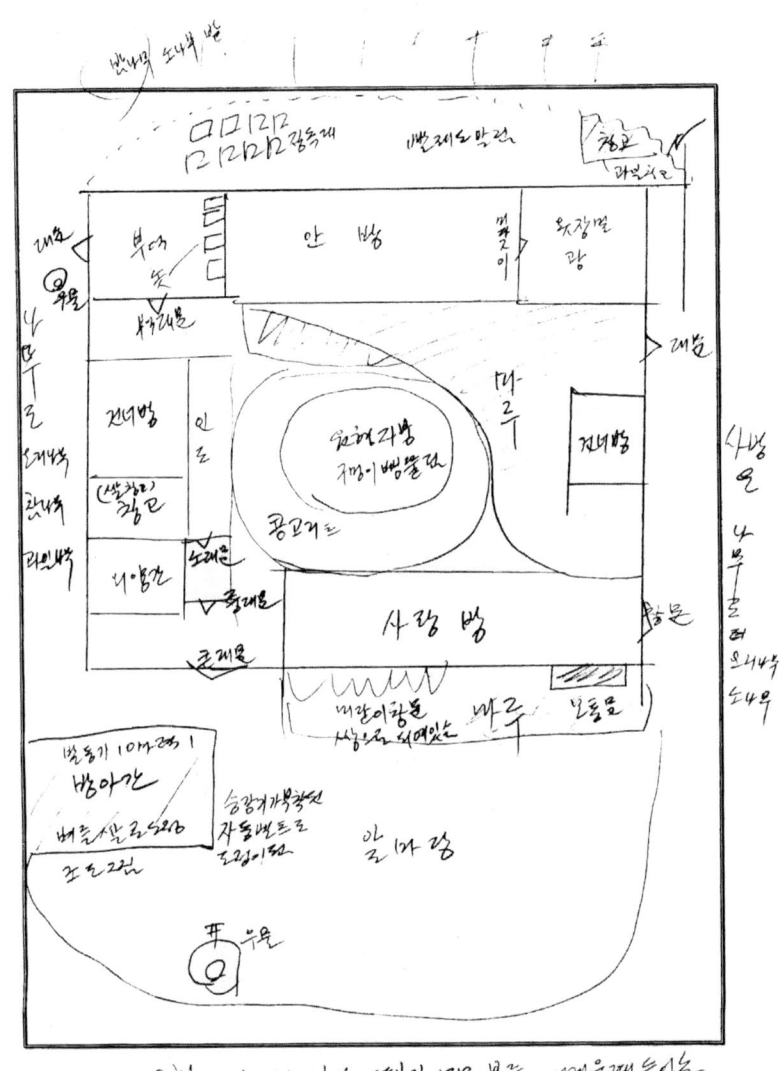

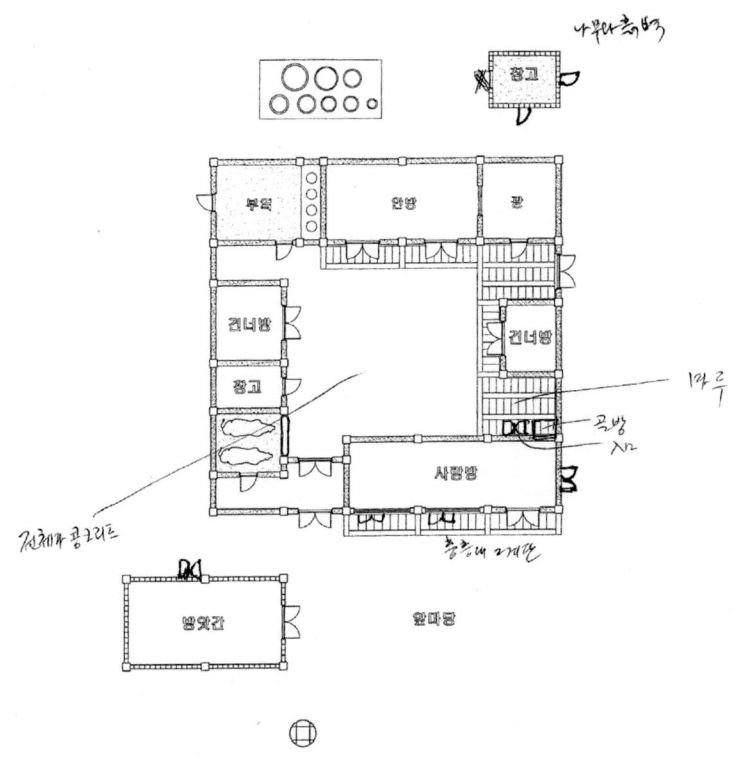

나무라 흙벽

장고

부엌 | 안방 | 광

건너방

장고

건너방

ㅣ마루

곡방
시고

전체가 콩크리트

방앗간

안마당

흙담버 2개판

1. 모든 문의 종류와 위치를 구체적으로 그려주세요.
2. 부엌, 창고, 외양간 방앗간, 대문간 등의 벽체가 무엇입니까? 나무와 흙벽(흙에다 벼깡을 썰어 넣어 건축함)
   (나무판벽, 흙벽 등)
                                                      방앗간은 나무와흙기 벽
3. 안방과 사랑방이 각각 몇 칸입니까? 2칸,3칸   내농은 나무
4. 큰대문, 중대문, 소대문이 무엇입니까? 개로 4무 큰門개여문 여루른 대문이 외었슴
   그리고, 어떻게 되어있습니까?
5. 사랑방에서 마당으로 통하는 문은 없습니까? 머루라와 2개판 내려와 마당으로 나옴
6. 안마당의 모습을 설명하여 주세요. 안마당은 판판히 닿여진 흙마당인
   그리고, 인도는 무엇입니까?
   마당으로통하여 인도가 여러곤데로 갈수있슴
7. 울타리가 있으면 그려주세요? → 울타리는 없습니다.

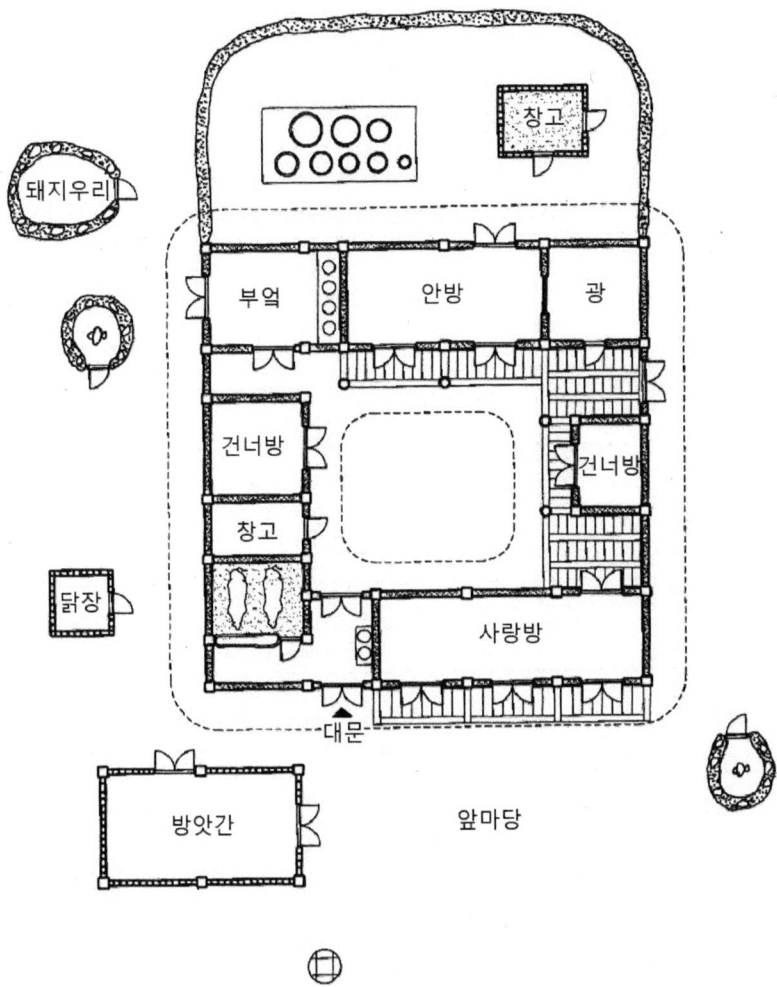

창고

돼지우리

부엌   안방   광

건너방   건너방

창고

닭장

사랑방

대문

방앗간   앞마당

27. 벽성군 이선재 씨 댁

- 성명: 이선재(1934년생)
- 주소: 황해도 벽성군 동강면 오금리
- 가족: 8인 조모, 부모, 형제, 기타
- 경제: 농업, 상류계층, 논 10만 평, 밭 10만 평 이상
- 마을: 산지 농촌, 30호
- 주택: 건립연대 미상, ㅁ자집, 기와

큰 규모의 부속채를 갖는 부농주거

이 집은 벽성군 동강면에 소재한 사례이다. 마을은 산지에 있는 농촌마을인데 30호 정도가 사는 작은 마을이었다고 한다. 자료제공자의 가정은 농업을 경영하는 농가였지만 논 10만 평 이상, 밭 10만 평 이상을 경영하는 대지주로서 상류계층이었다. 가족은 3대가 동거하는 직계가족으로서 형님 내외와 그 자녀들을 합쳐 모두 8명이 살았다고 한다.

이 집이 언제 지어진 것인지는 기재하지 않았다. 주거형태로 보면 전통양식으로서 일제강점기 이전에 지은 것으로 추정된다. 주택은 큰 규모의 ㅁ자집으로서 기와집이다. 건물 전체를 둘러싸는 담장을 세운 점이 특이하다. 외양간과 마구간, 광 등의 생산공간은 별도의 부속채로 분리했다. 이에 따라 주 건물은 침실로만 구성된다. 대규모의 부속채를 갖는다는 점에서 부농주택의 성격을 보여준다.

앞마당이 넓고 앞마당을 향한 사랑방은 3칸이다. 안뜰로의 출입은 옆으로 돌아 대문간을 통해 이루어진다. 안뜰은 하늘만 개방된 폐쇄적 공간이다. 안채의 침실은 대부분 2칸을 통간으로 사용하는 2칸 장방이다. 사랑방과 연접한 부분에 건넌방은 특별히 '사당방'이라고 기재했다. 아마도 신주를 모시는 감실이 있었던 것으로 추정된다.

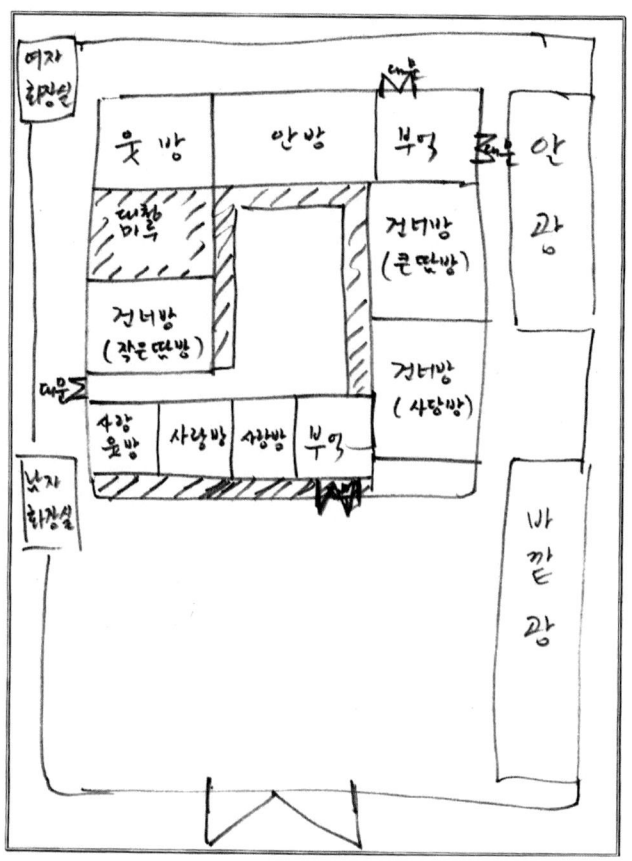

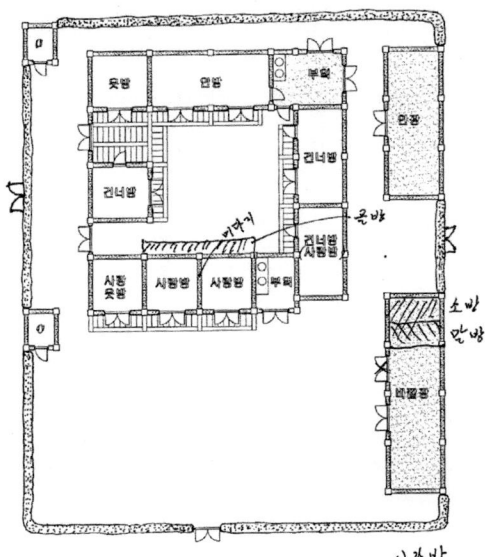

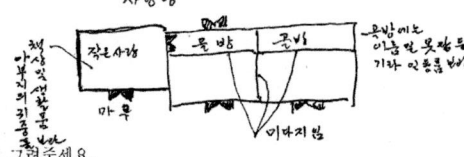

1. 구체적으로 문의 종류와 위치를 그려주세요.
2. 부엌, 화장실, 광 등의 벽체가 무엇으로 되어있습니까?
   (나무판벽, 흙벽 등) (나무흙벽)
3. 안방은 몇 칸입니까? (5.5 평정도)
4. 마루는 무엇으로 되어있습니까?
   (나무널마루, 흙마루) (나무고접마루)
5. 사랑방 앞에 있는 마루가 부엌까지 나왔습니까? (사랑방끝까지 그림2대로나옴)
6. 외양간은 없습니까? 있습니다. 바깥광 윗부분에 약 10평정도 있어 소·말 받이
   있으면, 그려주세요. 표리
7. 바깥광과 안광은 각각 몇 칸이고 내부에 칸막이는 없습니까? 내부칸막이는 없습니다 허리
   안광 : 약 15평 (살림에 보관)
   바깥광 : 약 40평 (버·조·등밀쌀잡곡대)
8. 대문간 위에 지붕이 덮혔습니까?
   지붕이 기바에 의해 덮혔습니다.

※ 참고 : 화장실은 재래식이며 변통이 없고
         안뒤깐에 소로 붙을땐 해·콩 않는 담에 부어놓고 변을 본다음은 그대로
         혼합해서 뒤로 비워연거로 그것스는 농사 밭 거름으로 사용합니다.

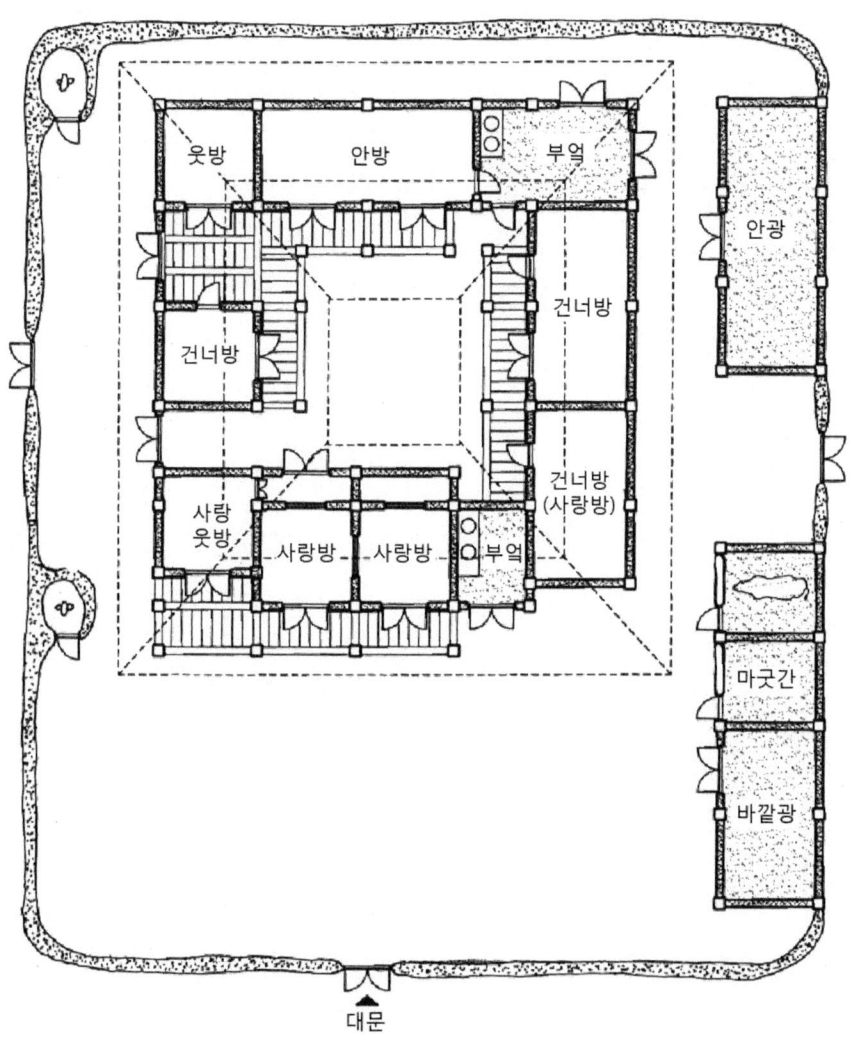

웃방 · 안방 · 부엌 · 안광 · 건너방 · 건너방 · 건너방(사랑방) · 사랑웃방 · 사랑방 · 사랑방 · 부엌 · 마굿간 · 바깥광 · 대문

28. 벽성군 안원직 씨 댁

- 성명: 안원직(1934년생)
- 주소: 황해도 벽성군 해남면 봉대리
- 가족: 9인, 부모, 형제
- 경제: 농업, 하류계층, 소작농
- 마을: 해안가 농촌, 100호
- 주택: 1890년대, 일자 양통집, 초가

양통집의 소농주택

이 집은 벽성군 해남면에 소재한 사례이다. 마을은 해안가에 있는 농촌마을인데 100호 정도가 사는 큰 마을이었다고 한다. 자료제공자의 가정은 농업과 공업을 겸하는 집이었다고 하는데 가족 중에 공장 근로자가 있었던 것으로 보인다. 농사는 땅을 빌려 소작했는데 경작규모는 매우 작았던 모양이다. 가족은 직계가족으로서 9명이 동거했다고 기록했다.

이 집은 약 100년 전 정도에 건립된 것이라고 한다. 주거형식은 외채 일자형 양통집으로서 소농주거형식이다. 건물 뒤에만 울타리를 둘러쳐 뒤뜰안을 만들었다. 뒤뜰 옆에 변소와 결합된 외양간을 작은 부속채로 두었다. 건물규모가 작을 뿐만 아니라 초가지붕이라는 점에서 하류계층으로서의 계층적 성격을 보여준다.

평면형식은 방이 두 줄로 배열된 양통집이다. 이러한 양통집은 벽성군 일대의 서민계층에서 일반적인 형식이나 이 집은 특히 규모가 작은 집이다. 양통집은 개방된 안뜰이 없고 그 자리에 지붕이 덮인 봉당이 있다는 점에서 따리집(ㅁ자집)과 차이가 있다. 봉당부분이 넓어지고 지붕이 개방되면 바로 따리집의 평면형식이 된다는 점에서 발생론적 상관관계를 유추할 수 있다.

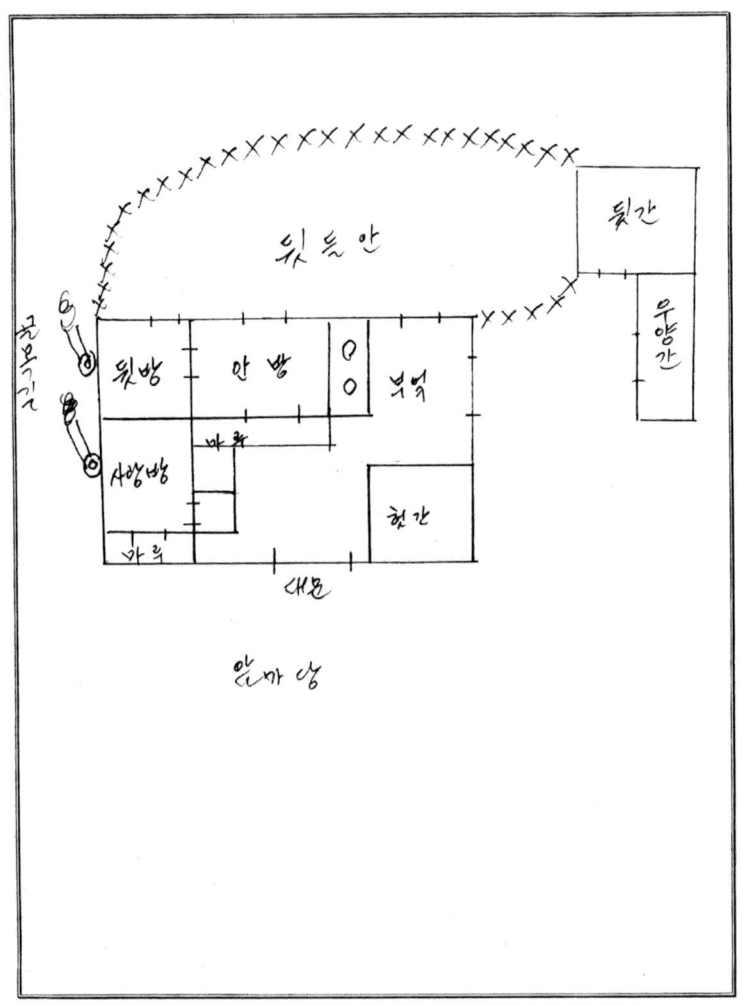

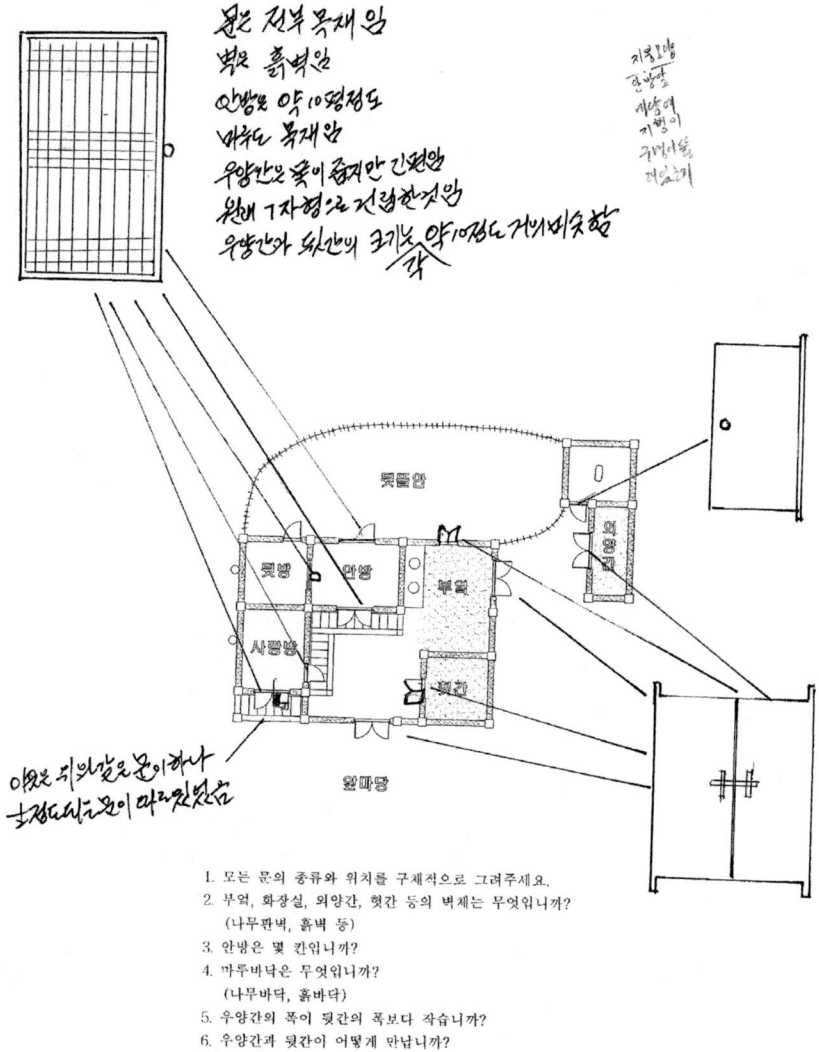

문은 전부 목재임
벽은 흙벽임
안방은 약 10평정도
마루도 목재임
우양간은 폭이 좁지만 긴편임
원래 ㄱ자형으로 건립한것임
우양간과 뒷간의 크기는 약 10평도 거의비슷함

지붕2 얹는 한낭과 새송여기 기병이 귀여더듬 재있으기

뒷뜰안

윗방   안방   부엌   외양

사랑방

뒷간

앞마당

양은 뒤외같은 문이하나
흔정도 되는 칸이 따로 있었습

1. 모든 문의 종류와 위치를 구체적으로 그려주세요.
2. 부엌, 화장실, 외양간, 헛간 등의 벽체는 무엇입니까?
   (나무판벽, 흙벽 등)
3. 안방은 몇 칸입니까?
4. 마루바닥은 무엇입니까?
   (나무바닥, 흙바닥)
5. 우양간의 폭이 뒷간의 폭보다 작습니까?
6. 우양간과 뒷간이 어떻게 만납니까?
6. 우양간은 몇 칸이고 그 크기는 뒷간과 비교하여 어떻습니까?

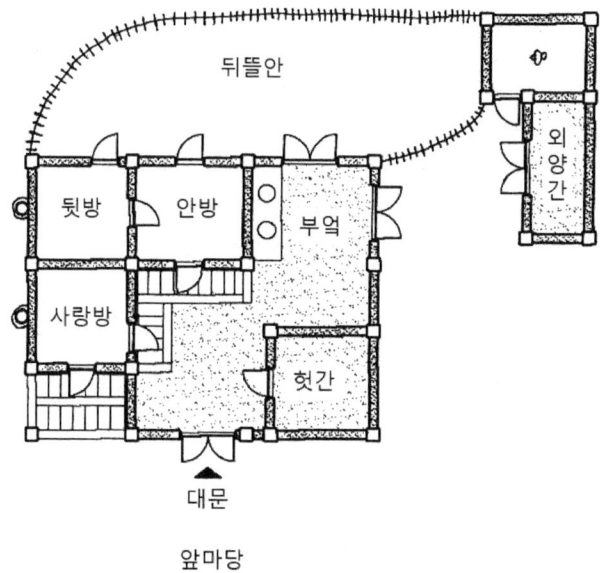

뒤뜰안

외양간

뒷방   안방   부엌

사랑방

헛간

대문

앞마당

29. 벽성군 최남수 씨 댁

- 성명: 최남수(1930년생)
- 주소: 황해도 벽성군 영천면 갈산리
- 가족: 5인, 부모, 형제
- 경제: 농업, 하류계층, 논 1,000평, 밭 500평
- 마을: 산지 농촌, 5호
- 주택: 1920년대, ㄷ자형 똬리집, 초가

ㄷ자형 똬리집

이 집 역시 벽성군에 소재했던 사례이나 마을은 산지에 있었던 농촌마을이라고 한다. 규모가 5호라는 점으로 보아 산촌형 취락이었던 것으로 보인다. 자료제공자의 가정도 농업에 종사했는데 논 1,000평, 밭 500평 정도를 경영하는 소농계층이었다고 한다. 그러나 주택은 중농계층에 속한다고 설명했다. 가족은 직계가족으로서 5명이 동거했다.

이 주택은 1920년대에 건립된 것으로 기억하는데 전통양식에서 크게 벗어나지 않는다. 자료제공자는 주택형식을 ㅁ자형 똬리집이라고 표현했다. 그러나 지붕의 형태로 보면 ㄷ자형 건물지붕을 가지고 있으며, 진입부분에는 담장과 대문을 설치한 모습이다. 엄격하게 표현하면 ㄷ자형 똬리집이라고 할 수 있다. 비록 초가지붕이기는 하지만 자영농 이상 중농계층의 주택이라고 할 수 있다.

주택의 배치를 보면 건물 앞에 마당을 두고 뒤에는 흙돌담을 쌓아 뒤뜰안을 만들었다. 안뜰안은 작고 폐쇄적인 안마당이다. 똬리집의 전형적인 공간 구성처럼 대문간 부분에는 외양간과 사랑방을 좌우에 배치했다. 윗방과 앞방 사이에도 마루를 두었는데 툇마루의 폭은 4자, 대청마루의 폭은 8자라고 설명했다.

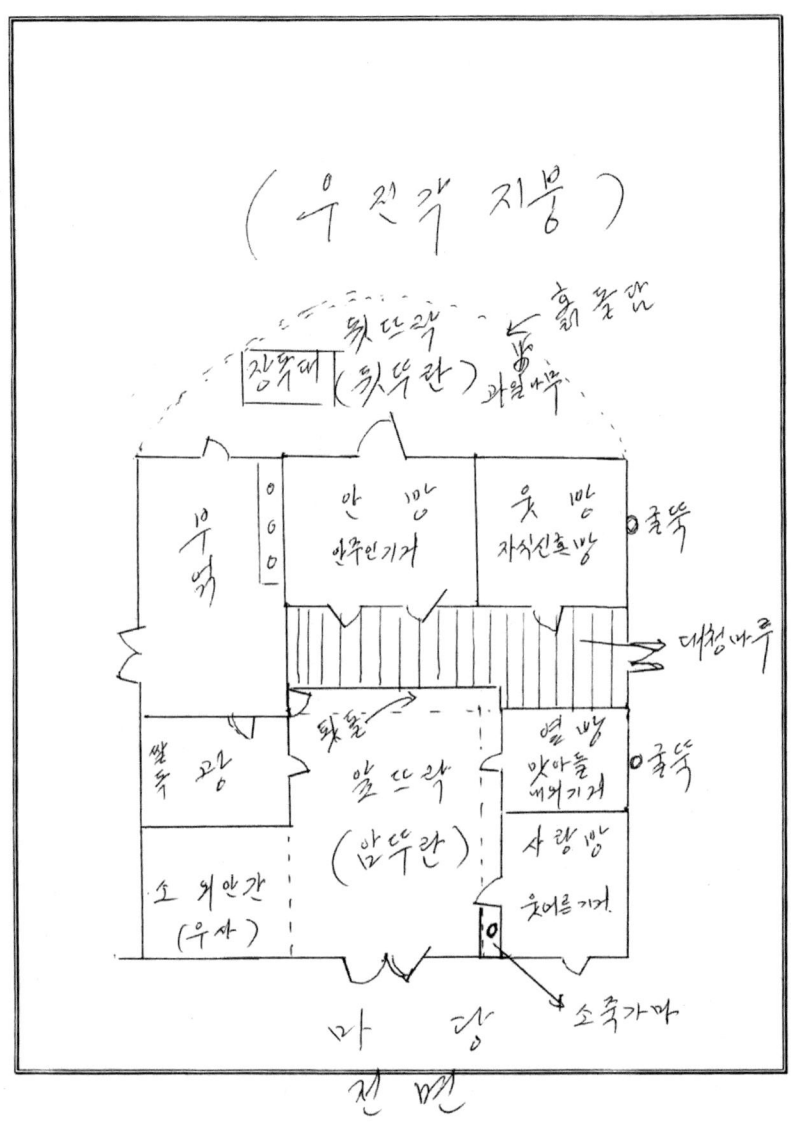

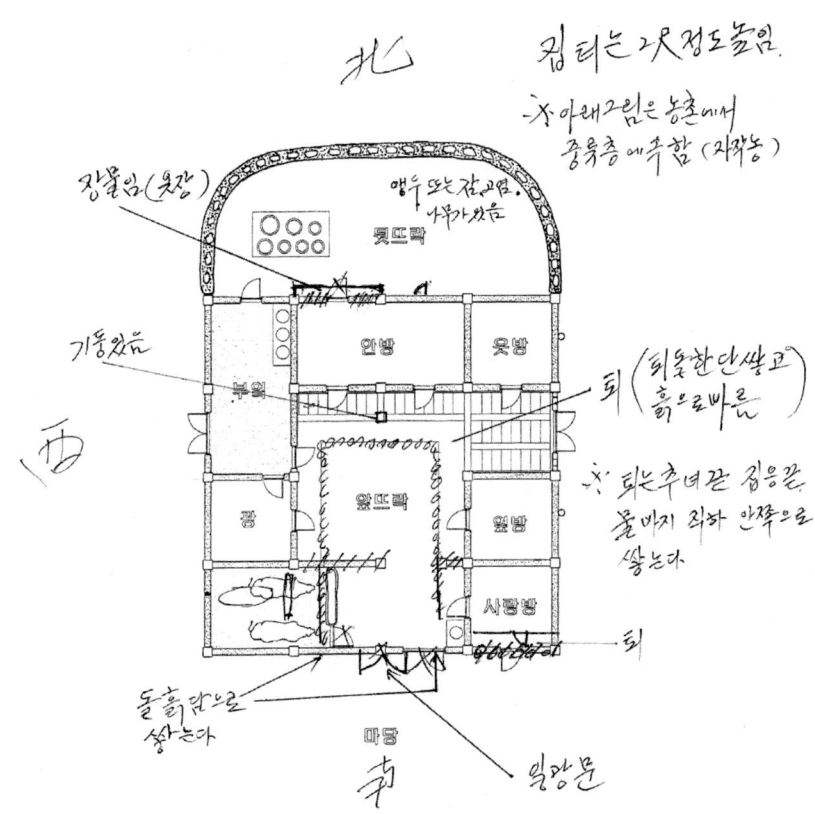

北

집 터는 2尺정도 높임.

✳ 아래그림은 농촌에서
중류층에 속함 (자작농)

장물임(웃장)

앵두 또는 잔그림.
나무가 있음

윗드박

안방   웃방

기둥있음

부엌

퇴(퇴돌한단쌓고
  흙으로바름)

앞드박

✳ 퇴는 추녀끝 집응끝
  물 바지 쥐하 안쪽으로
  쌓는다

곳   윗방

사랑방

퇴

돌흙담으로
쌓는다

마당

南

일망문

1. 구체적으로 문의 종류와 위치를 그려주세요.
2. 부엌, 외양간, 광 등의 벽체가 무엇으로 되어있습니까? 흙벽
   (나무판벽, 흙벽 등)
3. 안방은 몇 칸입니까? 8자 2칸
4. 광의 바닥은 무엇으로 되어있습니까? 흙마닥
   (나무바닥, 흙바닥)
5. 외양간으로 들어가는 문은 어디에 있습니까? 따락쪽으로는 벽이없음
6. 화장실은 어디에 있습니까? 마당 左 또는 초측 끝에 위치함 (곳간과 평행해지음)
7. 방위(남쪽)를 표시해주세요.
8. 앞뜨락에도 지붕이 달렸습니까? 앞달했음
9. 마루에 기둥이 있습니까?
   있으면, 그려주세요.

제7장 황해도 옛집의 사례들 311

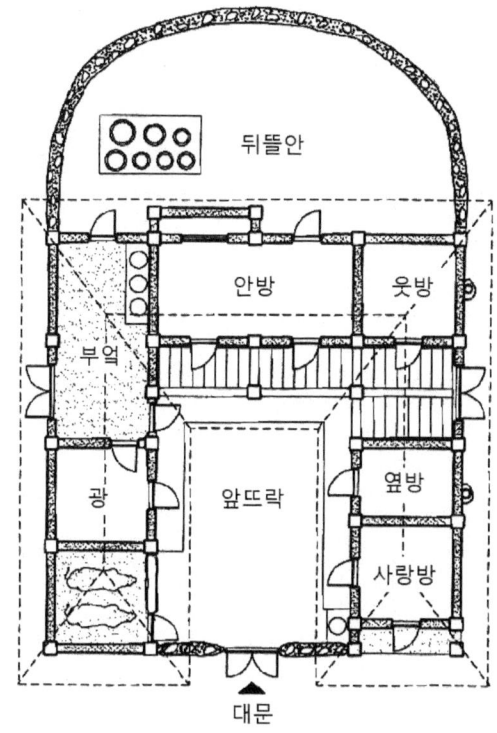

뒤뜰안

안방   웃방

부엌

광   앞뜨락   옆방

사랑방

대문

마당

30. 신천군 김용성 씨 댁

- 성명: 김용성(1923년생)
- 주소: 황해도 신천군 노월면 정례리
- 가족: 3인. 모친, 형제, 일꾼
- 경제: 농업+상업, 중류계층, 논 4,500평
- 마을: 평야지대 농촌, 120호
- 주택: 1940년대, ㄷ자집, 초가지붕

황해도 ㄷ자집의 안마당

이 집은 황해도 서북부 신천군에 소재했던 집이다. 마을은 평야지대의 농촌 마을로서 120호 정도 규모의 비교적 큰 마을이었다. 이 집은 논 4,500평을 경작하며 상업을 겸하는 중류계층의 가정이라고 기재했다. 그러나 일꾼까지 둔 것으로 보아 경제적으로 여유가 있었던 집으로 보인다.

주택은 1940년대에 건립한 것으로 기재했다. ㄷ자형의 주 건물 1채로 구성되며 뒤편에만 울타리를 둘러 뒷마당을 만들었다. 건물평면은 ㄷ자이나 자료제공자는 위채 4칸, 아래채 3칸이라고 구분지어 설명했다. 부엌과 안방, 옆방 그리고 광을 위채로 보고 사랑방과 작은방, 부엌을 아래채로 본 것이다.

안마당을 둘러싸고 ㄷ자형으로 공간을 배열하고 트인 부분에 담과 대문을 설치한 것은 황해도 ㄷ자집의 전형적인 형식이다. 그러나 안방과 사랑방에 각기 독립된 부엌을 설치한 점에서 의도적인 영역구분을 볼 수 있다. 또한 사랑방과 작은방은 외부를 향해 툇마루를 두었다. 주로 바깥마당을 사용하며 안마당 쪽으로 시선을 피하는 의미를 갖는다. 작은 방은 일꾼이 사용했을 것으로 짐작된다. 건물지붕은 우진각 초가지붕이라고 기재했다.

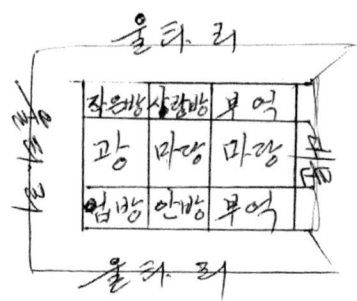

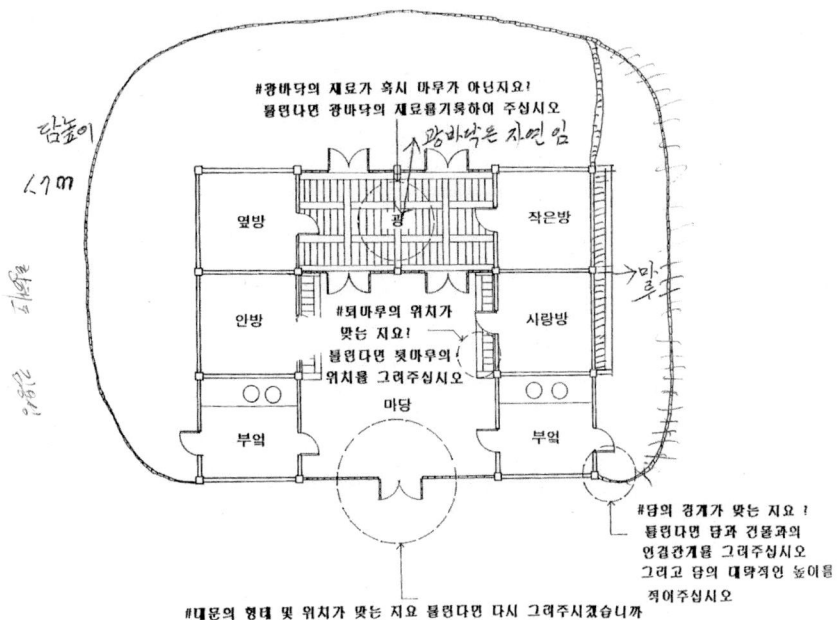

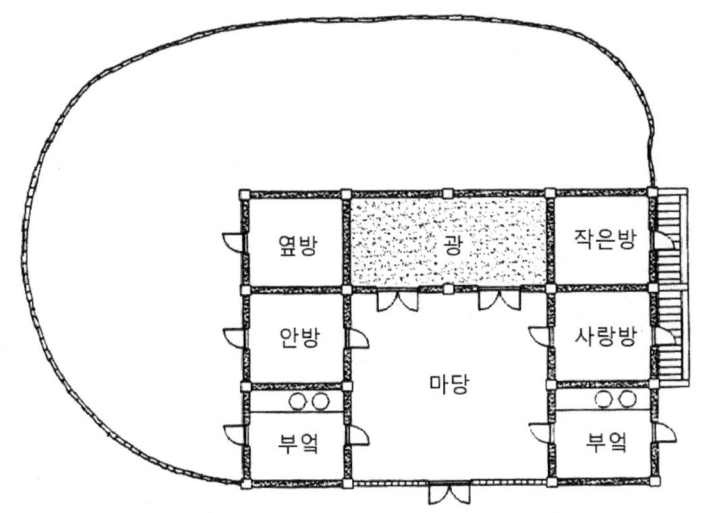

31. 신천군 권영기 씨 댁

- 성명: 권영기(1924년생)
- 주소: 황해도 신천군 신천읍
- 가족: 8인 부모, 형제
- 경제: 농업+회사원, 하류계층
- 마을: 도시, 7,500호
- 주택: 1920년, 일자형 양통집, 초가지붕

황해도 양통집

신천군은 황해도 서북부에 위치한다. 이 집은 읍소재지의 외곽에 소재했던 것으로 보인다. 집 주변이 도시적인 정연성을 가지고 있으면서도 농경지가 남아 있는 것을 보면 원래 농촌지역이 점차 시가화되어 가는 모습을 보여준다. 자료제공자의 가정도 농업과 함께 회사근무를 겸했던 것으로 기재했다. 8명의 식구가 동거했으며 하류계층이었다고 설명했다.

이 집은 1920년대에 건립된 것으로 황해도 북부지역에서는 보기 드문 일자형 외채집, 살림채 옆에 변소를 겸하는 헛간과 가축사는 부속 경리시설일 뿐이다. 살림채 앞은 도로에 면하고 건물 뒤에는 수숫대를 엮어 울타리를 두르고 뒷마당을 만들었다. 뒷마당에는 장독대를 두었는데 그 옆에 터주신당이라는 작은 건물을 세운 것이 특이하다. 비록 하류계층의 허름한 초가집이지만 터주신앙은 깊었던 것으로 보인다.

살림채의 평면도 황해도에서는 보기 드문 양통집이다. 즉, 방이 두 줄로 배열된 공간구성을 갖는다. 부엌문을 출입문으로 사용한다. 출입방식이나 평면구성은 함경도 양통집과 유사하여 부엌 옆으로는 외양간과 곡간, 그 반대편에는 침실군을 배치했다. 다만 정주간이 없다는 점에서 함경도집과 차이가 있다.

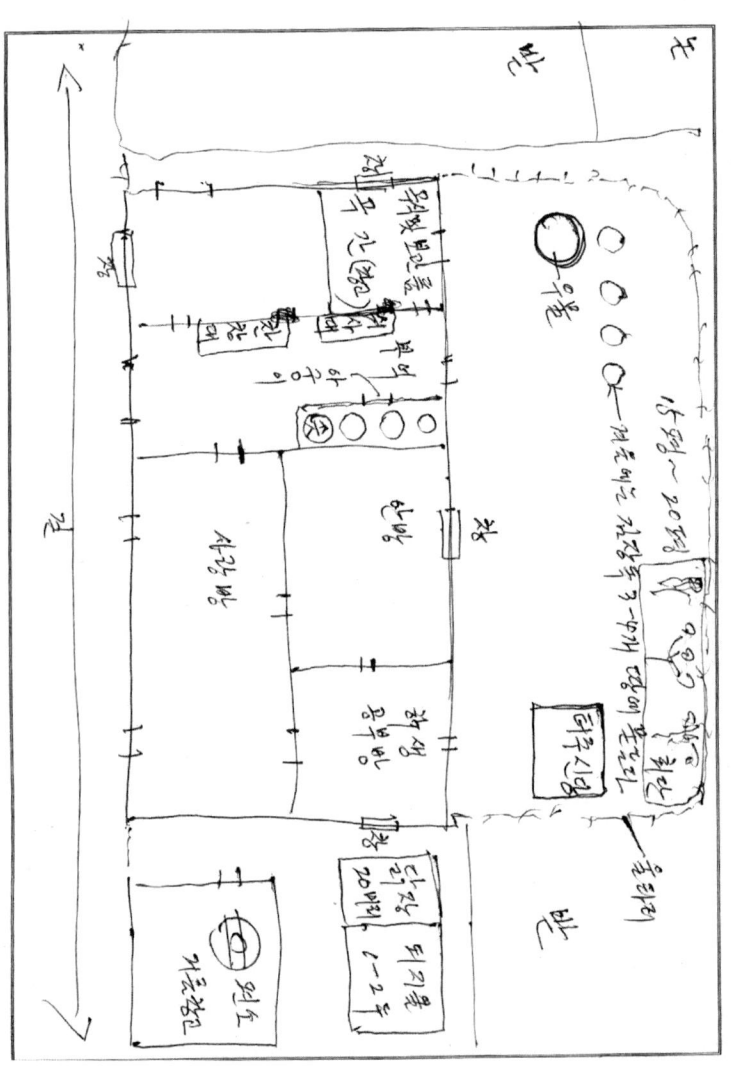

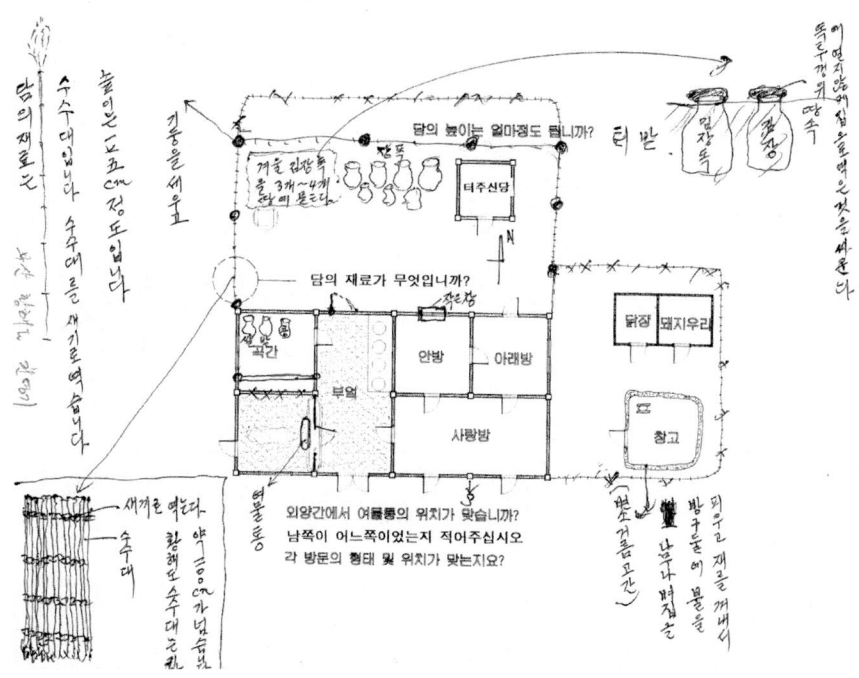

담의 재료는

수수대입니다 늘어놓고 정도입니다 수수대를 세로로역습니다

鬼 활해의 간이이

거둥을 세우고

담의 높이는 얼마정도 됩니까?

터 밭

이면지않이 심을면 온 것을 세운다
똑으로건귀우망쪽

장독
깔장독

겨울 김장독
올 3개~4개
땅에 묻는다

담모

터주신당

N

닭장 돼지우리

담의 재료가 무엇입니까?

장로장

안방

아래방

창고

멍 걸름곤

쩐밭
뒥간

부엌

사랑방

피우리 재를 꺼내서
방구들에 불을
남구나 벅짚순

여물통

새끼로 역는다
약 150cm가 넘음
황해안 수수대크기

수대

외양간에서 여물통의 위치가 맞습니까?
남쪽이 어느쪽이었는지 적어주십시오
각 방문의 형태 및 위치가 맞는지요?

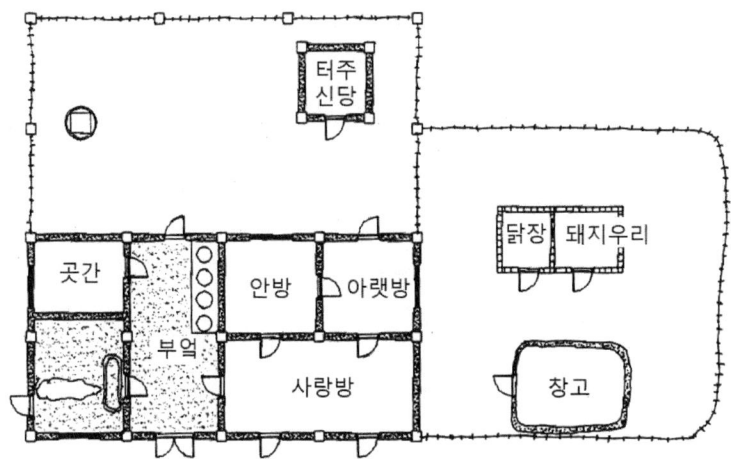

32. 신천군 이병환 씨 댁

- 성명: 이병환(1922년생)
- 주소: 황해도 신천군 다미면 가무리
- 가족: 6인, 부모, 부부, 형제
- 경제: 농업, 중류계층
- 마을: 산악지대 농촌, 43호
- 주택: 연대미상, 튼 ㄷ자집, 살림채 기와, 대문채 초가

튼 ㄷ자집

이 집 역시 신천군에 소재했던 집이나 마을은 산지 농촌이었다고 한다. 자료 제공자의 생업도 농업이었으나 경작규모는 기재하지 않고 중류계층이었다고 기술했다. 가족은 부모와 본인부부, 형제, 그리고 자녀로 이루어진 3대 직계가족이었다.

이 집은 언제 지어진 것인지 알 수는 없다. 건물평면과 배치형식으로 볼 때 일제강점기 이전 전통양식인 것은 분명하다. 집은 ㄱ자형 살림채와 일자형 대문채가 튼 ㄷ자형으로 배치된 남향집의 모습이다. 살림채와 대문채가 평행하게 배치된다는 점에서 평안도 이자집과 유사하다. 대문채 밖은 '마당'으로, 안마당은 '뚜란'(뜰안의 사투리)으로 기재했다. 살림채 뒤에 '뒷뚜란'이라고 기재한 것을 보면 폐쇄적인 뒷마당이 있었을 것으로 추정된다. 다만 담장의 경계가 명확하지 않아 외부공간의 성격은 알기 어렵다.

일자형 대문채는 초가집으로서 중앙에 대문간을 두고 좌우에 사랑방과 외양간을 두었다. 사랑방은 웃어른이 기거한다고 설명했다. 살림채는 기와지붕으로 덮은 건물인데 평면은 작은방을 모퉁이로 꺾은 ㄱ자형 꺾음집이다. 황해도와 평안도에서는 부엌 꺾음집이 주류를 이루기 때문에 특이한 사례라고 할 수 있다. 큰방은 2칸 장방이며 그 앞에는 툇마루를 두었다.

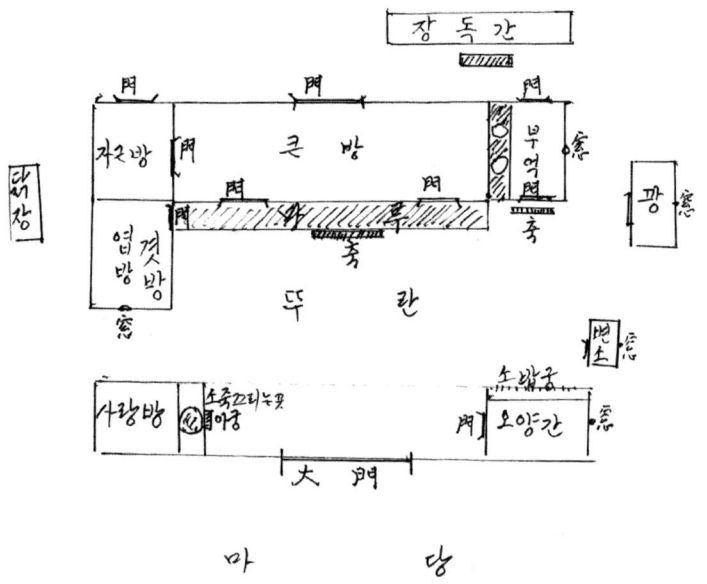

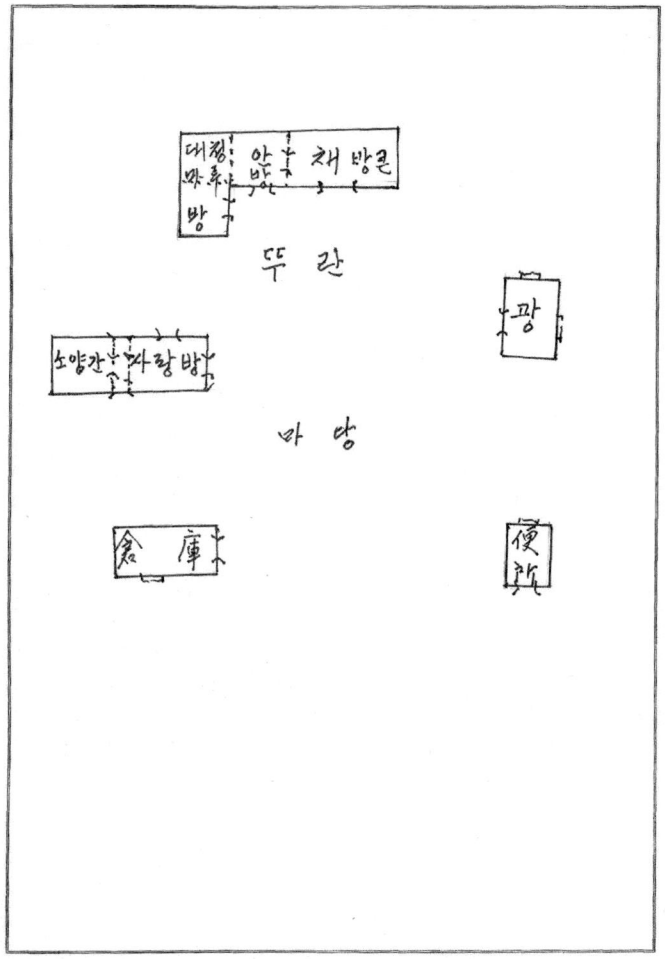

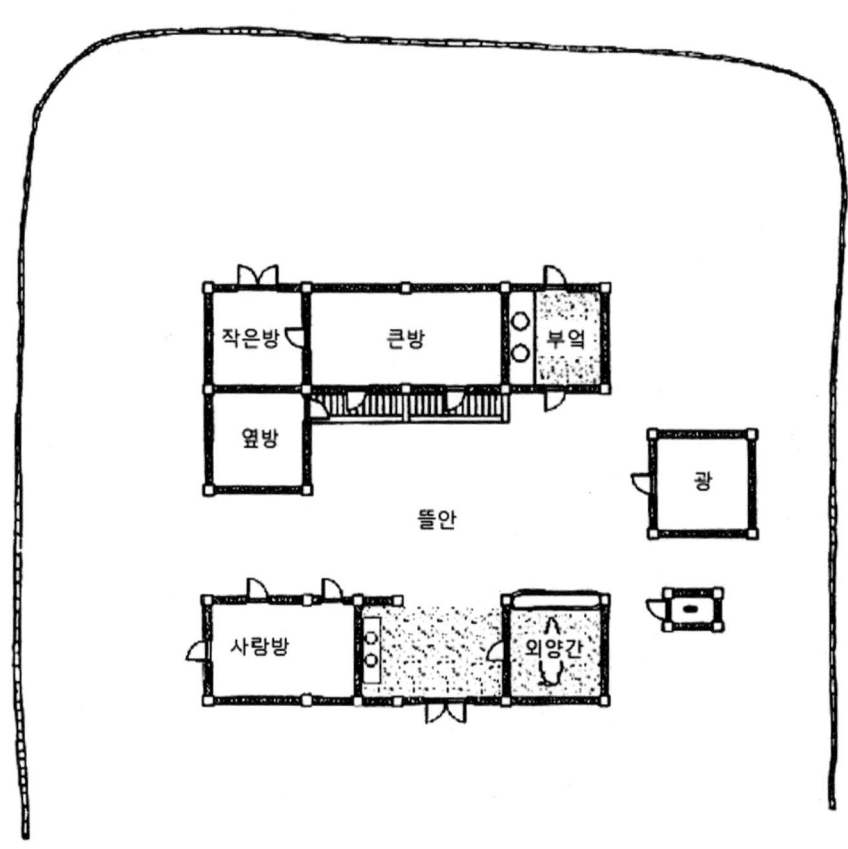

33. 송화군 여운철 씨 댁

- 성명: 여운철(1914년생)
- 주소: 황해도 송화군 진풍면 학계리
- 가족: 4인 모친 처자
- 경제: 농업, 중류계층, 논 1,800평, 밭 2,100평
- 마을: 평야지대 농촌, 10호
- 주택: 1910년대, ㄱ자집 , 팔작 기와지붕

황해도 ㄱ자집의 안마당

이 집은 황해도 서북부 송화군에 소재했던 집이다. 마을은 평야지대의 농촌 마을이나 10호 정도의 아주 작은 마을이었다. 이 집은 논 1,800평, 밭 2,100평을 경작하는 중농계층의 가정이었다고 한다. 집 앞에는 사과밭 4,000평이라고 기재했는데 이 집이 소유했던 것으로 보인다. 비록 집의 규모는 작지만 기와집이라는 점에서 비교적 여유 있는 가정이었다고 생각된다. 자료제공자는 대목이나 토역으로 일해 본 경험이 있어 비교적 정교한 도면을 작성해주었다.

집은 1910년대에 건립된 것으로 기억한다. 주 건물은 외채 ㄱ자집이나 안방을 북쪽에 배치한 것이 특이하다. 건물 후면에 높이 2m 정도의 토담을 둘렀다. 안마당에는 우물이 있었다고 한다. 안방과 사랑방 앞에는 모두 툇마루를 두었는데 안방의 툇마루는 안마당을 향하고 사랑방의 툇마루는 바깥마당을 향해 설치했다.

ㄱ자집은 황해도에서 흔히 나타나는 형식이지만 공간구성으로 보면 전통양식이라고 보기 어렵다. 부엌 안에 창고를 둔다든지 두 개의 대문을 같은 방향에 두는 사례가 드물기 때문이다. 아마도 근대적 실용성을 추구하는 변화가 아닌가 생각된다.

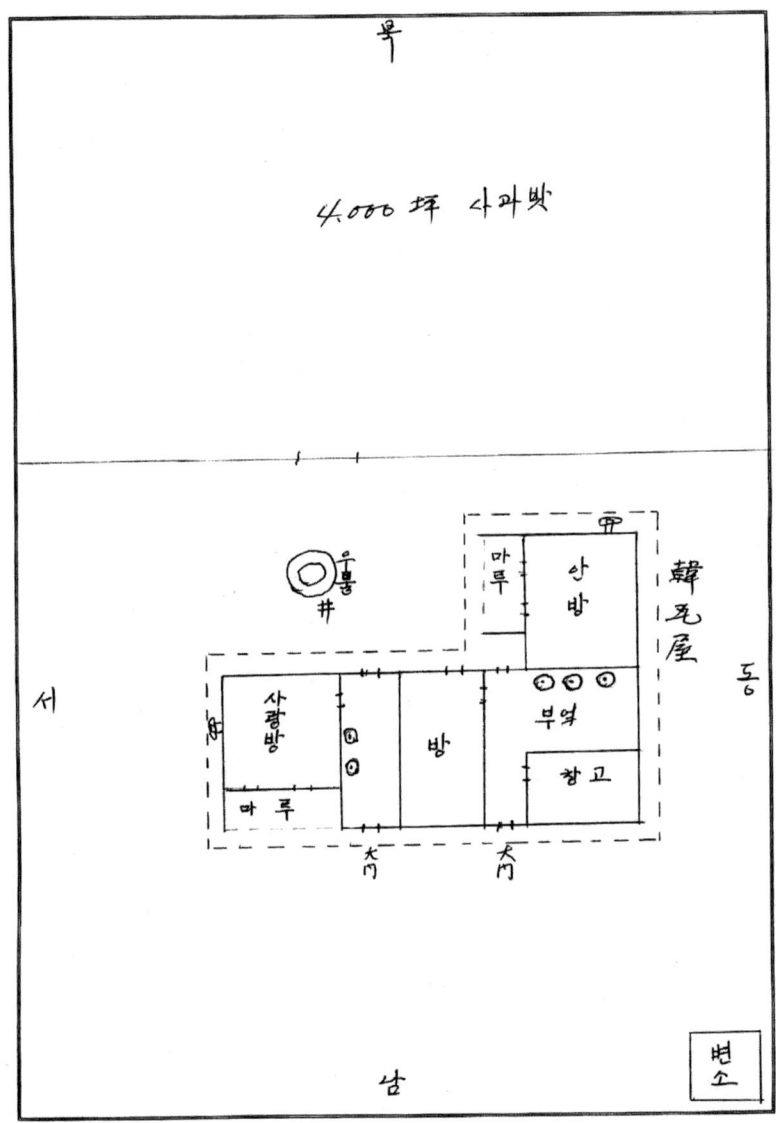

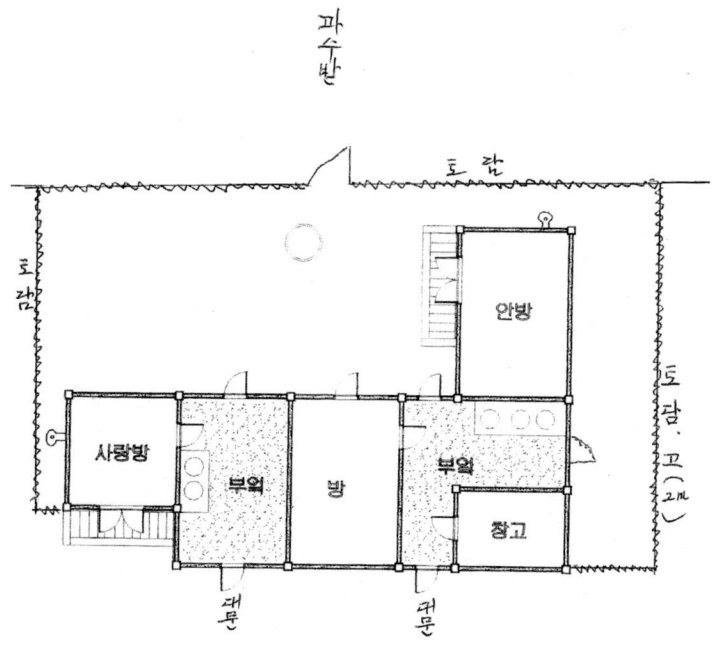

각 방문의 형태 및 위치가 맞는지요?
담의 경계가 어떻게 되어있었는지요?
담의 높이는 얼마정도 됩니까?
대문이 어디에 위치해 있었읍니까?

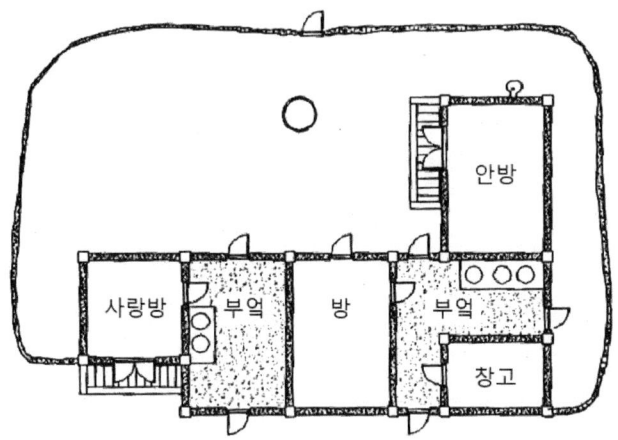

34. 서흥군 이윤호 씨 댁

- 성명: 이윤호(1922년생)
- 주소: 황해도 서흥군 용평면 범안리
- 가족: 4인, 조모, 모, 부부
- 경제: 농업, 중류계층, 논 1,000평, 밭 2,000평, 정미소 경영
- 마을: 평야지대 농촌, 250호
- 주택: 1940년대, 튼 ㅁ자집, 기와지붕

ㄱ+ㄴ으로 구성한 튼 ㅁ자집

서흥군은 황해도 중동부에 위치한 지역이다. 이 집은 평야지대에 있는 큰 규모의 농촌마을에 소재했었다. 자료제공자의 가정도 농가였는데 경작규모는 논 1,000평, 밭 2,000평으로 비교적 적은 편이지만 정미소를 경영했다고 한다. 기와집을 지을 만큼 경제력이 있었던 것으로 보인다.

이 집은 일제강점기인 1940년대에 지었으나 전통양식과 큰 차이가 없다. 북쪽으로 산을 등진 남향집으로서 큰 도로에 직접 면한다. 건물은 ㄱ자형의 살림채와 ㄴ자형의 대문채가 결합된 튼 ㅁ자집이다. ㅁ자형 똬리집보다는 안마당이 개방적인 성격을 갖는다. 대문채에 정미소를 두었다는 점이 다를 뿐이다. 대문채에 있는 침실은 고용인이 사용했다고 한다.

ㄱ자형 살림채의 공간구성은 지극히 전형적인 형식이다. 부엌 앞에 침실을 두어 부엌 꺾음형을 만들었다. 안방을 2칸 장방으로 만든 것도 이 지역의 일반적인 모습이다. 침실 앞에만 툇마루를 두는 모습도 황해도집의 성격을 보여준다.

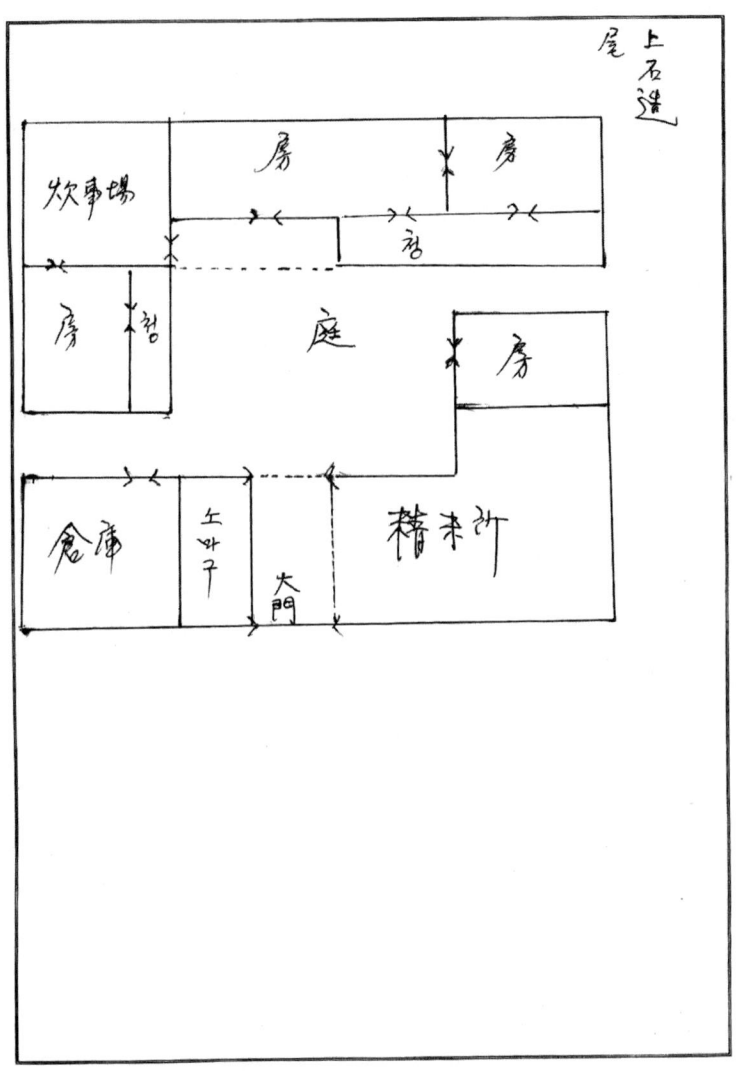

北

부엌

방　방

방

마당　방

西　　東

담의 경계가 맞는지요?
담의 높이는 얼마정도 됩니까?

창고

南

각 방문의 형태 및 위치가 맞는지요?
건물의 건립연도를 적어주십시오 *1940年度*
남쪽이 어느쪽이었는지 적어주십시오

정미소의 정확한 용도가 무엇입니까? 농촌에 현미와정미
(가게였는지의 여부)　　*小麥粉*을 가는 방앗간
혹시 방앗간이 아니였읍니까?

35. 봉산군 김광일 씨 댁

- 성명: 김광일(1932년생)
- 주소: 황해도 봉산군 토성면 마산리
- 가족: 5인, 조부모, 부모
- 경제: 농업, 중류계층, 사과 300주
- 마을: 평야지대 농촌, 2,000호
- 주택: 1934년, ㄷ자집, 기와지붕

주상복합형 도시주택

이 집은 황해도 중앙에 있는 봉산군에 소재했던 집이다. 평야지대의 농촌이라고는 하나 경평선 마동역이 있는 면소재지로서 2,000호 규모가 사는 도회지였다. 집 주변을 작도한 입지도에는 철도와 평행하는 구도가 신작로로 그려져 있고 이 집 앞에는 큰 장터가 형성되어 있었다. 일제강점기에 철도가 부설되면서 조성된 신도시였을 것으로 추측된다.

이 집은 1934년에 건립된 것으로 기억하는데 전통양식의 근대적 변형으로 보인다. ㄷ자형 평면에 앞쪽으로 가게를 증축한 모습이다. 후면에는 뒷마당과 텃밭을 두어 농가로서의 모습을 가지고 있다. 이른바 주상복합형 도시주택이라 할 수 있다. 안마당에는 우물이 있었다고 한다. 건물 안의 공간구성은 거의 일제강점기 도시주거의 성격을 갖는다.

우선 장터에 면하는 앞채는 겹집으로 상점을 두어 세를 주었다. 대문은 한쪽에 치우쳐 배치하여 골목 같은 길을 따라 안마당으로 진입한다. 뒤채는 가족들의 침실과 함께 마루방을 두고 그 뒤에 목욕탕을 두었다. 일본식 공간구성의 답습이라고 볼 수 있다. 독립된 위치에 세운 광은 지하 1층과 지상 2층으로 구성된 독특한 건물이다. 2층은 마루방으로 두어 여름철에 사용했다고 한다.

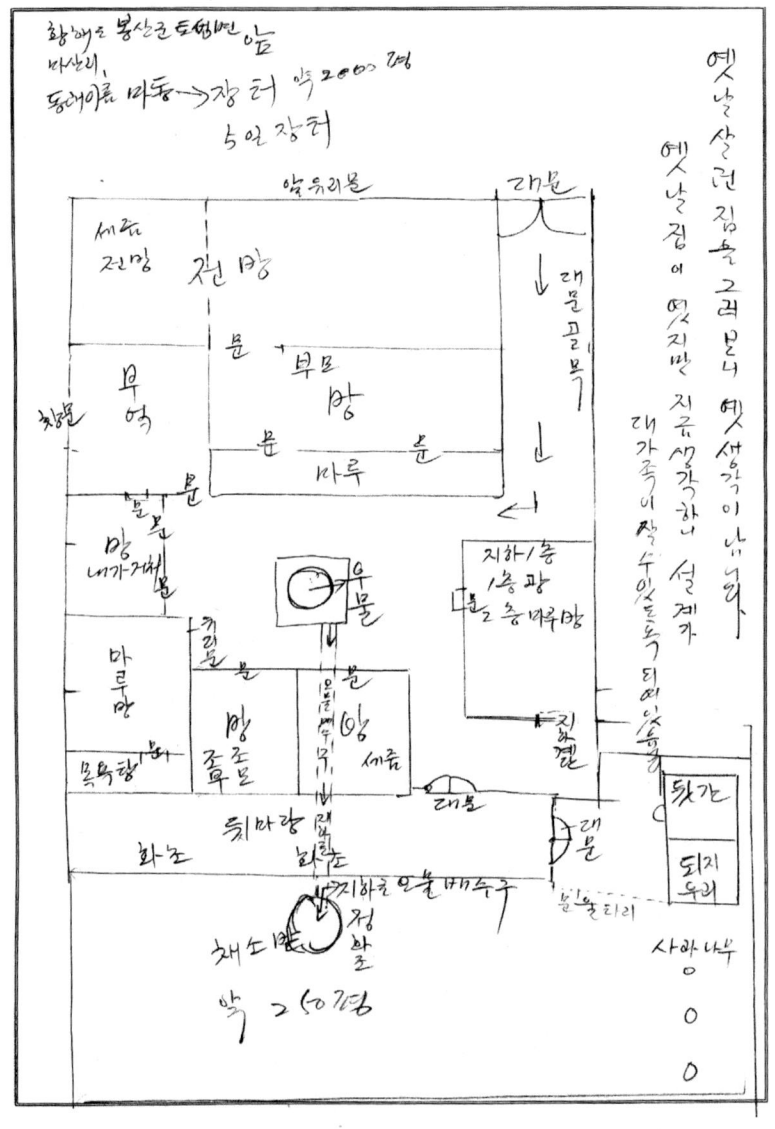

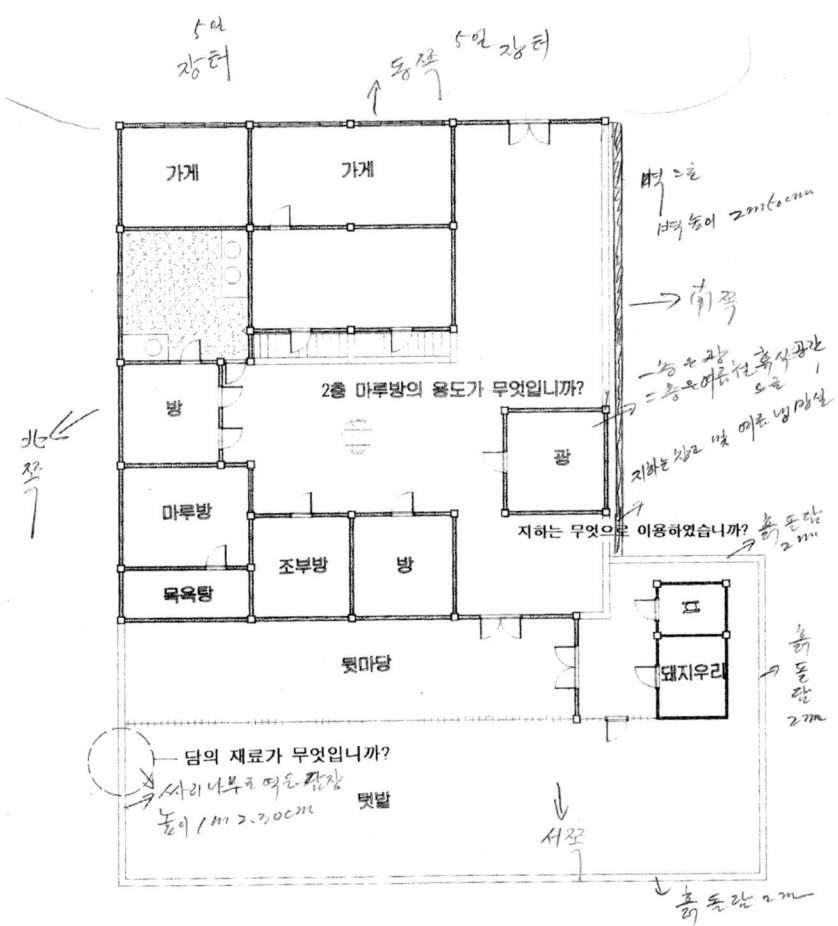

5일
장터

5일 장터

↗ 동쪽

가게   가게

벽 그로
벽 높이 2m60cm

→ 南쪽

2층 마루방의 용도가 무엇입니까?

방

北쪽

마루방

목욕탕   조부방   방

광

-2층ᄂ광
ᄃ층ᄂ여름철 휴식공간으로

지하는 광고 및 여름 냉장실

지하는 무엇으로 이용하였습니까?   흙 돈담 2m

뒷마당

도
돼지우리

흙
돈
담
2m

담의 재료가 무엇입니까?

싸리나무로 엮은 담장
높이 1m 2~30cm   텃밭

서쪽

흙 돈담 2m

각 방문의 형태 및 위치가 맞는지요? ○
건물의 건립연도를 적어주십시오 1P34년도
담의 높이는 얼마정도 됩니까? 1m 2~30cm 정도
남쪽이 어느쪽이있는지 적어주십시오

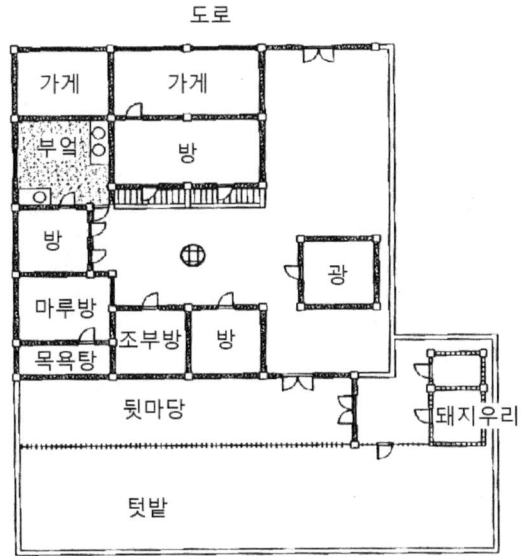

도로

가게　　가게

부엌　　방

방

마루방　　조부방　　방

목욕탕

광

뒷마당

돼지우리

텃밭

36. 사리원시 조청남 씨 댁

- 성명: 조청남(1923년생)
- 주소: 황해도 사리원시 신양리
- 가족: 6인, 조모, 부모, 형제
- 경제: 농업, 상류계층, 지주
- 마을: 근교 농촌, 250호
- 주택: 1930년대, 튼 ㅁ자집, 팔작 기와지붕

안채가 ㅡ자형인 튼 ㅁ자집

이 집은 현재 황해북도 도소재지로 되어 있는 사리원시 근교에 소재했던 집이다. 도시근교에 있는 평야지대의 농촌으로서 250호 정도가 사는 비교적 큰 마을이었다. 자료제공자의 가정도 농업을 경영하는 가정이었는데 경작면적을 기재하지는 않았지만 지주이며 상류계층이라고 기술했다. 당시 이 집에 살던 가족은 3대 직계가족으로 구성되었다고 한다.

이 집은 상류주거답게 규모가 큰 기와집이다. 일자형 살림채와 ㄷ자형 대문채가 결합하여 넓은 안마당을 둘러싸는 튼 ㅁ자형 배치를 이룬다. 대문채 앞 공지에는 앞마당이라고 표기하였고 약 400~500평이라고 설명했다. 담장을 세우지 않았지만 사유화된 외부공간이었음을 알 수 있다. 살림채 뒤편으로만 돌담장을 쌓아 폐쇄적인 뒷마당을 만든 것은 이 지역 형식의 일반적 성격이다.

ㄷ자형 대문채는 3칸 이상의 광을 두어 이 집의 경제력을 표현한다. 침실도 사랑방 2칸을 포함하여 4칸 정도를 두었다. 사랑방은 '손님접대방'이라고 기재했는데 나머지 침실도 가족원이 아닌 머슴들이 기거했을 가능성이 크다. 살림채는 일자형 홑집으로 부엌을 포함하여 모두 5칸으로 구성되었다. 안방은 2칸을 통간으로 사용하는 장방이다. 침실 앞에 긴 툇마루를 둔 점이 평안도 집과 다른 모습이다. 황해도 ㅁ자집의 지역적 성격이 잘 드러나는 사례라고 할 수 있다.

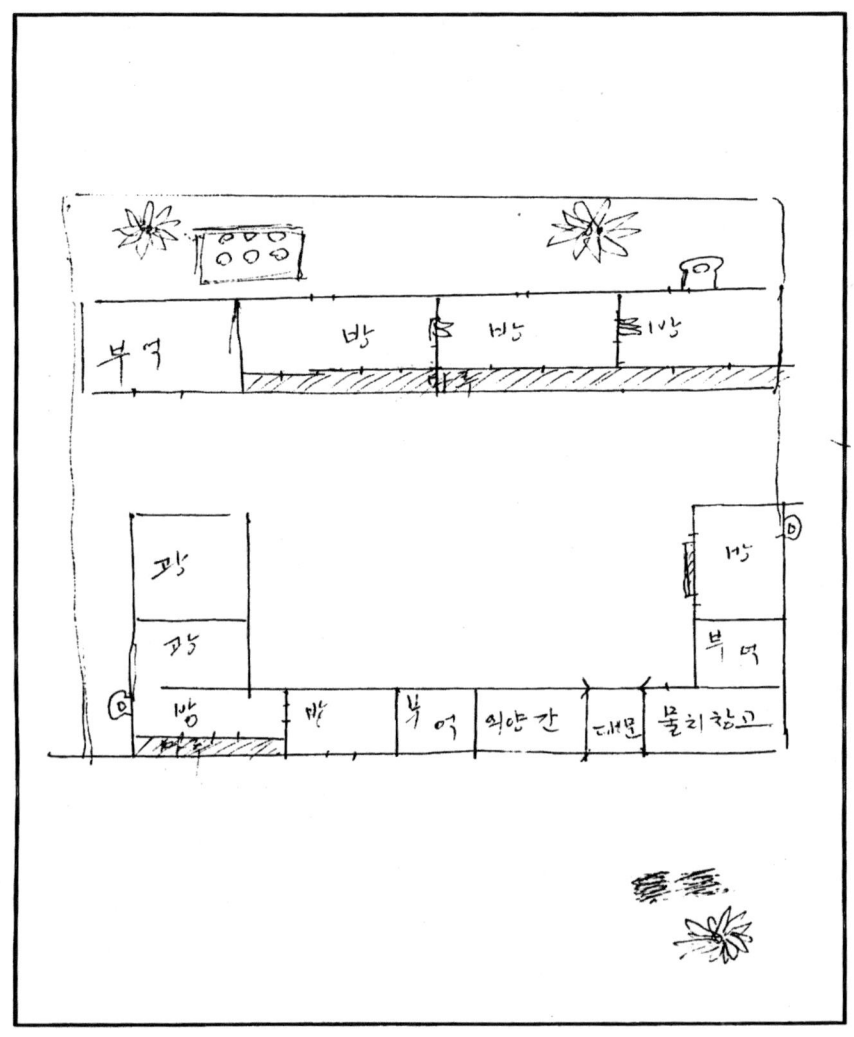

■ 2차 도면

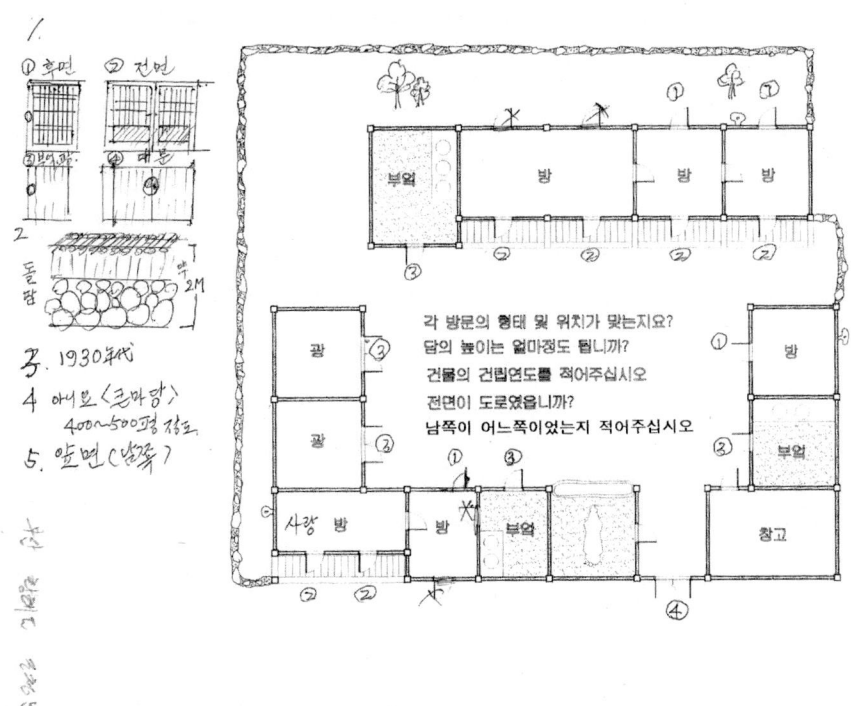

1.
① 후면　② 전면
③ 부엌　④ 대문

2.
돌담　약2M

3. 1930年代
4. 아니요〈큰마당〉
　400~500평 정도
5. 앞면〈남쪽〉

부엌　방　방　방

광　③
광　②

각 방문의 형태 및 위치가 맞는지요?
담의 높이는 얼마정도 됩니까?
건물의 건립연도를 적어주십시오
전면이 도로였읍니까?
남쪽이 어느쪽이었는지 적어주십시오

① 방
② 부엌

① 사랑 방　방　③ 부엌　창고

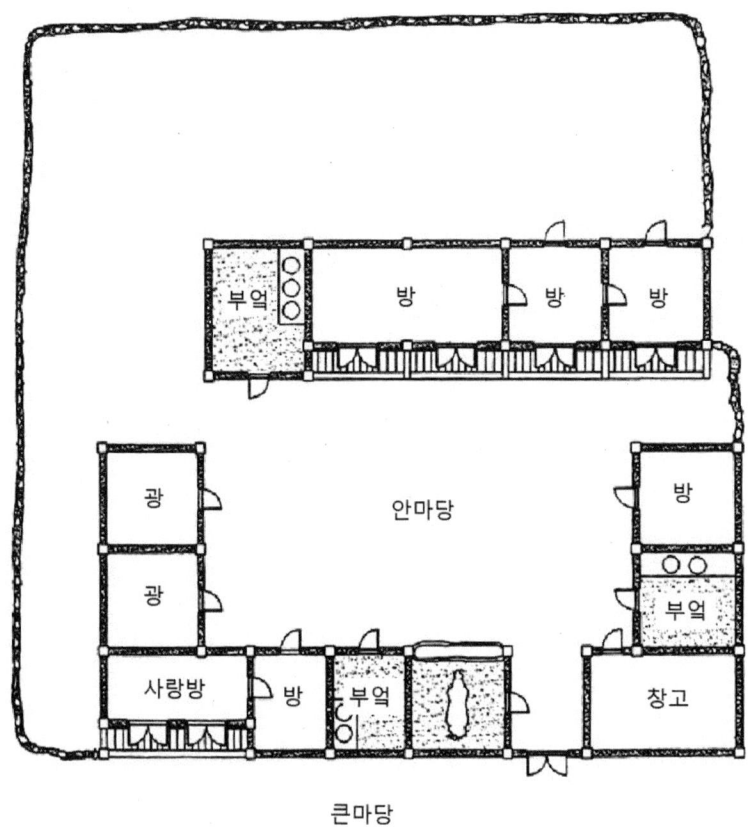

큰마당

37. 재령군 유창현 씨 댁

- 성명: 유창현(1915년생)
- 주소: 황해도 재령군 재령읍 류회리
- 가족: 4인 부모, 기타
- 경제: 회사원, 하류계층
- 마을: 도시, 1,000호
- 주택: 100년 전, ㄷ자집, 초가지붕

도시 속의 ㄷ자집

재령군 역시 황해도의 중앙부에 위치한다. 이 집은 재령군 재령읍에 소재했는데, 1,000호 규모의 도시지역이었다고 설명했다. 주택 주변에 정미소, 버스정류소, 시장, 금융조합, 상업은행, 상가 등이 그려져 있는 것으로 보아 근대적인 지방도시였던 것으로 추정된다. 자료제공자의 생업도 농업을 경영하지 않는 사무원이라고 기재했다.

주택은 100년 전에 건립된 것으로 기억하는데 전통적인 황해도 ㄷ자집의 모습을 취한다. 살림채의 후면에만 담장을 세워 뒷마당을 둔 것도 전통적인 방식이다. 뒷마당은 텃밭으로 사용하고, 담장은 판자 담으로서 6척 정도의 높이였다고 기재했다. 다만 대문 앞에 바깥마당이 없다는 점과 농경과 관련한 공간이 없다는 점이 도시주택으로서의 성격을 보여준다.

이 집의 공간구성은 대단히 응축적이다. 정사각형의 정연한 대지 위에 정사각형에 가까운 건물을 배치하였다. 중앙의 안마당은 채광과 환기 정도가 가능한 정도의 규모이다. 안마당을 둘러 침실과 광, 부엌 등 도시생활에 필수적인 공간으로만 구성했다. 안마당에 면하지 않은 침실은 셋방이었다고 기재했다. 서울지역과 다른 점은 대청이나 툇마루가 없다는 점이다. 안방 앞에도 툇마루 없이 토방으로 만들었다.

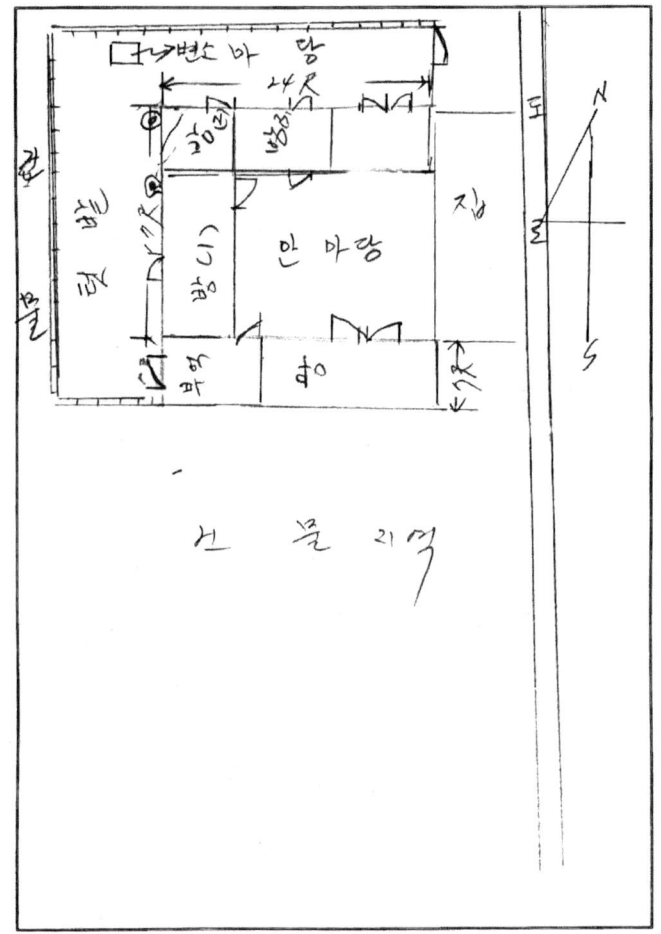

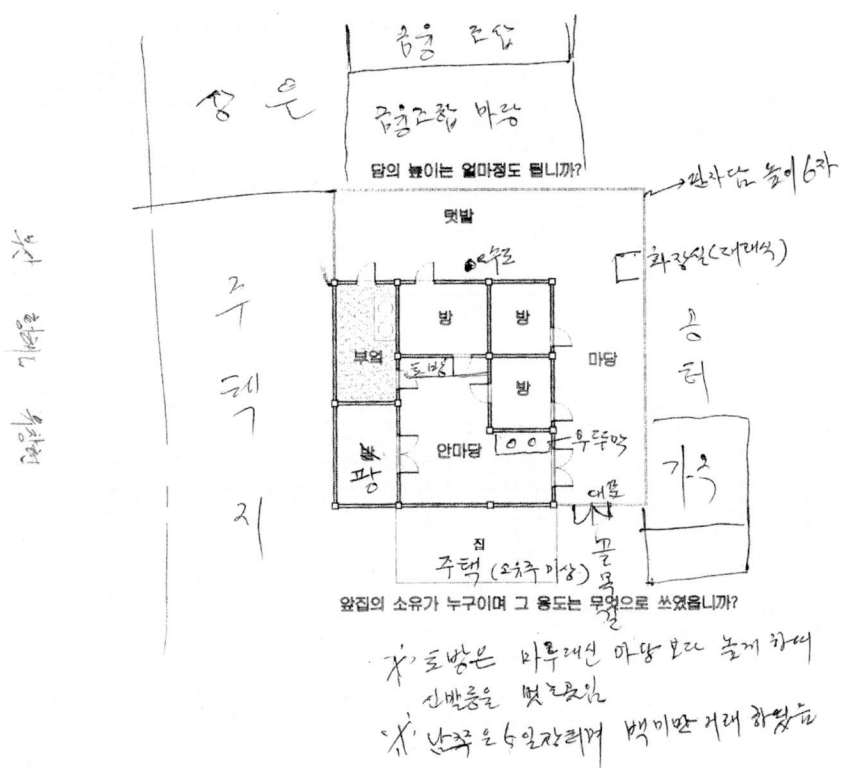

앞집의 소유가 누구이며 그 용도는 무엇으로 쓰였읍니까?

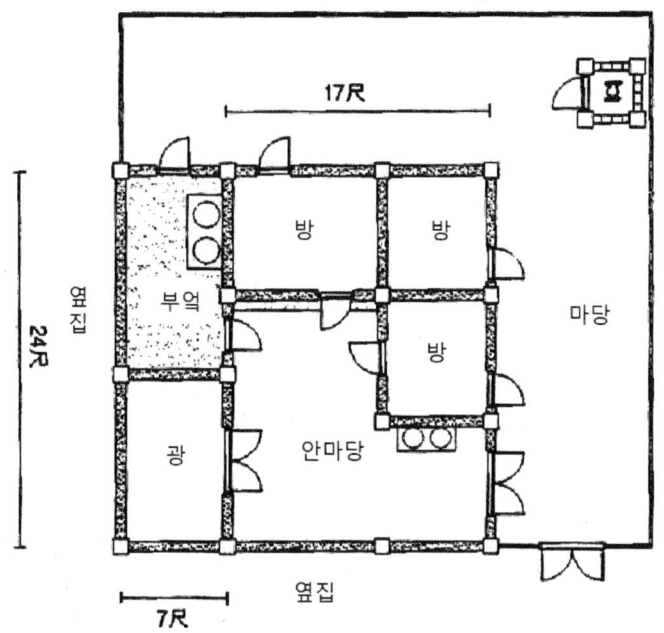

38. 장연군 최진헌 씨 댁

- 성명: 최진헌(1923년생)
- 주소: 황해도 장연군 장연읍 남리
- 가족: 8인, 부모, 부부, 자녀, 형제
- 경제: 상업, 중류계층
- 마을: 도시, 5,000호
- 주택: 1890년대, ㅁ자집, 기와지붕

도시의 ㅁ자집

이 집은 황해도 서단에 위치한 장연군 장연읍에 소재했던 집이다. 장연읍은 장연군청 소재지로서 5,000호 규모의 도회지였다. 자료제공자의 가정은 상업에 종사했다고 하는데 중류계층이라고 기재했지만 주거규모나 형식상으로 볼 때 부유한 계층에 속했던 것으로 보인다. 가족은 3대 직계가족으로서 8인 정도가 동거했다고 한다.

주택은 일제강점기 이전에 건립된 것으로 기억하는데 담장을 적벽돌로 쌓았고, 내부에 유리문을 설치한 것으로 보아 최소한 일제강점기에 증개축이 있었던 것으로 추정된다. 주택형식은 ㅁ자집이지만 앞마당이 없고, 안마당이 대단히 넓으며, 뒷마당이 좁다는 점에서 농촌의 뙤리집과는 차이가 있다. 전면 7칸, 측면 5칸에 이르는 큰 규모의 집이며, 안뜰에서 기단 위까지 2~3단의 계단을 설치했다고 한다.

이 집은 ㅁ자집으로서 지붕은 연결되어 있지만 대문간과 서쪽 문간을 비워 건물을 구분하였다. 부모가 기거하는 안채와 아들부부가 거처하는 아래채로 구분한 것이다. 아래채에 사육공간이나 생산공간이 없고, 아래채의 출입이 안뜰에서 이루어지는 것도 도시적인 성격이다. 안채 대청의 위치나 크기도 서울 경기지방의 형식과 유사하다.

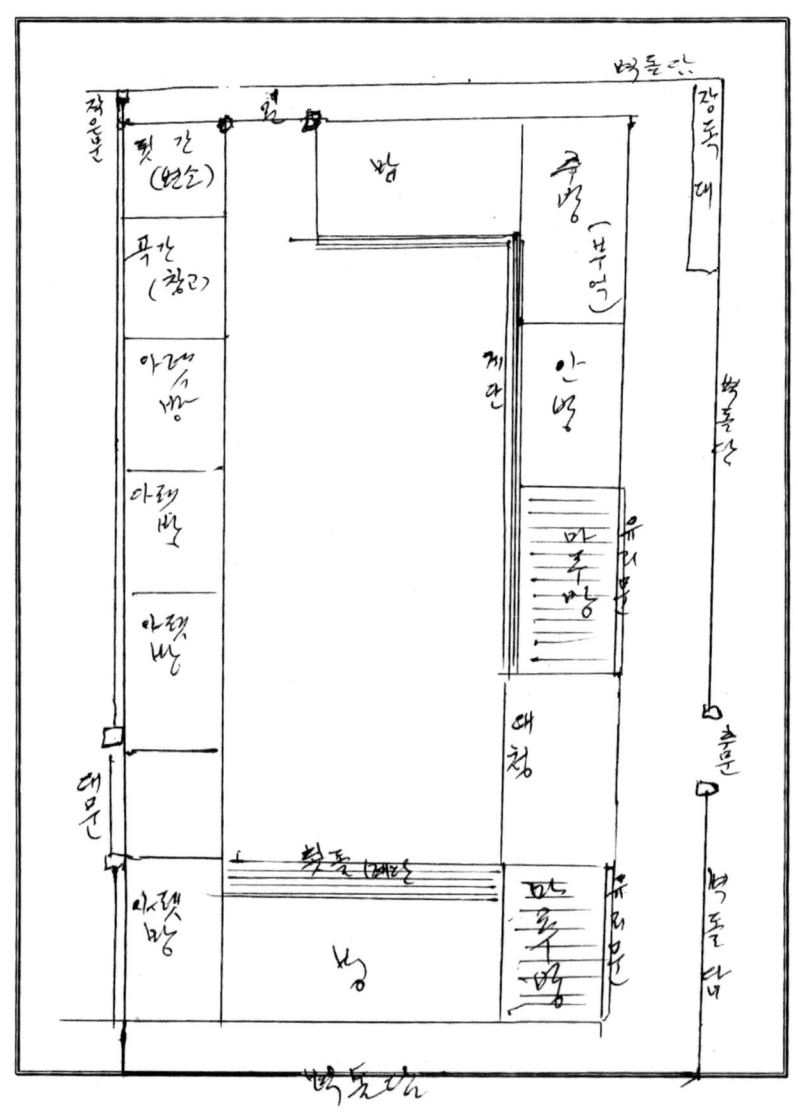

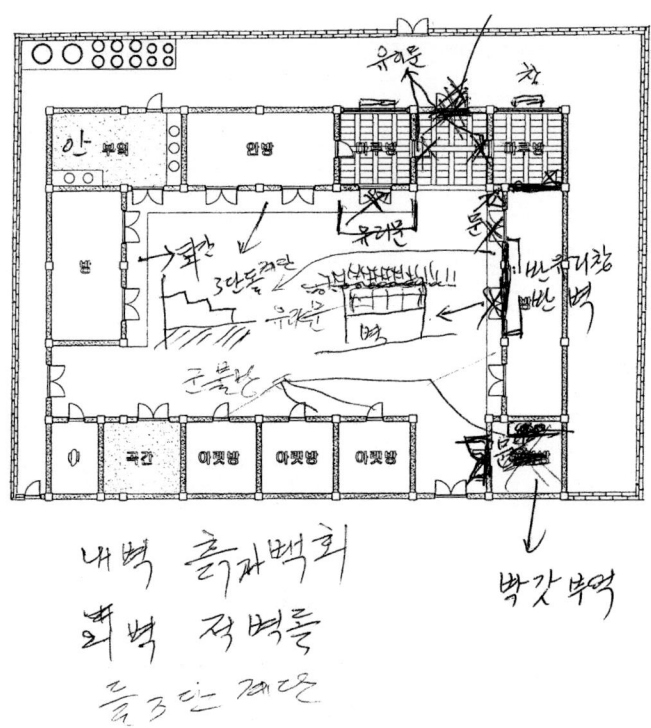

내벽 흙과벽회

외벽 적벽돌

들 3단 계단

1. 모든 문의 종류와 위치를 구체적으로 그려주세요.
2. 부엌, 마루방, 대청, 곡간, 뒷간, 대문간 등의 벽체는 무엇입니까? 내벽
   (나무벽, 흙벽)
3. 안마당에 있는 계단에 관하여 자세히 설명하여 주세요.
4. 부엌에 솥과 아궁이를 그려주세요.
5. 아랫방의 솥과 아궁이를 그려주세요. 아랫방에는 함실아궁이 솥없음
6. 방위를 표시하여주세요.

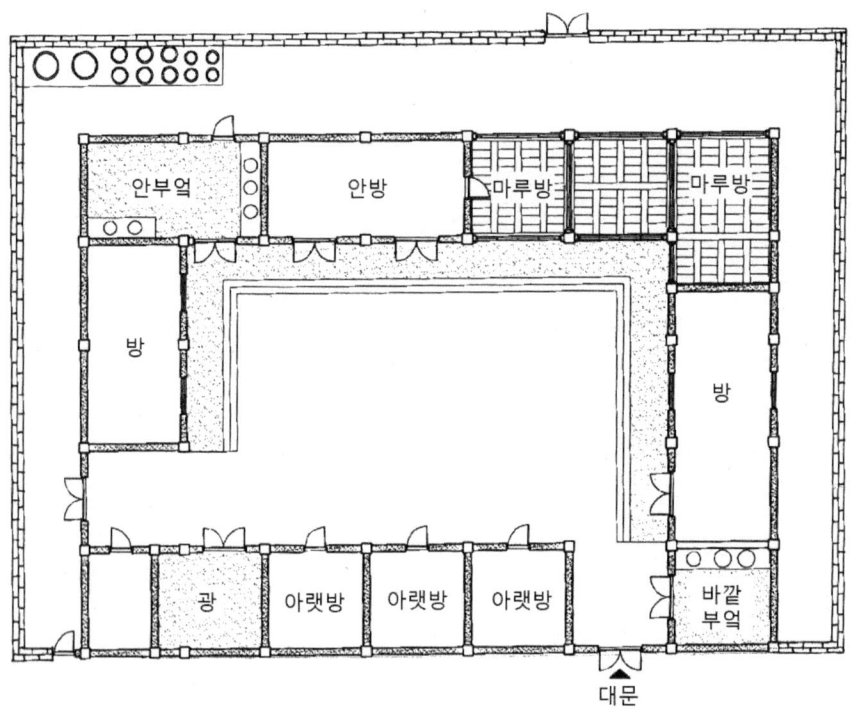

참고문헌

조선과학백과사전출판사 편, 『조선향토대백과』, 평화문제연구소, 2005.

배기찬, 『신북한지리지』, 다나, 1994.

지지편찬위원회, 『한국지지 총론』, 건설부 국립지리원, 1980.

김광식 외 14인, 『한국의 기후』, 일지사, 1982.

오홍석, 『취락지리학』, 교학사, 1980.

이중환(허경진 역), 『택리지』, 한양출판, 1996.

일본국서간행회, 『사진으로 보는 근대한국 하』, 서문당, 1986.

조선유적유물도감편찬위 편, 『북한의 문화재와 문화유적』, 서울대학교 출판부, 2000.

조성기, 「한국남부지방의 민가에 관한 연구」, 영남대학교 박사논문, 1985.

Kazuo Nishi & Kazuo Hozumi, What is Japanese Architecture?, Kodansha International Ltd., 1985.

이영택, 「평면구조상에서 본 한국의 가옥분포」, 『지리 1-1』, 한국지리교육회, 1965.

리종목, 「우리나라 농촌주택의 류형과 그 형태」, 19세기 중엽~20세기 초엽, 『문화유산』 5호, 1960.

리종목, 「우리나라 농촌주택의 발전에 관한 민속학적 고찰」, 『문화유산』 6호, 1960.

황철산, 「우리나라 과거주택의 유형과 그 형성 발전」, 『고고민속』 3호, 1965.

김신원·허준, 「북한의 농촌마을 계획에 관한 연구」, 『농촌계획』 6권 2호, 2000.

최익주, 「공산주의촌 석하리 양지마을 건축형성」, 『조선건축』 제32호, 1995.

박길룡, 「조선주택잡감」, 『조선과 건축』, 1941.

주남철, 『한국주택건축』, 일지사, 1980.

장보웅, 『한국의 민가연구』, 진보제, 1981.

신영훈, 『한국의 살림집』, 열화당, 1983.

김광언, 『한국의 주거민속지』, 민음사, 1988.

김홍식, 『민족건축론』, 한길사, 1987.

울산대학교 건축학부, 『장재촌』, 울산대학교 출판부, 1995.

김홍식, 『한국의 민가』, 한길사, 1993.

강영환, 『북한의 옛집-함경도편』, 이담, 2010.

강영환, 『새로 쓴 한국 주거문화의 역사』, 기문당, 2002.

강영환, 『집으로 보는 우리 문화 이야기』, 웅진닷컴, 2004.

강영환, 「삼척이남 동해안지역 전통민가에 관한 연구」, 서울대학교 박사논문, 1989.

강영환, 「중국 연변지구 조선족 주거공간 및 생활방식」, 『건축역사연구』 5권, 1994.

강영환, 「북한지역 전통주거에 관한 조사연구(1)」, 『건축역사연구』 5권 2호, 1996.

강영환, 「북한지역 전통주거에 관한 조사연구(2)」, 『건축역사연구』 6권 3호, 1997.

문정호, 「자료발굴을 통한 북한지역 전통주거에 관한 연구」, 울산대학교 석사 논문, 1996.

북한지역 정보넷

색 인

강영환 ─────────────────────────────────

　1953년 서울 출생
　1979년 서울대학교 건축학과 졸업
　1989년 서울대학교 대학원 건축학과 졸업, 공학박사
　1983년 울산대학교 교수 취임, 현재까지 재직 중
　1992년 국사편찬위원회 한국사 집필위원
　1997년 울산광역시 문화재위원
　1999년 문화관광부 문화재 전문위원
　2010년 울산대학교 중앙도서관장
　2011년 경상남도 문화재위원

『새로 쓴 한국 주거문화의 역사』(2004) 외 저서 10편
「북한지역 전통주거에 관한 연구」(1996) 외 논문 30편

e-mail: yhkang@mail.ulsan.ac.kr

북한의 옛집 ③

초판인쇄 | 2012년 12월 28일
초판발행 | 2012년 12월 28일

지 은 이 | 강영환
펴 낸 이 | 채종준
펴 낸 곳 | 한국학술정보㈜
주   소 | 경기도 파주시 문발동 파주출판문화정보산업단지 513-5
전   화 | 031) 908-3181(대표)
팩   스 | 031) 908-3189
홈페이지 | http://ebook.kstudy.com
E-mail | 출판사업부 publish@kstudy.com
등   록 | 제일산-115호(2000. 6. 19)

ISBN   978-89-268-4042-9 93540 (Paper Book)
            978-89-268-4043-6 95540 (e-Book)

이담 Books 는 한국학술정보㈜의 지식실용서 브랜드입니다.

이 책은 한국학술정보㈜와 저작자의 지적 재산으로서 무단 전재와 복제를 금합니다.
책에 대한 더 나은 생각, 끊임없는 고민, 독자를 생각하는 마음으로 보다 좋은 책을 만들어갑니다.